U0256576

技能应用速成系列

SketchUp 2018 草图大师从入门到精通
（第 3 版）

云杰漫步科技 CAX 教研室
李 波 尚 蕾 编著

电子工业出版社
Publishing House of Electronics Industry
北京·BEIJING

内 容 简 介

　　SketchUp 是一套直接面向设计创作过程的设计工具，其创作过程不仅能够充分表达设计师的思想，而且完全能满足与客户即时交流的需要，方便设计师直接在电脑上使用该工具进行直观的构思，是三维建筑设计创作的优秀工具。

　　本书在畅销的第 1 版和第 2 版的基础上，完善知识体系，增加实用实例，以 SketchUp 2018 为基础，从实际应用角度出发，通过大量实战训练内容系统地介绍 SketchUp 的全面应用。全书共 13 章，包括 SketchUp 概述与基础，视图的控制与对象的显示，绘图工具的应用，常用工具的应用，插件的应用，图层、群组与组件的应用，材质与贴图的应用，场景与动画的应用，文件的导入与导出操作，制作别墅建筑效果图，创建室内各功能间的模型，创建景观广场的模型，V-Ray 模型的渲染。本书配套资源包含全书实例的源文件、素材文件、视频教学文件，以及所需软件和插件。

　　本书适合广大室内设计、建筑设计、城市规划设计、景观设计的工作人员和相关专业的大中专院校学生学习，也可供房地产开发策划人员、效果图与动画公司的从业人员、SketchUp 爱好者参考。

图书在版编目（CIP）数据

SketchUp 2018 草图大师从入门到精通 / 李波，尚蕾编著. —3 版. —北京：电子工业出版社，2020.6
（技能应用速成系列）
ISBN 978-7-121-38815-6

Ⅰ. ①S…　Ⅱ. ①李…　②尚…　Ⅲ. ①建筑设计－计算机辅助设计－应用软件　Ⅳ. ①TU201.4

中国版本图书馆 CIP 数据核字（2020）第 047443 号

责任编辑：许存权（QQ：76584717）
特约编辑：谢忠玉
印　　刷：三河市鑫金马印装有限公司
装　　订：三河市鑫金马印装有限公司
出版发行：电子工业出版社
　　　　　北京市海淀区万寿路 173 信箱　　邮编：100036
开　　本：787×1 092　1/16　印张：23.75　字数：610 千字
版　　次：2015 年 6 月第 1 版
　　　　　2020 年 6 月第 3 版
印　　次：2024 年 1 月第 19 次印刷
定　　价：69.00 元

第 3 版前言

SketchUp 是一款极受欢迎并且易于使用的 3D 设计软件,官方网站将它喻为电子设计中的"铅笔",是一套直接面向设计创作过程的工具,其创作过程不仅能够充分表达设计师的思想,而且完全能满足与客户即时交流的需要,方便设计师直接在电脑上使用该工具进行直观的构思,是三维建筑设计创作的优秀工具。

■第 3 版升级

自《SketchUp 2014 草图大师从入门到精通》和《SketchUp 2016 草图大师从入门到精通(第 2 版)》出版以来,备受广大读者好评,已被许多大中专院校作为相关专业教材使用,且多次重印(迄今为止,《SketchUp 2014 草图大师从入门到精通》8 次重印,《SketchUp 2016 草图大师从入门到精通(第 2 版)》18 次重印)。针对 SketchUp 软件的不断更新,以及各位读者和在校师生的一致肯定和要求,本书在第 2 版的基础上再次进行升级改版。

这次升级改版有以下特点:

(1)SketchUp 软件将从 2016 版升级为 2018 版。

(2)针对 SketchUp 软件 2018 版的新增功能进行了大致讲解。

(3)将所有案例全部升级为 2018 版本,并修订了其中的经典案例,以供读者了解 SketchUp 软件的最新案例制作方法。

(4)修正第 2 版图书中的不足与错误。

(5)提供 SketchUp 软件及相关插件资源和案例教学视频的网络资源下载,以方便读者使用和学习。

■图书内容

本书以 SketchUp 2018 版本为基础,从实际应用角度出发,通过大量的实战训练来系统地介绍 SketchUp 软件在各方面的应用,本书共 13 章。

第 1~2 章,讲解 SketchUp 2018 软件基础、视图的显示与控制方法,包括 SketchUp 软件简介、SketchUp 2018 软件的安装和对工作界面的认识、工具栏的设置及绘图环境的优化、视图的控制、对象的选择及对象的显示等。

第 3~4 章,讲解 SketchUp 绘图工具的使用及编辑方法,包括直线、矩形、圆、圆弧、多边形、手绘线等,然后再讲解坐标轴、隐藏及模型交错等功能的使用,最后讲解编辑工具、辅助工具、文字和尺寸标注工具、剖切面工具的使用方法和技巧。

第 5~9 章,讲解 SketchUp 第三方插件的获取、安装及使用方法,图层、群组及组件的功能与管理,材质与贴图的功能、使用方法及在实际操作中的一些贴图技巧,场景的设置和动画的制作等,以及 SketchUp 文件的导入与导出二维图像、AutoCAD 图形及 3DS 三维模型的方法与技巧等。

第 10~13 章，首先以一个别墅效果图的制作为例，详细讲解从导入 CAD 图纸、创建别墅模型、输出图像到图片后期处理等的操作方法；然后以一家居室内空间为例，详细讲解该室内各功能间模型的创建，包括创建室内墙体及门窗洞口、客厅模型的创建、厨房模型的创建、书房模型的创建、儿童房模型的创建、卫生间模型的创建、主卧室模型的创建等；再讲解景观广场模型的创建，包括创建景观模型和细节处理、输出图像、后期处理等；最后讲解 V-Ray for SketchUp 渲染器的发展及特征，对 V-Ray 渲染器安装及渲染工具进行讲述，并在过程中对一套室内客厅渲染案例进行同步分析，介绍渲染效果图的基本步骤。

■读者对象

本书适合广大室内设计、建筑设计、城市规划设计、景观设计的工作人员，以及相关专业的大中专院校学生学习，也可供房地产开发策划人员、效果图与动画公司的从业人员及使用 SketchUp 进行设计的爱好者参考。另外，配有全书实例的素材和源文件，还包含书中主要实例的视频教学文件和所需软件及插件，配套资源可在华信教育资源网下载（www.hxedu.com.cn），或与 QQ 群联系，读者也可以关注"云杰漫步科技"微信公众号，查看关于多媒体教学资源的使用方法和下载方法。

本书由云杰漫步科技 CAX 教研室改版编写，参加编写工作的有李波、尚蕾、张云杰、郝利剑等。

感谢您选择本书，希望我们的努力对您的工作和学习有所帮助，也希望把您对本书的意见和建议告诉我们（关注"云杰漫步科技"微信公众号后留言或者登录云杰漫步多媒体科技的网上技术论坛进行交流：http://www.yunjiework.com/bbs）。书中的疏漏与不足之处，敬请专家和读者批评指正。

（扫码获取资源）

编著者

目　录

第1章 SketchUp 概述与基础

本章导读 ┈┈┈┈┈┈┈┈┈┈┈┈┈┈┈┈┈┈┈┈┈ ╫○

　　SketchUp 是一套直接面向设计方案创作过程的设计工具，其创作过程不仅能够充分表达设计师的思想，而且完全能满足与客户即时交流的需要，以使设计师可以直接在电脑上进行直观的构思，是三维建筑设计方案创作的优秀工具。

　　本章首先介绍 SketchUp 软件的功能及安装方法，然后对其工作界面及场景设置进行讲解，以使读者能够掌握 SketchUp 2018 软件的相应功能，从而为后面的深入学习打下基础。

主要内容 ┈┈┈┈┈┈┈┈┈┈┈┈┈┈┈┈┈┈┈┈┈ ╫○

　　📖 SketchUp 简介
　　📖 SketchUp 2018 的新增功能
　　📖 SketchUp 2018 的安装及工作界面
　　📖 SketchUp 2018 工具栏的设置
　　📖 SketchUp 2018 绘图环境的优化

效果预览 ┈┈┈┈┈┈┈┈┈┈┈┈┈┈┈┈┈┈┈┈┈ ╫○

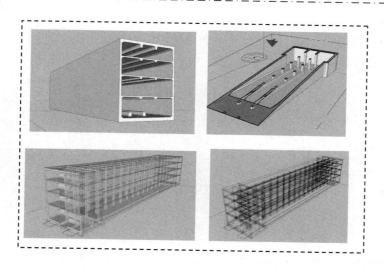

1.1 SketchUp 简介

SketchUp，简称 SU，是一款直观、灵活、易于使用的三维设计软件，被比喻为电脑设计中的"铅笔"，誉为"草图大师"SketchUp 最初由@Last Software 公司开发发布，2006 年被 Google 公司收购，并陆续发布了 6.0、7.0、8.0 版本。目前 SketchUp Pro 2018 版本还包含两个组件 layout 和 style bulider，它们是 SketchUp 的 2D 处理工具盒手绘样式工具，如图 1-1 所示。

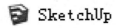 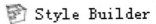

图 1-1

那么，SketchUp 2018 有哪些特点呢？下面就其主要特点介绍如下。

（1）独特简洁的界面，可以让读者短期内掌握，如图 1-2 所示。

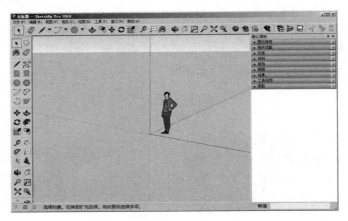

图 1-2

（2）适用范围广阔，可以应用在建筑、规划、园林、景观、室内及工业设计等领域。

（3）方便的推拉功能，设计师通过一个图形就可以方便地生成 3D 几何体，无须进行复杂的三维建模，如图 1-3 所示。

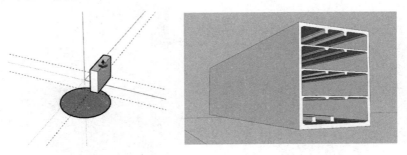

图 1-3

（4）快速生成任何位置的剖面，使设计者清楚地了解建筑的内部结构，可以随意生成二维剖面图，并快速导入到 AutoCAD 进行处理，如图 1-4 所示。

（5）与 AutoCAD、3DMAX、Photoshop、Vray、Maya 等软件兼容性良好，实现方案构思、

谋略与效果图绘制的完美结合。

快速导入和导出 dwg、dxf、3ds、pdf、jpg、png、bmp 等格式文件，如图 1-5 所示。在实现方案构思、效果图与施工图绘制完美结合的同时，提供与 AutoCAD 和 ARCHICAD 等设计工具的插件。

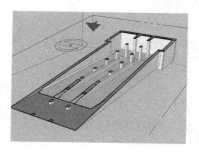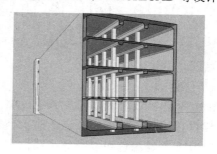

图 1-4

图 1-5

（6）自带大量门、窗、柱、家具等组件库和建筑肌理边线需要的材料库，如图 1-6 所示。

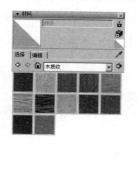

图 1-6

（7）轻松制作方案演示视频动画，全方位表达设计师的创作思路。

（8）具有草稿、线稿、透视、渲染等不同显示模式，如图 1-7 所示。

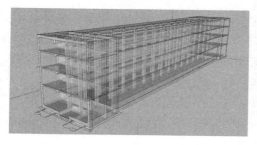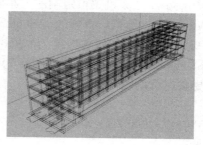

图 1-7

（9）准确定位阴影和日照，设计师可以根据建筑物所在地区和时间实时进行阴影和日照分析。

（10）简便地进行空间尺寸和文字的标注，并且标注部分始终面向设计者。

1.2 SketchUp 2018 的新增功能

较之前的 SketchUp 2016 和 SketchUp 2017 版本，SketchUp 2018 版本增加和改善了一些功能，主要表现在以下几个方面。

1．UI 扁平化处理

SketchUp 2018 兼容以前版本的快捷键，UI 进行了扁平化处理，去掉了部分界面阴影显示。

2．创建组件可增加高级属性，嵌入有价值信息，增加 BIM 功能

SketchUp 2018 创建组件可以在高级属性中添加大小、材料、价格、类型、状态、制造商等信息；依靠 BIM 功能中的 IFC 分配和操作属性，支持导入导出；并且可以在文件选项"生成报告"中生成模型信息报表。

3．扩展的箭头键锁定功能

现在很多工具都可以利用箭头键来快速锁定轴线。在单击需要旋转处理的工具之前（如圆弧/饼图工具、任意方向矩形工具、旋转工具、旋转量角器工具、多边形和圆形工具），可以锁定法线或旋转轴。

4．重新加载 3D 模型库模型

在 SketchUp 2018 中，可以在一个组件上单击鼠标右键弹出上下文菜单，直接从 3D 模型库中重新加载（或换出）一个新的组件。该操作将重新加载模型中那个组件的所有关联个体（类似于组件浏览器中的操作），因此，对于代理模型来说，这是一种很有效的操作方法。如果该组件是从 3D 模型库中下载下来的，还可以利用鼠标右键上下文菜单来快速访问 3D 模型库详情页面。

5．坐标轴工具的灵活性

在选择新轴线的时候，可以先用 Alt 键(PC)/Command 键(Mac)在想要选择的几条轴线间切换。

6．实时剖面填充功能

SketchUp 2018 可在样式面板中自动填充所需的颜色；支持剖面命名，其箭头变成施工图的剖切符号；提升对复杂模型的操作响应速度。

7．辅助改进

对移动、量角器、偏移和旋转工具做了辅助改进调整，以便改善可用性并做好收尾工作。

8．Windows 计算机中可定制的工具面板

在 Windows 计算机中，修改了 SketchUp 的浮动工具栏（样式、场景、组件等），以便使它们整齐地排放在自定义、可收缩的面板中。可以利用这项功能为那些经常使用的工具栏分组，对于隐藏、浏览和显示转向工具来说极为有用。工具栏不会完全消失，只是离开了屏幕。

9．更新材质贴图

材质贴图使模型不再局限于屏幕（页面）。SketchUp 2018 改进了默认材质库，添加了临时材质贴图及全新的类别。

10．LayOut 的改变

支持等比例缩放，在界面右侧"按比例的图纸"窗口处调试，将绘制的图形设置比例。支持导入 DWG，之前的版本只能导出 CAD，2018 版 Layout 已经可以与 CAD 共存，并且不存在比例上的问题，增强了模型信息在各个软件中互相导入和导出功能。

11．DWG 格式导入插件重写

对 DWG 格式导入插件进行了重写并修正。

12．扩展插件的安全性和审核制度

在 SketchUp 2018 中，用户可以根据自己的安全级别设定，管理哪种扩展插件可以被加载。在扩展插件面板中的首选项对话框中，有三种扩展插件安全选择：OFF、Approve Mode、Secure Mode。

13．管理性能优化

对 SketchUp 2018 管理目录性能进行了优化，减少了不必要的刷新，改进了排序功能。

1.3　SketchUp 2018 的安装及工作界面

下面就针对 SketchUp 2018 软件，通过实例的方式来讲解其安装与注册的方法，并掌握其工作界面与窗口的设置方法。

实战训练——SketchUp 2018 的安装方法

视频\01\SkctchUp 2018的安装与注册.avi
案例\01\软件：SketchUpPro 2018 ··· IHO

下面主要针对 SketchUp 2018 软件的安装及注册方法进行详细讲解，其操作步骤如下。

1）下载软件："SketchUpPro-zh-CN"，如图 1-8 所示，双击 SketchUpPro-zh-CN 文件，以运行安装程序，并进行如图 1-9 所示的初始化。

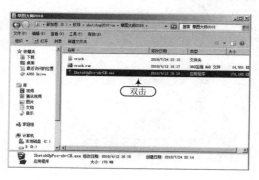

图 1-8　　　　　　　　　　　　　　　　图 1-9

2）在弹出的"SketchUp Pro 2018 安装向导"对话框中单击"下一个"按钮，开始安装，如图 1-10 所示。

3）设置安装文件的路径，这里设置为"E:\SketchUp 2018\"，然后单击"下一个"按钮

4）单击"安装"按钮，开始安装软件。

5）安装完成后单击"完成"按钮，从而完成 SketchUp 2018 软件的安装工作。

6）安装好 SketchUp 2018 软件后，还要进行注册。同样在该路径下的"crack"文件夹中，如图 1-11 所示根据"安装步骤"文档里的操作步骤来完成 SketchUp 2018 破解版的安装。

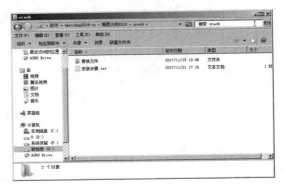

图 1-10   图 1-11

实战训练——SketchUp 2018 界面的设置

视频\01\SketchUp 2018界面的设置.avi
案例无

安装好并运行 SketchUp 2018 软件后，将会进入默认的向导界面，下面针对 SketchUp 2018 工作界面进行详细讲解，其操作步骤如下。

1）安装好 SketchUp 2018 后，双击桌面上的快捷图标启动软件，首先出现的是"欢迎使用 SketchUp"向导界面，如图 1-12 所示。

图 1-12

2）在向导界面中单击"选择模板"按钮，接着在模板列表中选择"建筑设计-毫米"模板，然后单击"开始使用"按钮，如图 1-13 所示。

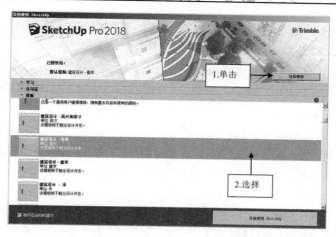

图 1-13

选择"建筑设计-毫米"模板后，用户所绘制的图形都是以"毫米"为单位的。

在向导界面中的左下角位置，有一个"始终在启动时显示"复选框。在这里不用勾选，则每次启动软件时以选择的"建筑设计-毫米"为默认样板来绘图（若勾选此复选框时，则每次启动软件都会弹出向导界面）。

通过此步的操作，在下次重新启动软件后，不会弹出"向导界面"，将直接进入 SketchUp 2018 的工作界面，若要重新设置"模板"，可以通过"帮助"菜单下的"欢迎使用 SketchUp"命令打开向导界面，如图 1-14 所示。

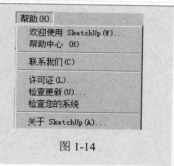

图 1-14

3）按照上述步骤操作后，则进入 SketchUp 2018 的初始界面，如图 1-15 所示。

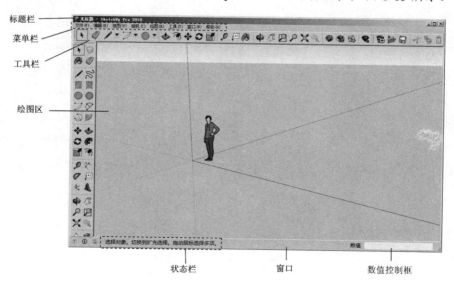

图 1-15

提示 注意 技巧 专业技能 **软件知识**

熟悉 SketchUp 2018 的工作界面

SketchUp 2018 的初始工作界面主要由标题栏、菜单栏、工具栏、绘图区、数值控制框、状态栏等构成，其中主要的相应功能介绍如下。

（1）标题栏

标题栏位于界面的最顶部，最左端是 SketchUp 的标志，往右依次是当前编辑的文件名称（如果文件还没有保存命名，这里则显示为"无标题"）、软件版本和窗口控制按钮。

（2）菜单栏

菜单栏位于标题栏下面，包含"文件""编辑""视图""相机""绘图""工具""窗口"和"帮助"8 个主菜单，单击各个主菜单名称则会弹出相应的级联菜单，各个菜单下包含了多个命令，如图 1-16 所示。

图 1-16

（3）绘图区

绘图区又叫绘图窗口，占据了界面中最大的区域，在这里可以创建和编辑模型，也可以对视图进行调整。在绘图窗口中还可以看到绘图坐标轴，分别用红、绿、蓝 3 色显示。

为了方便观察视图的效果，有时需要将坐标轴隐藏。执行"视图丨坐标轴"菜单命令，即可控制坐标轴的显示与隐藏，如图 1-17 所示。

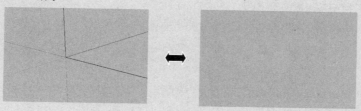

图 1-17

（4）状态栏

状态栏位于界面的底部，用于显示命令提示和状态信息，是对命令的描述和操作提示，这些信息会随着对象而改变。

实战训练——SketchUp 2018 窗口的设置

视频\01\SketchUp 2018窗口的设置.avi
案例\无

"窗口"菜单中的命令代表着不同的编辑器和管理器，在窗口的次级选项默认面板中可以打开相应的面板，以便快捷地使用常用编辑器和管理器，而且各个面板可以展开或隐藏。

1）单击"窗口—默认面板"主菜单，则弹出如图 1-18 所示的级联菜单命令。

2）如依次勾选"材料""组件""风格""图层"等命令，则在默认面板中会出现相应面板，拖动这些面板可进行位置替换操作。

3）在相应面板上单击即可展开或隐藏该面板，如图 1-19 所示，能让绘图界面变得更加简洁。

图 1-18

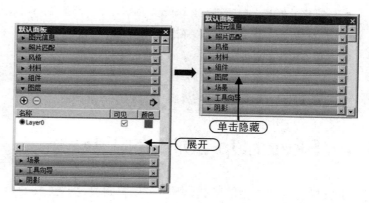

图 1-19

提示　注意　技巧　专业技能　软件知识

（1）"窗口"菜单下拉列表框各选项功能。

- 默认面板：可弹出用于绘图和管理的次级选项。
- 管理面板：用于各面板的管理。
- 新建面板：可根据绘图需要或个人习惯来新建面板。
- 模型信息：单击该选项将弹出"模型信息"管理器。可以对尺寸、单位、文件、地理位置等进行设置。
- 系统设置：单击该选项将弹出"系统设置"对话框，可以通过设置 SketchUp 的应用参数来为整个程序编写各种不同的功能。
- 3D Warehouse（3D 模型库）：单击该选项将弹出"3D Warehouse"对话框。
- Extension Warehouse（扩展模型库）：单击该选项将弹出"Extension Warehouse"对话框。
- Ruby 控制台：单击该选项将弹出"Ruby 控制台"对话框，用于编写 Ruby 命令。
- 组件选项/组件属性：这两个命令用于设置组件的属性，包括组件的名称、大小、位置和材质等。通过设置属性，可以实现动态组件的变化显示。
- 照片纹理：该命令可以直接从谷歌地图上截取照片纹理，并作为材质贴图赋予模型物体的表面。

（2）"默认面板"选项中各个次级选项的功能。

- 隐藏面板/更名面板：用于控制面板的显隐和更名。
- 图元信息：单击该选项将弹出"图元信息"面板，用于显示当前选中实体的属性。
- 材料：单击该选项将弹出"材料"面板，可对图形进行相应的材质纹理填充，表现其真实状态。
- 组件：单击该选项将弹出"组件"面板，可将图形保存为组件，以方便图形的重复使用。
- 风格：单击该选项将弹出"风格"面板，可对图形的边线、平面、背景、建模进行设置。
- 图层：单击该选项将弹出"图层"面板，可建立及管理图层。
- 场景：单击该选项将弹出"场景"面板，用于突出当前页面。
- 阴影：单击该选项将弹出"阴影"面板，用于设置图形的阴影显示设置。
- 雾化：单击该选项将弹出"雾化"面板，用于设置雾化效果。
- 照片匹配：单击该选项将弹出"照片匹配"面板。
- 柔化边线：单击该选项将弹出"柔化边线"面板。
- 工具向导：单击该选项将弹出"工具向导"面板。
- 管理目录：单击改选项将弹出"管理目录"面板。

1.4　SketchUp 2018 的工具栏

工具栏包含了常用的工具，用户可以自定义这些工具的显隐状态或显示大小等，如图 1-20 所示。

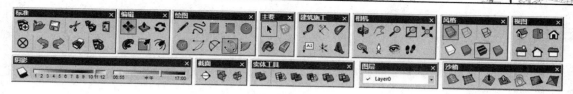

图 1-20

实战训练——调出常用的工具栏

视频\01\调出常用的工具栏.avi
案例\无

　　前面对各个常用工具栏进行了大致的介绍，而初始界面中没有显示出这些工具栏，下面对这些常用工具栏进行调出，形成固定的界面以方便后面绘图，其操作步骤如下。

　　1）执行"视图"｜"工具栏"菜单命令，如图 1-21 所示。

　　2）随后弹出"工具栏"对话框，在"工具栏"下拉列表中，勾选"大工具集"复选框，并取消勾选"使用入门"工具栏，如图 1-22 所示。

图 1-21

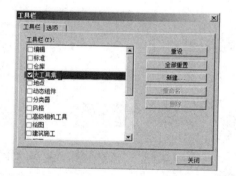

图 1-22

　　3）从而在绘图区左侧显示出该"大工具集"工具栏，并自动进行排列，如图 1-23 所示。

图 1-23

大工具集中已经包含"主要""绘图""建筑施工""编辑""相机""使用入门"等几个工具栏，并且自动地排列在窗口的左侧，因此非常实用。

4）根据这样的方法，在"工具栏"对话框中，继续勾选以调出"标准""截面""沙箱""实体工具""视图""数值""图层""风格""阴影"等工具栏，并通过拖动各个工具栏，排列成如图 1-24 所示的界面位置。

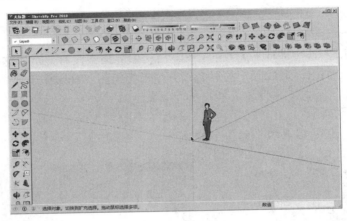

图 1-24

绘图区的左下方是数值控制框，这里会显示绘图过程中的尺寸信息，也可以接收键盘输入的数值。数值控制框支持所有的绘制工具，其工作特点如下。

- 由鼠标指定的数值会在数值控制框中动态显示。如果指定的数值不符合系统属性里指定的数值精度，在数值前面会加上约等于"～"符号，这表示该数值不够精确。
- 用户可以在命令完成之前输入数值，也可以在命令完成后、还可以在没有开始操作之前输入数值。输入数值后，按回车键确定。
- 在当前命令仍然生效的时候（开始新的命令操作之前），可以持续不断地改变输入的数值。
- 一旦退出命令，数值控制框就不会再对该命令起作用了。
- 输入数值之前不需要单击数值控制框，可以直接在键盘上输入，数值控制框随时待命。

对于一些初学者来讲，在 SketchUp 2018 中根本无须用鼠标单击数值控制框，直接通过键盘输入数据即可。

实战训练——设置工具按钮的快捷键

视频\01\设置工具按钮的快捷键.avi
案例\无

在 SketchUp 2018 软件中，可以通过单击工具栏上的相应按钮来执行命令，同样还可以通过该按钮的快捷键来执行命令，SketchUp 默认设置了部分命令的快捷键，如矩形（R）、圆（C）、删除（E）等，这些快捷键是可以进行修改的，也可以根据自己的作图习惯来设置相应的快捷键。

下面以实例的方式来讲解快捷键的设置方法，其操作步骤如下。

1）执行"窗口"｜"系统设置"菜单命令，如图 1-25 所示。

2）随后弹出"系统设置"对话框，如图 1-26 所示，单击以切换到"快捷方式"选项卡。

图 1-25   图 1-26

3）下面对"编组"命令创建一个快捷键。在"功能"下拉列表中，找到"编辑（E）/创建群组（G）"命令，使用鼠标定位在"添加快捷方式"栏中，在键盘上按"Ctrl+G"组合键，则自动上屏，然后单击"添加按钮" ，则在"已指定"栏显示该快捷键，最后单击"确定"按钮，以完成该快捷键的设置，如图 1-27 所示。

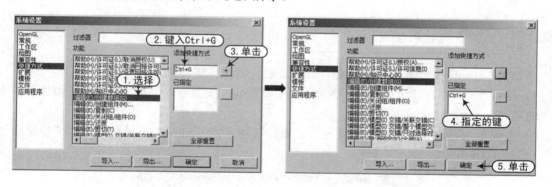

图 1-27

4）这样，该快捷键命令就建立了，在后面直接输入该快捷键"Ctrl+G"即可创建群组。

用户可根据上面的方法自定义设置自己习惯的快捷键，然后单击 导出... 按钮，可将设置好的快捷键导出成为*.dat 格式文件，如图 1-28 所示。若以后在其他电脑上使用 SketchUp 软件时，同样可单击 导入... 按钮，如图 1-29 所示将保存的*.dat 格式文件导入到新的电脑上，以方便用户根据自己的习惯来绘图。

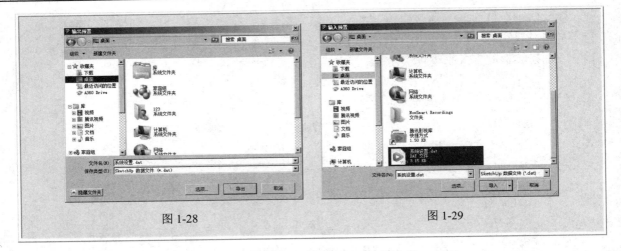

图 1-28　　　　　　　　　　　　　　　　　　图 1-29

1.5　SketchUp 2018 绘图环境的优化

为了使 SketchUp 2018 的绘图界面更适合绘图，首先应对绘图环境进行相应的优化处理，包括绘图单位与绘图边线的设置、文件的自动备份等，然后将设置好的环境保存为预设的绘图模板，以方便后面绘图时直接调用。

实战训练——设置绘图单位

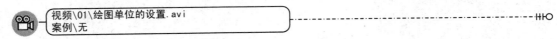

视频\01\绘图单位的设置.avi
案例\无

下面对 SketchUp 2018 绘图单位进行优化处理，其操作步骤如下。

1）执行"窗口"｜"模型信息"菜单命令，则弹出"模型信息"对话框，单击切换到"单位"选项卡。

2）在这里主要设置长度单位格式为"十进制"、单位为"mm"，长度和角度的精确度均为"0"，如图 1-30 所示。

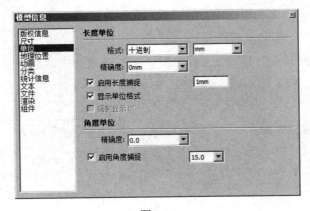

图 1-30

由于前面选择的是"建筑设计-毫米"模板，就决定了长度单位格式为"十进制"、单位为"mm"。

实战训练——设置绘图边线

视频\01\绘图边线的设置.avi
案例\无

下面针对 SketchUp 2018 的"风格"面板进行详细讲解，其操作步骤如下。

1）执行"窗口"｜"默认面板"｜"风格"菜单命令，如图 1-31 所示。

2）在弹出的"风格"面板中，单击切换至"编辑"栏，如图 1-32 所示。

3）在第一个"边线设置"下，取消勾选"轮廓线""出头""端点"三个复选框，如图 1-33 所示，只保留其"边线"显示选项。

图 1-31

图 1-32

图 1-33

在初始环境中绘制的图形都会显示如图 1-34 所示的轮廓线、出头点、端点等标记，为了方便后面绘图以及对特性点的捕捉，可以取消显示这些轮廓线、出头点、端点等，只显示如图 1-35 所示的边线。

图 1-34

图 1-35

实战训练——设置文件的自动备份

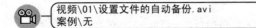

视频\01\设置文件的自动备份.avi
案例\无

SketchUp 拥有自动保存文件的功能，有助于在突发情况下（比如突然断电等）挽救用户所做的工作。下面就对文件的自动保存进行设置，其操作步骤如下。

1）如图 1-36 所示，执行"窗口｜系统设置"菜单命令，将弹出"系统设置"对话框。

2）选择"常规"选项，切换到其设置面板，勾选"创建备份"和"自动保存"复选框，然后设置自动保存的间隔时间为 15 分钟，然后单击"确定"按钮，如图 1-37 所示。

图 1-36　　　　　　　　　　　　　　　图 1-37

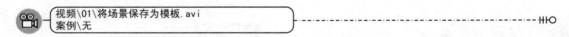

一般情况下，默认保存的文件位于计算机的"我的文档"中，默认的自动保存时间是 5 分钟，建议将保存时间设置为 15 分钟左右，以免频繁地保存会影响操作的速度。

实战训练——将设置好的场景保存为模板

视频\01\将场景保存为模板.avi
案例\无

通过前面这些实例的操作，绘图界面及场景已经设定好了，可以将其保存为一个模板，这样在后面使用 SketchUp 2018 绘制其他建筑图纸时，就不必再对场景信息进行重复设置了。

1）执行"文件｜另存为模板"菜单命令，如图 1-38 所示。

2）随后弹出"另存为模板"对话框，在"名称"文本框中输入模板名称，如"建筑-优化"，也可以在"说明"文本框中添加模板的说明信息，然后勾选"设为预设模板"复选框，最后单击"保存"按钮，完成模板的保存，如图 1-39 所示。

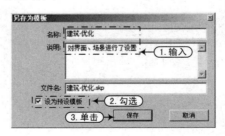

图 1-38　　　　　　　　　　　　　　　图 1-39

执行"窗口 | 系统设置"菜单命令，在弹出的"系统设置"对话框中切换到"模板"选项板下，将会看到创建的"建筑-优化"模板，如图 1-40 所示。

保存完预设模板后，再次重新启动 SketchUp 2018 时，系统会自动把"建筑-优化"作为默认的模板进行绘图，如图 1-41 所示。如果想修改模板，可以在向导界面中单击"选择模板"按钮，然后在模板下拉列表选择一个模板进行使用。

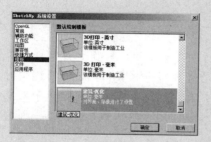

图 1-40

图 1-41

第2章　视图的控制与对象的显示

本章导读 —————————————— ⊩O

在 SketchUp 软件中，要灵活方便地对模型进行创建和编辑，就需要对其进行视图的转换与控制操作，包括视图的模式、视图的旋转、视图的缩放与平移等；而在编辑模型对象时，就要快捷、准确地选择所要编辑的模型对象，包括选择单个对象、框选或窗选多个对象、相同属性对象的选择等；而针对模型对象的显示，可以选择不同的显示风格、边线与平面的显示、背景和水印的添加等。

在本章中，以实例的方式来学习 SketchUp 2018 视图的控制与对象的选择方法，以及调整对象的显示模式。通过本章的学习，读者可灵活运用 SketchUp 2018 软件，为后面深入绘图打下基础。

主要内容 —————————————— ⊩O

　　📖 视图的控制
　　📖 对象的选择
　　📖 对象的显示

效果预览 —————————————— ⊩O

沙岩色和蓝色　　　　　预设颜色　　　　　迷彩色

2.1　视图的控制

打开"相机"菜单，可选择视图的类型，如图 2-1 所示。

- 标准视图——提供了顶视图、底视图、前视图、后视图、左视图、右视图、等轴视图等类型，如图 2-2 所示。

- 相机视图——提供了平行投影显示、透视显示和两点透视三种显示方式。

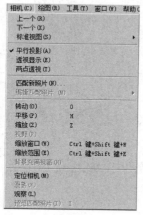

图 2-1

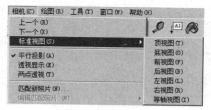

图 2-2

透视图和平行投影

（1）"透视显示"模式

"透视显示"模式是模拟人眼观察物体的方式，模型中的平行线会消失于远处的灭点，显示的物体会变形。在"透视显示"模式下打印出的平面、立面及剖面图等不能正确地反映长度和角度，且不能按照一定的比例打印。因此，打印时一定要选择"平等投影"模式。

SketchUp 的透视显示模式为三点透视，当视线处于水平状态时，会生成两点透视。两点透视的设置可以通过放置相机使视线水平；也可以在选定好一定角度后，执行"相机|两点透视"菜单命令，这时绘图区会显示两点透视图，并可以直接在绘图中心显示，如图 2-3 所示为两点透视。

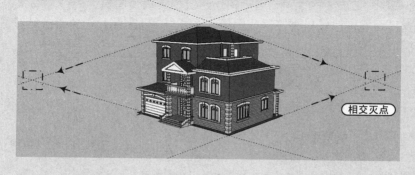

图 2-3

（2）"平行投影"模式

"平行投影"模式是模型的三向投影图。在"平行投影"模式中，所有的平行线在绘图窗口中仍显示为平行，如图 2-4 所示。

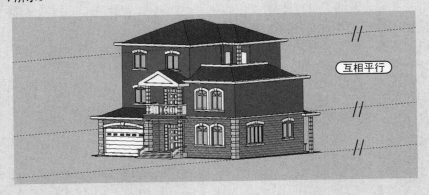

互相平行

图 2-4

视图的操作

- 环绕观察⊕——执行该命令后，按住鼠标左键移动可使视图转动，便于观察（快捷键：滚轮键）。
- 平移 ——按住鼠标左键移动可使视图平移，便于观察。
- 缩放 ——按住鼠标左键推动可使视图缩放，向上推动则放大视图，向下则缩小视图。
- 缩放窗口 ——使用鼠标左键拖动出一个窗口进行局部放大，便于观察和编辑。
- 视角——可进行透视变形缩放，得到夸张的透视视图。
- 充满视窗 ——可满视野显示场景中的所有模型（快捷键：Shift+Z）。
- 上一个——返回到上一个视图画面。
- 下一个——切回到下一个视图画面。
- 定位相机 ——该命令可以将相机镜头精确放置到眼睛高度或者置于某个精确的点。
- 漫游 ——该命令用于调用漫游工具，以相机为视角漫游。
- 绕轴旋转 ——该命令用于调用环视工具，以固定点为中心转动相机视野。
- 预览匹配照片，使用建筑模型制作工具制作的建筑物会以 SKP 文件形式导入到 SketchUp 中，在这些文件中，用于制作建筑物的每个图像都有一个场景。SketchUp 的照片建模功能可以轻松浏览这些图像，并可与"匹配照片"功能搭配使用，以进一步制作模型的细节。

提 示　　注 意　　技 巧　　专业技能　　软件知识

鼠标滑动键的妙用

使用鼠标滑动键（即中键、滚轮键），也可实现对视图的操作。

- 按住鼠标滑动键并拖动，可切换成环绕观察工具，对视图进行转动。
- 双击鼠标滑动键，可将视图进行最大化显示，以将图形放大至整个窗口。
- Shift+滑动键，可变成平移工具，以移动画布。

实战训练——切换对象的视图模式

视频\02\切换对象的视图模式.avi
案例\02\素材文件\餐桌.skp ·······························IHO

下面通过"餐桌"模型为实例，讲解视图的几种显示模式，使读者掌握从不同视角观察图形的方法，其操作步骤如下。

1）打开本案例的餐桌素材文件，如图 2-5 所示为自由视图显示模式。

2）在"视图"工具栏中单击"俯视图"模式，则图形切换成俯视视角观察模式，如图 2-6 所示。

图 2-5

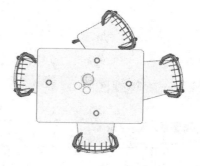

图 2-6

3）再单击"前视图"模式，则切换成前视角观察模式，如图 2-7 所示。

4）单击"右视图"模式，则切换为右视角观察模式，如图 2-8 所示。

图 2-7

图 2-8

5）单击"后视图"模式，则转换视图效果如图 2-9 所示。

6）再单击"左视图"模式，则转换成如图 2-10 所示的视角效果。

图 2-9

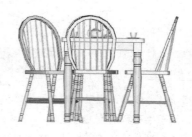

图 2-10

7）最后单击"等轴视图"模式，则改变视角的效果如图 2-11 所示。

图 2-11

实战训练——旋转视图显示

 视频\02\旋转视图显示.avi
案例\02\素材文件\餐桌.skp

在绘图过程中通过旋转视图，可以捕捉不同的平面位置，其操作步骤如下。

1）接着上一实例继续讲解，在左侧的"大工具集"工具栏中单击"环绕观察"按钮，或者按住鼠标中键，鼠标变成如图 2-12 所示的状态。

2）鼠标继续向上拖动，将图形的底部旋转到当前的视角中，如图 2-13 所示。这样即可在图形的底部进行相应操作。

图 2-12   图 2-13

> **提示 注意 技巧 专业技能 软件知识**
>
> 在执行旋转命令的过程中，如果使用鼠标中键双击绘图区的某处，会将该处旋转置于绘图区中心。这个技巧同样适用于平移和缩放工具。
>
> 在按住 Ctrl 键的同时旋转视图，能使竖直方向的旋转更为流畅。
>
> 利用页面保存常用视图，可以减少转动工具的使用率。

实战训练——缩放和平移视图

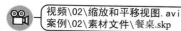

视频\02\缩放和平移视图.avi
案例\02\素材文件\餐桌.skp

SketchUp 提供了缩放和平移工具，以方便绘图，下面主要针对这两个工具进行详细讲解，其操作步骤如下。

1）继续以餐桌图形进行操作，如图 2-14 所示，由于显示的范围过大，以致不能看清楚餐桌图形。

2）这时，可以通过单击左侧工具栏中的缩放按钮 ，鼠标变成 ，向上拖动鼠标，则对图形进行放大显示，如图 2-15 所示。

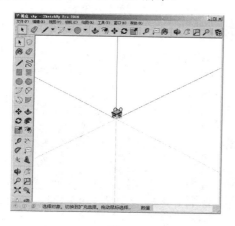

图 2-14　　　　　　　　　　　　图 2-15

滚动鼠标中键也可以进行窗口缩放，这是缩放工具 默认的快捷键操作方式，向前滚动是放大视图，向后滚动是缩小视图，光标所在的位置是缩放的中心点。

3）通过缩放工具，虽然可以放大图形的显示，但需要通过多次调整才能达到理想效果，这时使用缩放命令更能展现其快速功能。

4）单击缩放按钮 ，在餐桌左上侧相应位置单击鼠标左键，然后向右下角拖出一个矩形窗口，然后松开鼠标，则图形放大显示，如图 2-16 所示。

使用"缩放"和"平移"命令，并不改变物体本身的大小，而是改变图形离屏幕的远近。

5）相对于缩放工具，缩放更加快捷的是，充满视窗"功能，使用该功能可以将图形布满整个窗口显示。

6）单击充满视窗按钮 （快捷键：Shift+Z），则一次性地将图形最大化布满整个视窗，如图 2-17 所示。

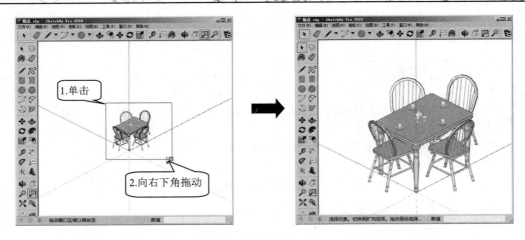

图 2-16

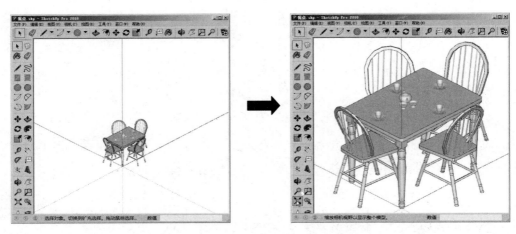

图 2-17

7）使用平移工具，可以移动画布。单击平移按钮 ⬚ （快捷键：Shift+中键），则鼠标变成小手状，按住鼠标左键移动可使视图平移，如图 2-18 所示。

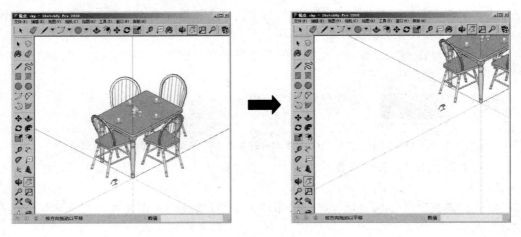

图 2-18

2.2　对象的选择

在 SketchUp 中，可以使用选择工具 来选择图形对象，该工具用于给其他工具命令指定操作实体，使用选择工具 选取物体的方法有 4 种：点选、窗选、框选及使用鼠标右键扩展关联选择。

对于用惯了 AutoCAD 的人来说，可能会不习惯，因为在 AutoCAD 中，空格键作为"确认"与"重复命令"的快捷键，在 SketchUp 中则建议将空格键定义为选择工具的 快捷键，养成用完其他工具之后随手按一下空格键的习惯，这样就会自动进入选择状态。

实战训练——选择指定的对象

视频\02\选择指定的对象.avi
案例\02\素材文件\洗衣机.skp

在 SketchUp 2018 中，要对某个对象进行选择，直接使用鼠标左键单击该对象即可，下面讲解选择对象的方法，其操作步骤如下。

1）以洗衣机图形为实例进行讲解，使用鼠标左键单击洗衣机滚筒处的面，则该面被选中，且呈现选中蚂蚁线状态。

2）若在该面上双击，则将同时选中这个面和构成此面的边线，选中的边线呈蓝色亮显状态。

3）若在该面上连续单击 3 次以上，则将选中与这个面相连的所有面、线，如图 2-19 所示。

图 2-19

4）选择边的方法也是如此，单击可选择相应的边线，双击该边线可选择与其关联的面，三击可选择与该边线关联的所有图形，如图 2-20 所示。

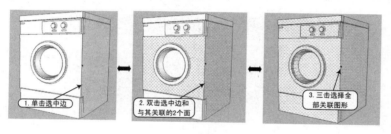

图 2-20

在三击选择所有关联的图形时，与其相连的组和组件图形不包括在内，因为在 SketchUp 中，组和组件被视为单独的一个整体，与其他图形不关联，如图 2-21 所示。

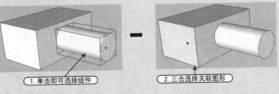

图 2-21

实战训练——窗选与框选对象

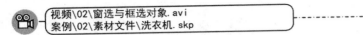

视频\02\窗选与框选对象.avi
案例\02\素材文件\洗衣机.skp

窗选的方式为从左往右拖动鼠标，只有完全包含在矩形窗口内的图形才能被选中，选框是实线。

框选的方式为从右往左拖动鼠标，这种方式选择的图形包括选框内和选框接触到的所有实体，选框呈虚线显示。

下面具体讲解这两种选择方法，其操作步骤如下。

1）以洗衣机图形为例，使用鼠标左键在相应位置单击，然后向右下拖动鼠标以形成一个实线矩形窗口，放开鼠标，则落在矩形窗口内的图形被选中，如图 2-22 所示。

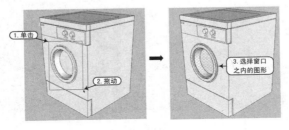

图 2-22

2）使用鼠标左键在相应位置单击，然后向左上拖动鼠标以形成一个虚线选框，放开鼠标，则选框之内及选框相交的图形被选中，如图 2-23 所示。

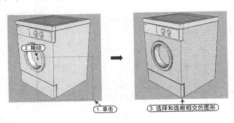

图 2-23

使用选择工具 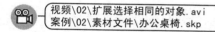 并配合键盘上相应的按键可以进行不同的选择，如下所述。

- 激活选择工具 ▶ 后，按住 Ctrl 键可以进行加选，此时鼠标的形状变为 ▶+。
- 激活选择工具 ▶ 后，按住 Shift 键可以交替进行物体的加减选择，此时鼠标的形状变为 ▶±。
- 激活选择工具 ▶ 后，同时按住 Ctrl 键和 Shift 键可以进行减选，此时鼠标的形状变为 ▶-。
- 如果要选择模型中的所有可见物体，除了执行"编辑|全选"菜单命令外，还可以使用 Ctrl+A 组合键。
- 如果要取消当前的所有选择，可以在绘图窗口的任意空白区域单击，也可以执行"编辑|全部不选"菜单命令，或者使用 Ctrl+T 组合键。

实战训练——扩展选择相同的对象

视频\02\扩展选择相同的对象.avi
案例\02\素材文件\办公桌椅.skp

激活选择工具 ▶ 后，在某个物体元素上单击鼠标右键（简称右击），将会弹出一个菜单，在这个菜单的选择子菜单中同样可以进行关联的边线、关联的面及关联的所有对象的选择，还可以对同一图层上的物体、相同材质上的物体进行扩展选择。

下面以实例的方式来讲解如何选择同一材质上的物体，其操作步骤如下。

1）打开本案例的素材文件"办公桌椅.skp"，右击桌子上任意一个面，在弹出的右键菜单中执行"选择 | 使用相同材质的所有项"，此时图形中具有相同材质的面都被选中，如图 2-24 所示。

图 2-24

2）在左侧工具栏中单击材质按钮 ◈，打开"材料"面板，在其中可以设置一个"木质纹"材质，然后鼠标变成 ◈ 状，在选中的图形处单击，如图 2-25 所示为图形添加一种新的材质。

在完成了模型又没有及时创建群组的情况下，可以使用"选择相同材质的所有项"命令，很容易地把相同材质的对象选择出来并将其创建群组，以便对材质等属性进行调整。

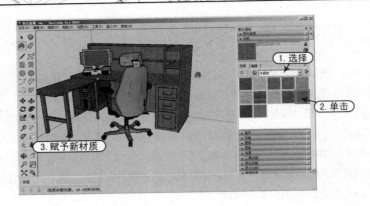

图 2-25

2.3 对象的显示

SketchUp 包含多种显示模式，主要通过"风格"面板进行设置，"风格"面板中包含背景、天空、边线和表面的显示效果，通过选择不同的显示风格，可以让用户的画面表达更具艺术感，体现出强烈的独特个性。

实战训练——调整对象的 7 种显示风格

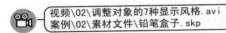

视频\02\调整对象的7种显示风格.avi
案例\02\素材文件\铅笔盒子.skp

下面为铅笔盒子案例添加不同的显示风格，其操作步骤如下。

1）打开案例的素材文件"铅笔盒子.skp"，如图 2-26 所示。

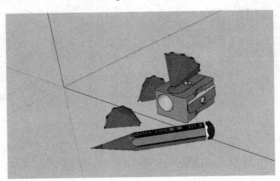

图 2-26

2）执行"窗口 | 默认面板 | 风格"菜单命令，打开"风格"面板，SketchUp 2018 自带了 7 个风格目录，分别是"Style Builder 竞赛获奖者""手绘边线""混合风格""照片建模""直线""预设风格""颜色集"，如图 2-27 所示。

3）在每一个样式下有多种显示风格。如单击"Style Builder 竞赛获奖者"风格，则会展开该风格下的各种艺术风格。鼠标停留在风格图标按钮上，则会提示该风格的名称，如图 2-28

所示。通过选择不同的显示风格，来改变背景、天空、边线及表面的显示，让画面表达出更具艺术感。

图 2-27

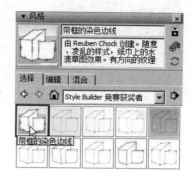

图 2-28

4) 在 "Style Builder 竞赛获奖者" 样式下，选择不同的风格对比，如图 2-29 所示。

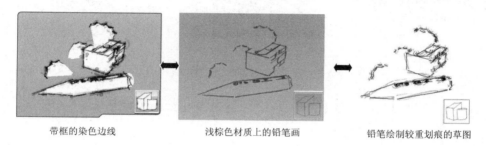

带框的染色边线　　　　　浅棕色材质上的铅笔画　　　　　铅笔绘制较重划痕的草图

图 2-29

5) 在风格下拉列表中，切换选择 "手绘边线" 风格，如图 2-30 所示。

图 2-30

6）在"手绘边线"风格中，选择不同的风格对比，效果如图 2-31 所示。

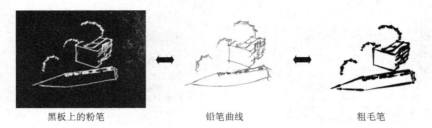

黑板上的粉笔　　　　　铅笔曲线　　　　　粗毛笔

图 2-31

7）切换到"混合风格"下，选择不同的风格对比如图 2-32 所示。

PSO 晕影　　　　　帆布上的笔刷　　　　　水彩纸和铅笔

图 2-32

8）切换到"照片建模"风格下，选择不同的风格对比如图 2-33 所示。

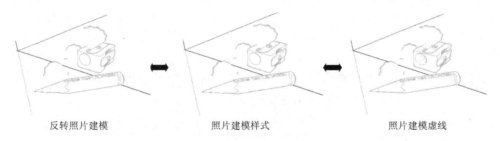

反转照片建模　　　　　照片建模样式　　　　　照片建模虚线

图 2-33

9）"直线"风格下的各个风格表示使用不同粗细的笔头（像素单位）绘制的不同边线效果。切换到"直线"风格下，不同像素直线的对比图形效果，如图 2-34 所示。

直线01像素　　　　　直线05像素　　　　　直线10像素

图 2-34

10）切换到"预设风格"下，不同风格下的对比图形效果，如图 2-35 所示。

3D打印样式　　　　　　X射线　　　　　　　线框显示

图 2-35

11）切换到"颜色集"风格下，不同风格的图形效果对比如图 2-36 所示。

沙岩色和蓝色　　　　　　预设颜色　　　　　　迷彩色

图 2-36

实战训练——设置对象的边线显示风格

 视频\02\设置对象的边线显示风格.avi
案例\02\素材文件\梳妆台.skp

在"风格"面板的"编辑"选项卡中，包含 5 个不同的设置面板，分别为"边线设置""平面设置""背景设置""水印设置"和"建模设置"。而最左侧的面板 即为"边线设置"面板，用于控制几何体边线的显示、隐藏、粗细及颜色等，如图 2-37 所示。

下面详细讲解不同显示边线的设置效果，其操作步骤如下。

1）打开案例素材文件"梳妆台.skp"，如图 2-38 所示。

图 2-37

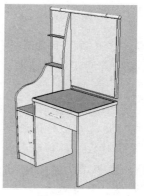

图 2-38

2）执行"窗口 | 默认面板 | 风格"菜单命令，打开"风格"面板，切换到"编辑"选项卡的"边线设置"面板中。

3）开启"边线"复选框（默认情况下是开启的），会显示物体的边线，关闭则隐藏边线，如图 2-39 所示。

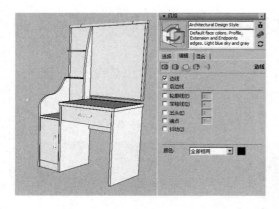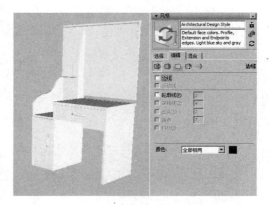

图 2-39

4）后边线。开启此选项会以虚线的形式显示物体背部被遮挡的边线，关闭则隐藏，如图 2-40 所示。

5）轮廓线。该选项用于设置轮廓线是否显示（借助于传统绘图技术，加重物体的轮廓线显示，突出三维物体的空间轮廓），也可以调节轮廓线的粗细，如图 2-41 所示。

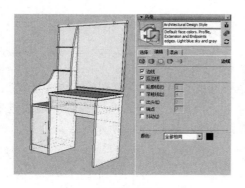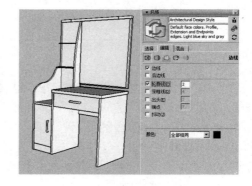

图 2-40   图 2-41

6）深粗线。该选项用于强调场景中的物体前景线要强于背景线，类似于画素描线条的强弱差别。离相机越近的深粗线越强，越远的越弱。可以在数值框中设置深粗线的粗线，如图 2-42 所示。

7）出头。该选项用于使每一条边线的端点都向外延长，给模型一个"未完成的草图"的感觉。延长线纯粹是视觉上的延长，不会影响边线端点的参考捕捉。可以在数值框中设置边线出头的长度，数值越大，延伸越长，如图 2-43 所示。

8）端点。该选项用于使边线在结尾处加粗，模拟手绘效果图的显示效果。可以在数值框中设置端点线长度，数值越大，端点延伸越长，如图 2-44 所示。

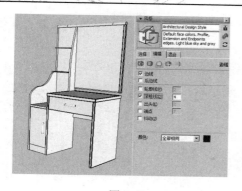

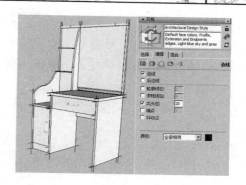

图 2-42　　　　　　　　　　　　　　　　　图 2-43

9）抖动。该选项可以模拟草稿线抖动的效果，渲染出的线条会有所偏移，但不会影响参考捕捉，如图 2-45 所示。

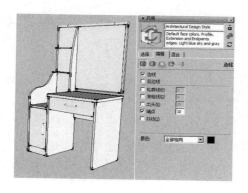

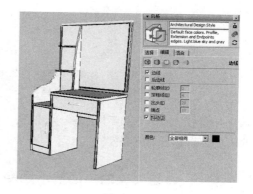

图 2-44　　　　　　　　　　　　　　　　　图 2-45

10）颜色。该选项可以控制模型边线的颜色，包含 3 种颜色显示方式，如图 2-46 所示。

11）全部相同。用于使边线的显示颜色一致。默认颜色为黑色，单击右侧的颜色块可以为边线设置其他颜色，如图 2-47 所示。

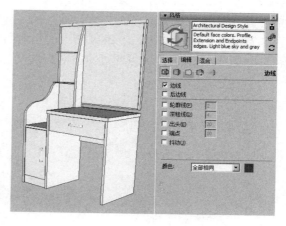

图 2-46　　　　　　　　　　　　　　　　　图 2-47

12）按材质。可以根据不同的材质显示不同的边线颜色。如果选择线框模式显示，就能很明显地看出物体的边线是根据材质的不同而不同的，如图 2-48 所示。

13）按轴线。通过边线对齐的轴线不同而显示不同的颜色，如图 2-49 所示。

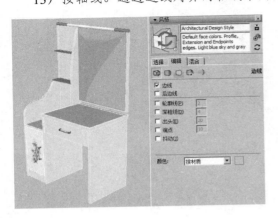

图 2-48

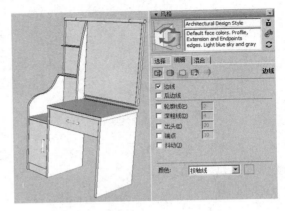

图 2-49

提 示　注 意　技 巧　专业技能　软件知识

　　场景中的黑色边线无法显示的时候，可能是在"风格"面板中将边线的颜色设置成了"按材质"显示，只需改回"全部相同"即可。

实战训练——设置对象的平面显示风格

视频\02\设置对象的平面显示风格.avi
案例\02\素材文件\别墅建筑.skp

　　平面设置面板中包含 6 种表面显示模式，分别是"以线框模式显示"、"以隐藏线模式显示"、"以阴影模式显示"、"使用纹理显示阴影"、"使用相同的选项显示有着色显示的内容"和"以 X 光透视模式显示"，如图 2-50 所示。另外，在该面板中列出了正面颜色和背面颜色的设置（SketchUp 使用的是双面材质），系统默认的正面颜色为白色，背面为灰色，如图 2-51 所示，可以通过单击对应的颜色块来修改正反面颜色。

图 2-50

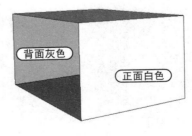

图 2-51

用户不仅可以通过平面设置面板来设置对象的表面显示风格，还可以通过"风格"工具栏来执行与其对应的命令，如图 2-52 所示。

图 2-52

下面详细讲解不同显示平面的设置效果，其操作步骤如下。

1）打开案例素材文件"别墅建筑.skp"，执行"窗口｜默认面板｜风格"菜单命令，弹出"风格"面板，切换到"编辑｜平面设置"选项板下。

2）单击"以线框模式显示"按钮，则图形以简单的线条显示，没有面，如图 2-53 所示。

3）单击"以隐藏线模式显示"按钮，图形将以消隐线模式显示模型，隐藏了内部不可见的边线和平面，并继承背景色的颜色。这种模式常用于输出图像以进行后期处理，如图 2-54 所示。

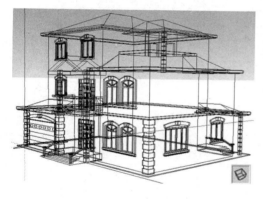

图 2-53

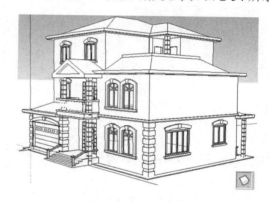

图 2-54

提 示　注 意　技 巧　专业技能　软件知识

当图形以线框模式显示时，推拉功能不可使用。即线框模式下没有面，所以不可对图形的面进行推拉。

4）单击"以阴影模式显示"按钮，将会显示所有应用到面的材质，以及根据光源应用的颜色，如图 2-55 所示。

5）单击"使用纹理显示阴影"按钮，将进入贴图着色模式，所有应用到面的贴图都将被显示出来，如图 2-56 所示。在某些情况下，贴图会降低 SketchUp 操作的速度，所以在操作过程中也可以暂时切换到其他模式。

6）单击"使用相同的选项显示有着色显示的内容"按钮，在该模式下，模型就像线和面的集合体，与消隐模式有点相似。此模式能分辨模型的正反面来默认材质的颜色，如图 2-57 所示。

图 2-55

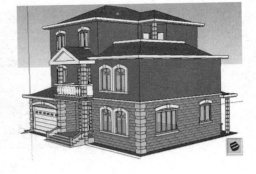

图 2-56

7）单击"以 X 光透视模式显示"按钮，X 光透视模式可以和其他模式联合使用，将所有的面都显示成透明，这样就可以透过模型编辑所有的边线，如图 2-58 所示。

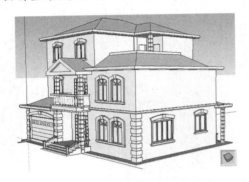

图 2-57

图 2-58

实战训练——为场景添加背景颜色

> 视频\02\为场景添加背景颜色.avi
> 案例\02\素材文件\住宅楼.skp

系统默认的背景颜色为灰白色，可以根据绘图需要进行更改。下面将学习背景颜色的更改方法，其操作步骤如下。

1）打开案例素材文件"住宅楼.skp"，打开的图形如图 2-59 所示。

图 2-59

2）执行"窗口｜默认面板｜风格"菜单命令，打开"风格"面板，切换到"编辑"选项卡的"背景设置"面板，如图 2-60 所示。

3）勾选启用"天空"选项，然后单击其颜色按钮，弹出"选择颜色"对话框，在色轮上的"蓝色"区域单击，再拖动滑块到浅色处，然后单击"确定"按钮，如图 2-61 所示。

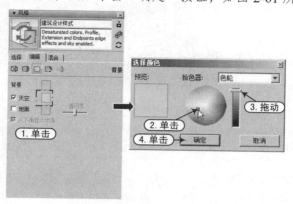

图 2-60　　　　　　　　　　　　　　　　图 2-61

4）这样就为该场景设置了蓝色天空效果，如图 2-62 所示。

图 2-62

5）按照同样的方法，勾选启用"地面"选项，然后单击其颜色按钮，弹出"选择颜色"对话框，在色轮上的"绿色"区域单击，再拖动滑块到相应位置，然后单击"确定"按钮，如图 2-63 所示。

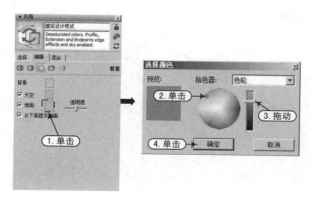

图 2-63

6）通过前面的操作，即为地面设置成了绿色，如图 2-64 所示。

图 2-64

背景设置功能详解如下。

◇ 背景：单击该项右侧的色块，可以打开"选择颜色"对话框，在对话框中可以改变场景中的背景颜色，但是前提是取消对"天空"和"地面"选项的勾选，如图 2-65 所示。

图 2-65

◇ 天空：勾选该选项后，场景中将显示渐变的天空效果，用户可以单击该项右侧的色块调整天空的颜色，选择的颜色将自动应用于渐变效果。

◇ 地面：勾选该选项后，在背景处从地平线开始向下显示指定颜色渐变的地面效果，此时背景色会自动被天空和地面的颜色所覆盖。

◇ "透明度"滑块：该滑块用于显示不同透明等级的渐变地面效果，使用户可以看到地平面以下的几何体，如图 2-66 所示。

图 2-66

✧　"从下面显示地面"滑块：勾选该复选框后，当照相机从地平面下方往上看时，可以看到渐变的地面效果，如图 2-67 所示。

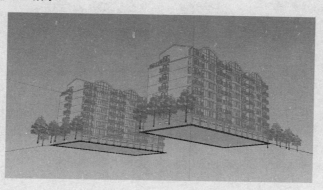

图 2-67

实战训练——为场景添加水印背景

视频\02\为场景添加水印背景.avi
案例\02\素材文件\住宅楼.skp

　　水印特性可以在模型周围放置 2D 图像，用来创造背景，或者在带纹理的表面上（如画布）模拟绘图的效果，放在前景里的图像可以为模型添加标签。

　　下面讲解如何为场景添加水印效果，其操作步骤如下。

　　1）打开案例素材文件"住宅楼.skp"，打开的图形如图 2-68 所示。

图 2-68

　　2）执行"窗口|默认面板|风格"菜单命令，打开"风格"面板，接着切换到"编辑"选项卡，然后单击"水印设置"按钮 ，以切换到"水印"面板中。

　　3）单击"添加水印"按钮 ，将弹出"选择水印"对话框，在该对话框中选择作为水印的图片（案例\02\素材图片\天空.png）文件，再单击"打开"按钮，如图 2-69 所示。

　　4）此时水印图片出现在模型中，同时弹出"创建水印"对话框，在此选择"背景"选项，然后单击"下一步"按钮，如图 2-70 所示。

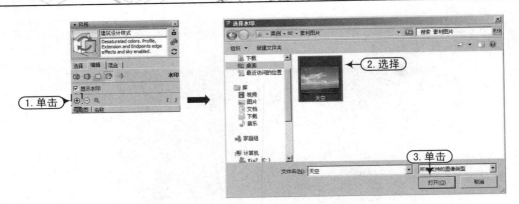

图 2-69

5）接下来在"您可以更改透明度以使图像与模型混和"提示下，将滑块移到最右端"图像"处，不进行透明混和显示，然后单击"下一步"按钮，如图 2-71 所示。

6）接下来会弹出"您希望如何显示水印"的相关提示，在此选择"拉伸以适合屏幕大小"选项，并取消勾选"锁定图像高宽比"复选框，然后单击"完成"按钮，如图 2-72 所示。

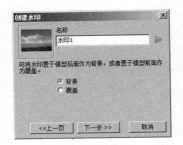

图 2-70

图 2-71

图 2-72

> **提示　注意　技巧　专业技能　软件知识**
>
> 在创建水印时，若是选择"覆盖"选项，则水印图片将遮住模型，形成的效果如图 2-73 所示。

图 2-73

7）这样，水印就在模型的后方，被作为背景图，如图 2-74 所示。

图 2-74

水印设置的相关操作如下。

◇　"添加水印"按钮⊕：单击该按钮可以添加水印。

◇　"删除水印"按钮⊖：单击该按钮可以删除水印。

◇　"编辑水印设置"按钮✿：单击该按钮可以对水印的位置、大小等进行调整。

◇　"下移水印"按钮↓／"上移水印"按钮↑：这两个按钮用于切换水印图像在模型中的位置。

◇　在水印的图标上单击鼠标右键，可以在右键菜单中执行"输出水印图像"功能，将模型中的水印图片导出，如图 2-75 所示。

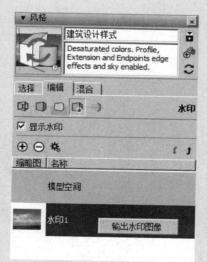

图 2-75

第 3 章　绘图工具的应用

本章导读 ------------------------------------ ⊢⊣○

　　要学好任何一门设计或绘图软件，对其相应工具和菜单命令的掌握是必不可少的，这样才能使设计或绘图人员根据自己的灵活需求，通过电脑创作出自己所需要的作品。

　　同样，在使用 SketchUp 进行方案设计之前，必须熟练掌握 SketchUp 的一些基本绘图工具和命令，包括直线、矩形、圆、圆弧、多边形、手绘线等工具；并结合绘图坐标轴、隐藏、模型交错等功能来辅助图形的绘制。

主要内容 ------------------------------------ ⊢⊣○

- 📖 直线和矩形工具的讲解
- 📖 圆和圆弧工具的讲解
- 📖 多边形工具的讲解
- 📖 手绘线工具的讲解
- 📖 绘图坐标轴的使用
- 📖 隐藏功能的讲解
- 📖 模型交错功能的讲解

效果预览 ------------------------------------ ⊢⊣○

3.1　直线工具

绘图工具栏主要是创建模型的一些常用工具。包含 10 个工具，分别为直线工具✏️、手绘线工具🗠、矩形工具◰、旋转矩形工具◩、圆工具◉、多边形工具◉、圆弧工具◜ ◗、三点画弧工具◔ 和扇形工具◪，如图 3-1 所示。

图 3-1

直线工具✏️可以用来绘制单段直线、多段连接线和闭合的形体，也可以用来分割表面或修复被删除的表面。

执行直线命令后，鼠标在绘图区呈✏️状，通过鼠标左键单击起点和端点，即可创建出一条直线，如图 3-2 所示。

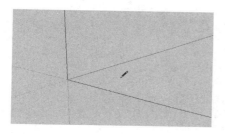

图 3-2

直线绘制功能的特点如下。

（1）通过输入参数绘制精确长度的直线

使用直线工具绘制线时，随着鼠标的移动，下方的数值框中会显示直线的长度值，用户可以在确定线段端点之前或者之后输入一个精确的长度，如图 3-3 所示。

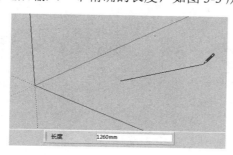

图 3-3

（2）根据对齐关系绘制直线

利用 SketchUp 强大的几何体参考引擎，用户可以使用直线工具直接在三维空间中绘制满足一定约束条件的直线。在绘图窗口中显示的参考点和参考线，表达了要绘制的线段与模型中几何体的精确对齐关系，如平行或垂直等；如果要绘制的线段平行于坐标轴，那么线段会以坐标轴的颜色亮显，并显示"在红色轴线上""在绿色轴线上"或"在蓝色轴线上"的提示，如图3-4所示。

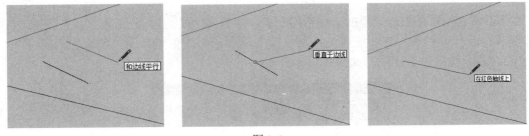

图3-4

在绘制直线的过程中，线条平行于坐标轴时，可按住 Shift 键，此时线条会变粗，则鼠标被锁定在该轴上，无论鼠标怎么移动，都只能在该轴线上绘制，如图3-5所示。

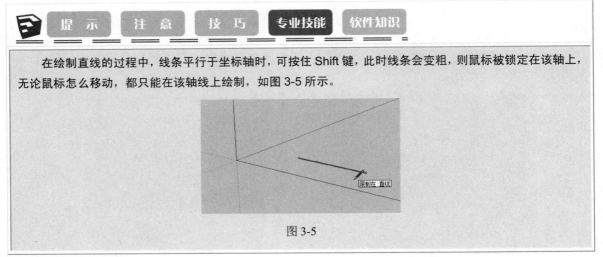

图3-5

（3）分割直线

如果在一条线段上拾取一点作为起点绘制直线，那么这条新绘制的直线会自动将原来的线段从交点处断开，如图3-6所示。

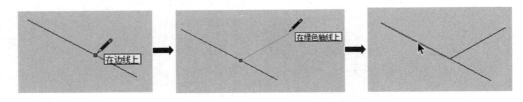

图3-6

线段可以等分成若干段，在线段上单击鼠标右键，然后在右键菜单中执行"拆分"命令，接着移动鼠标，系统将自动参考不同等分段数的等分点（也可以直接输入需要等分的段数），完成等分后，单击线段查看，可以看到线段被等分成几小段，如图3-7所示。

（4）分割表面

如果要分割一个表面，只需绘制一条两端点位于表面边长上的线段即可，如图3-8所示。

（5）利用直线绘制平面

3 条以上的共面线段首尾相连就可以创建一个面，在闭合一个表面时，可以看到"端点"

提示。如果是在颜色模式下，成功创建一个表面后，新的面就会显示出来，如图 3-9 所示。

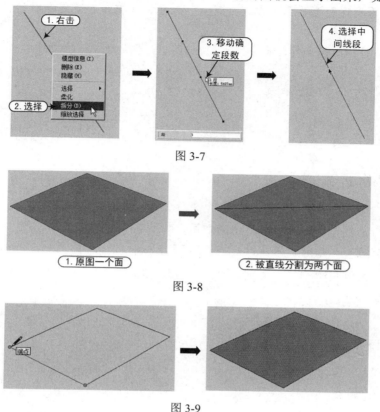

图 3-7

图 3-8

图 3-9

实战训练——绘制坡屋顶

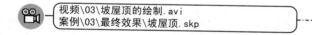

视频\03\坡屋顶的绘制.avi
案例\03\最终效果\坡屋顶.skp

学习了直线工具的使用方法后，下面以实例的方法来拓展实际应用，其操作步骤如下。

1）运行 SketchUp 2018，单击直线工具按钮 ，或者执行其快捷命令（L）。

2）在绘图区单击起点，鼠标移动平行于绿色轴线，在出现"在绿色轴线上"提示时，输入长度 40000，按回车键，以绘制出一条长 40000mm 的直线，如图 3-10 所示。

3）鼠标转向右下，平行于红色轴线时，输入 25000，然后按回车键，如图 3-11 所示绘制线段。

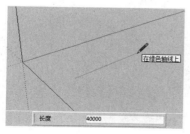

图 3-10

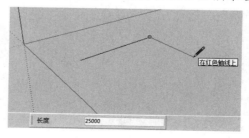

图 3-11

4）此时，使用鼠标捕捉起点并向延着红轴线方向移动（不用单击），则会出现捕捉虚线，直至捕捉到三点垂直时，会提示"以点为起点"信息，单击鼠标确定平行的直线，如图 3-12 所示。

5）最后移动鼠标到起点处，则会提示"端点"信息，如图 3-13 所示。

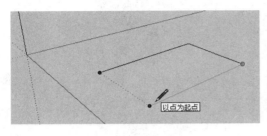
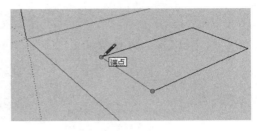

图 3-12　　　　　　　　　　　　　　　　图 3-13

6）此时单击鼠标，则形成一个封闭轮廓面，如图 3-14 所示。

7）以两条短边中点绘制一条线段，如图 3-15 所示。

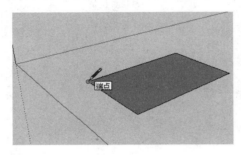
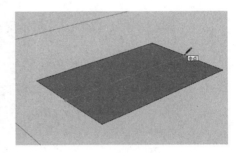

图 3-14　　　　　　　　　　　　　　　　图 3-15

8）单击选择工具按钮，或者直接按空格键，则转换为选择命令状态，鼠标转变为状态。

在 SketchUp 2018 中，将空格键默认作为选择命令的快捷键，它不具有"确认"的功能，使用过 CAD 的用户要注意，SketchUp 确认命令的快捷键为 Enter 键（回车键）。

9）单击选择上步绘制的中线，然后右击，在弹出的快捷菜单中选择"拆分"选项，移动鼠标在出现"4 段"提示时单击，如图 3-16 所示。

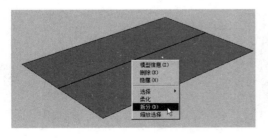
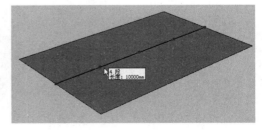

图 3-16

在提示拆分的信息时，不但提示了拆分的段数，还提示了等分的长度值（4 段 长度：10000mm）。

10）执行直线命令（L），分别捕捉等分后最外边两条线段的端点，向蓝色轴绘制高 10000mm 的两条线段，如图 3-17 所示。

11）如图 3-18 所示，再捕捉上步的两条线段上端点绘制连线，线段绘制完成后会自动封面，效果如图 3-19 所示。

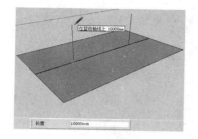
图 3-17

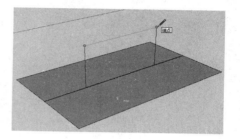
图 3-18

12）再继续捕捉端点绘制直线，如图 3-20 所示。

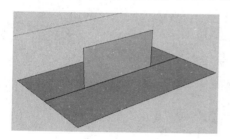
图 3-19

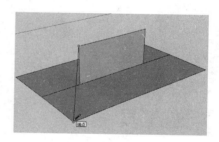
图 3-20

13）同样在右侧捕捉端点绘制封闭直线，则自动封闭成面，如图 3-21 所示。

14）同样捕捉三角形两端点，封闭三角面，如图 3-22 所示。

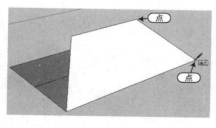
图 3-21

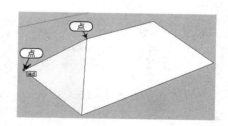
图 3-22

15）按住鼠标中键并移动鼠标，则鼠标变成 状，旋转视图到相应的位置，如图 3-23 所示。

在执行任何命令的过程中，按住鼠标中键则自动转换执行"环绕观察"命令，移动鼠标可进行转动观察，以方便绘图。

16）松开鼠标，返回执行直线命令，继续捕捉三角形上的点绘制直线，则自动封闭所有的面，如图 3-24 所示。

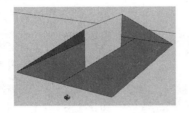

图 3-23

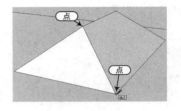

图 3-24

17）坡屋顶绘制完成后，按住鼠标中键拖动，以环绕观察图形效果，如图 3-25 所示。

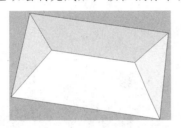

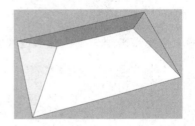

图 3-25

3.2　矩形工具

矩形工具 ▨ 通过两个对角点的定位，生成规则的矩形，绘制完成将自动生成封闭的矩形平面。旋转矩形工具 ▨ 主要通过指定矩形的任意两条边和角度，即可绘制任意方向的矩形。

单击矩形工具按钮 ▨，鼠标在绘图区显示为 ⌖，通过单击鼠标左键指定点和对角点来绘制矩形表面，如图 3-26 所示。

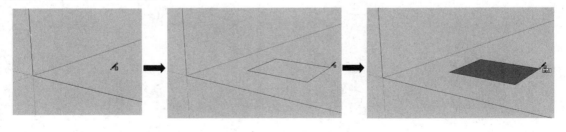

图 3-26

1.矩形的创建方式

（1）输入参数创建精确尺寸的矩形。

在绘制矩形时，它的尺寸会在数值框中动态显示，用户可以在确定第一个角点或者绘制完矩形后，通过键盘输入精确的尺寸。例如，绘制 400mm×200mm 的矩形，输入 "400，200"。

（2）在绘制矩形时，如果出现了一条对角虚线，并且带 "正方形" 提示，则说明绘制的为正方形；如果出现的是 "黄金分割" 的提示，则说明绘制的为带黄金分割的矩形，如图 3-27 所示。

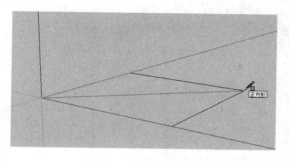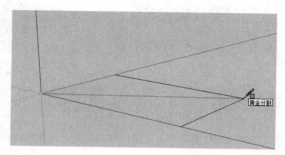

图 3-27

SketchUp 2018 的旋转矩形工具能在任意角度绘制离轴矩形（并不一定在地面上），这样方便了图形绘制，可以节省大量的绘图时间。

2．绘制任意方向上的矩形

（1）调用旋转矩形绘图命令，待光标变成时，在绘图区单击确定矩形的第一个角点，然后拖拽光标至第二个角点，确定矩形的长度，再将鼠标往任意方向移动，如图 3-28 所示。

（2）找到目标点后单击，完成矩形的绘制，如图 3-29 所示。

（3）重复命令操作，绘制任意方向矩形，如图 3-30 所示。

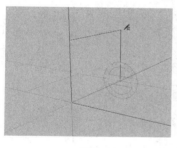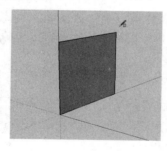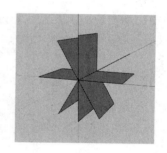

图 3-28　　　　　　　　图 3-29　　　　　　　　图 3-30

3．绘制空间内的矩形

除了可以绘制轴线方向上的矩形外，SketchUp 2018 还允许用户直接绘制处于空间任何平面上的矩形，具体方法如下。

（1）启用旋转矩形绘图命令，待光标变成时，移动鼠标确定矩形第一个角点在平面上的投影点。

（2）将鼠标往 Z 轴上方移动，按住 Shift 键锁定轴向，确定空间内的第一个角点，如图 3-31 所示。

（3）确定空间内第一个角点后，即可自由绘制空间内平面或立面矩形，分别如图 3-32 和图 3-33 所示。

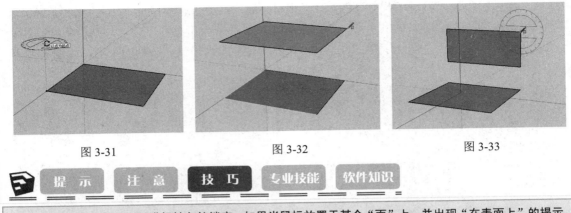

图 3-31 图 3-32 图 3-33

提示 注意 技巧 专业技能 软件知识

按住 Shift 键不但可以进行轴向的锁定，如果当鼠标放置于某个"面"上，并出现"在表面上"的提示后，再按住 Shift 键，还可以将要画的点或其他图形锁定在该表面内进行创建。

实战训练——绘制笔记本

视频\03\笔记本的绘制.avi
案例\03\最终效果\笔记本.skp

学习了矩形工具的使用方法后，下面以实例的方法来拓展矩形命令的实际应用，其操作步骤如下。

1）运行 SketchUp 2018，在视图工具栏中单击前视图按钮，将视图切换至前视图显示。

2）单击绘图工具栏的矩形按钮，或者执行矩形命令（R），在绘图区单击一点，然后拖动鼠标，利用键盘输入（297，210），在绘图区的数值框中输入的数值将被同步出来，如图 3-34 所示。

3）按回车键，完成矩形绘制，效果如图 3-35 所示。

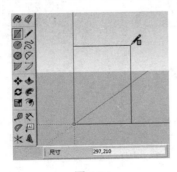

图 3-34

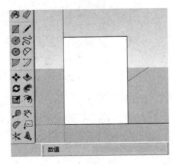

图 3-35

4）单击视图工具栏中的等轴按钮，将视图切换成等轴测视图。

5）单击左侧工具栏上的推拉按钮（快捷键 P），再单击选择矩形平面，向前拖动出厚度，并输入距离为数值 50，创建一个长方体，如图 3-36 所示。

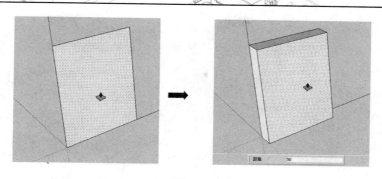

图 3-36

6）用鼠标中键转动视图，用空格键选择长方体表面上的三条边，如图 3-37 所示。

"空格键"为"选择"命令，以选择需要的图形。按住 Ctrl 键的同时单击多个图形，可变成加选。

7）单击左侧工具栏中的偏移按钮 ，鼠标变成 ，在选择的边线上单击，然后向内拖动鼠标，输入偏移距离值为 5，如图 3-38 所示偏移复制出线条。

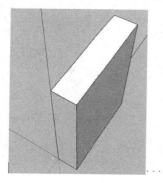
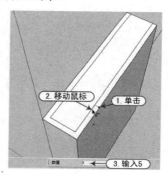

图 3-37　　　　　　　　　　　　　　图 3-38

8）执行推拉命令（P），将复制出边线的中间面向下推拉 5mm 的距离，如图 3-39 所示。

9）用鼠标中键转动到相应视图，执行直线命令（L），捕捉线段端点以平行于蓝色轴线向下进行补线，如图 3-40 所示。

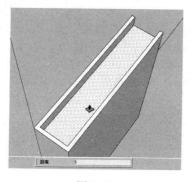
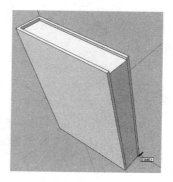

图 3-39　　　　　　　　　　　　　图 3-40

10）执行推拉命令（P），将补好的面向内推拉 5mm，如图 3-41 所示。

11）单击左侧工具栏中的擦除工具 （快捷键 E），删除多余的边线，如图 3-42 所示。

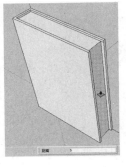

图 3-41

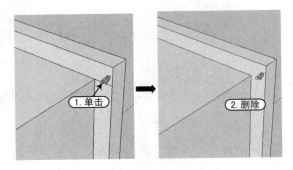

图 3-42

12）同样，使用鼠标中键转动视图，删除顶角处的另一条边线，如图 3-43 所示。

13）使用鼠标中键将视图转动到下侧，如图 3-44 所示。

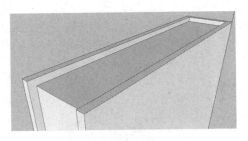

图 3-43

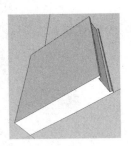

图 3-44

14）用空格键，或使用选择工具，并结合 Ctrl 键，选择下部平面的三条边线，如图 3-45 所示。

15）单击左侧工具栏中的偏移按钮 ，将选择的边线向内偏移出 5mm，如图 3-46 所示。

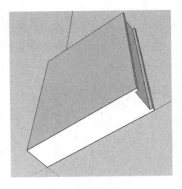

图 3-45

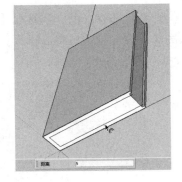

图 3-46

16）再执行推拉命令（P），将内侧面向内推拉 5mm，如图 3-47 所示。

17）执行删除命令（E），删除顶角处多余的两条边线，如图 3-48 所示。

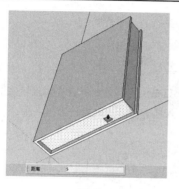

图 3-47

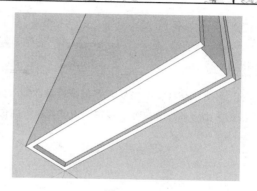

图 3-48

18）按 Ctrl+A 快捷键全选图形，然后在图形上右击，在弹出的右键快捷菜单中执行"创建群组"命令，将图形创建成为一个整体，如图 3-49 所示。

　　前面自定义设置了创建群组的快捷键为 Ctrl+G，使用该快捷键创建群组更为方便。创建后选择群组图形为一个整体，外围显示实线边框，如图 3-50 所示。

图 3-49

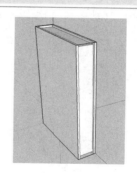

图 3-50

19）按空格键选择群组，然后在左侧工具栏中单击移动工具按钮，如图 3-51 所示，单击以指定移动的基点，然后按住 Ctrl 键，鼠标变成一个加号，再捕捉到目标点单击，以移动复制出一份。

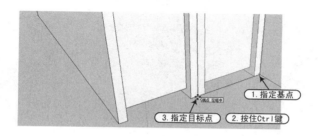

图 3-51

20）保持复制出的物体为被选择状态，单击大工具栏上的缩放按钮，按住 Ctrl 键，然后单击顶角点，则角点和中心点变成红色，向下移动鼠标并单击，然后输入缩放比例为 0.8，如图 3-52 所示，将图形以中心进行统一缩放。

在缩放的时候，按住 Ctrl 键，就不能使用键盘输入具体数值，只有执行完该命令后，输入精确缩放值，来控制缩放的大小。在命令执行过程中输入值与执行完该命令后输入精确值，达到的目的是一样的。

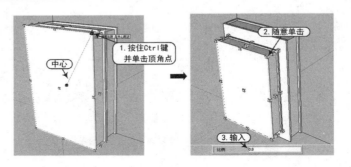

图 3-52

21）单击移动工具按钮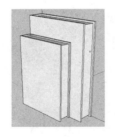（快捷键 M），将两个图形以端点进行对齐，效果如图 3-53 所示。

22）通过后面对材质工具的学习，对书本赋予材质后的效果如图 3-54 所示。

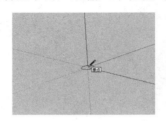

图 3-53

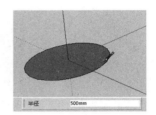

图 3-54

3.3 圆工具

圆工具用于绘制圆，执行圆命令后，鼠标在绘图区呈状，单击鼠标左键以确定圆心，再拖动且单击，或输入半径值均可创建圆，如图 3-55 所示。

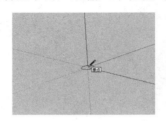
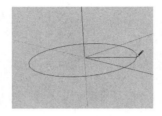
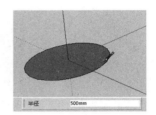

图 3-55

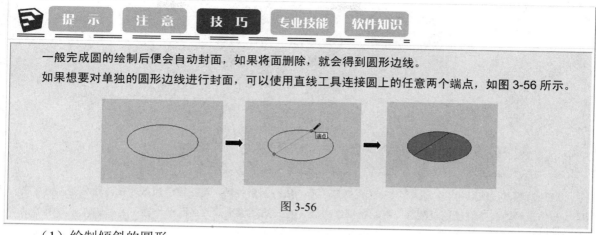

一般完成圆的绘制后便会自动封面，如果将面删除，就会得到圆形边线。

如果想要对单独的圆形边线进行封面，可以使用直线工具连接圆上的任意两个端点，如图 3-56 所示。

图 3-56

（1）绘制倾斜的圆形

激活圆命令后，如果要将圆绘制在已经存在的表面上，可将光标移动到表面上，SketchUp 2018 会自动将圆移至该表面，如图 3-57 所示。

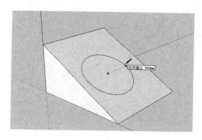

图 3-57

要绘制与倾斜面平行的圆形，可以在激活圆命令后，移动光标至斜面，当出现"在平面上"的提示时，按住 Shift 键锁定该平面，然后移动光标到其他位置，即可创建与锁定平面平行的圆，如图 3-58 所示。

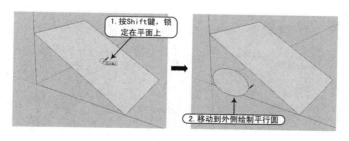

图 3-58

（2）修改圆的属性

在圆边线的右键菜单中执行"模型信息"命令，可以打开"图元信息"面板，在该窗口中可以修改圆的参数值，如图层、半径、段等。其中"段"表示圆的边线段数，如图 3-59 所示。

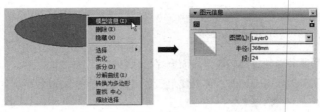

图 3-59

绘制的圆默认段数为 24，圆段数值越大则越平滑。执行圆命令后，可在提示边数时输入段数值，也可在圆绘制结束时输入。必须注意的是：在圆绘制结束后，输入的数值只能改变圆的半径，若要输入段数值必须在数值后加上 S（如 5S，代表 5 段圆），如图 3-60 所示。

图 3-60

实战训练——绘制碗盆

视频\03\碗盆的绘制.avi
案例\03\最终效果\碗盆.skp

学习了圆工具的使用方法，下面以实例的方法来拓展圆命令的应用，其操作步骤如下。

1）运行 SketchUp 2018，单击左侧工具栏中的圆命令按钮 ⊘（快捷键 C），绘制一个半径为 65mm 的圆，如图 3-61 所示。

2）执行推拉命令（P），将其向上推拉 8，如图 3-62 所示。

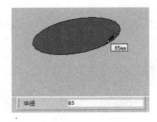

图 3-61

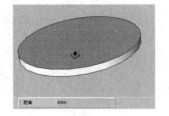

图 3-62

3）按空格键选择上表面，单击缩放按钮 ▦（快捷键 S），按住 Ctrl 键，单击边角点，然后在外侧随意单击，完成后输入比例值为 1.1，如图 3-63 所示以中心统一将表面放大 1.1 倍。

4）单击偏移工具 ▦（快捷键 F），单击上表面，然后向外移动鼠标，输入偏移值为 10，如图 3-64 所示。

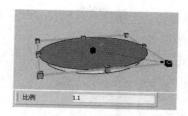

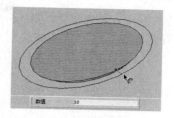

图 3-63 图 3-64

5）执行推拉命令（P），将圆环面向上推拉出 8mm 的高度，如图 3-65 所示。

6）使用空格键选中上平面，执行缩放命令（S），按住 Ctrl 键，将上表面以中心放大到 1.1 倍，如图 3-66 所示。

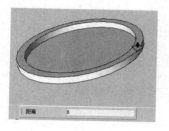

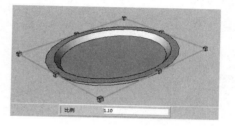

图 3-65 图 3-66

7）执行推拉命令（P），继续将上表面向上推拉出 10mm 的高度，如图 3-67 所示。

8）使用空格键选择上表面，再执行缩放命令（S），按住 Ctrl 键，再将上表面以中心放大 1.03 倍，如图 3-68 所示。

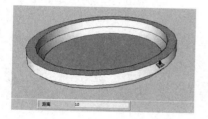

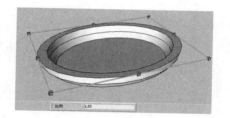

图 3-67 图 3-68

9）执行偏移命令（F），单击拾取上表面的外侧圆边线，向外移动鼠标，然后输入 20，如图 3-69 所示。

10）按回车键以偏移出平面，然后执行推拉命令（P），将偏移出的面向上推拉出 3mm 的高度，如图 3-70 所示。

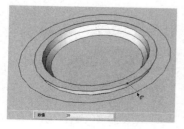

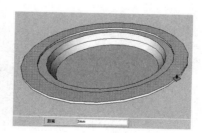

图 3-69 图 3-70

11）双击内环面，则该面同样以 3mm 的高度进行推拉，与上步推拉面平齐，如图 3-71 所示。

12）执行直线命令（L），在相应圆边线上，随意单击两端点进行封面。

13）按空格键选择绘制的直线段，并按 Delete 键进行删除，如图 3-72 所示。

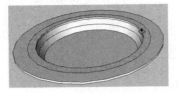
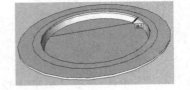

图 3-71　　　　　　　　　　　　　　图 3-72

14）同样将圆边线删除掉，如图 3-73 所示。

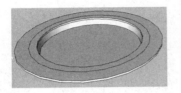
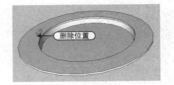

图 3-73

在 SketchUp 中，不但可以用擦除工具 来删除图形，还可以通过键盘上的 Delete 键一次性删除。

15）按快捷键 Ctrl+A 全选图形，然后在图形上右击，在弹出的快捷菜单中，执行"柔化/平滑边线"命令，如图 3-74 所示。

16）随后弹出"柔化边线"面板，如图 3-75 所示进行设置，以将轮廓边柔化掉。

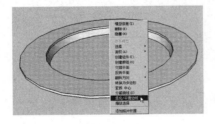

图 3-74　　　　　　　　　　　　　　图 3-75

17）碗盆模型就创建好了，通过后面"材质"工具 的学习，可以对碗盆赋予材质贴图，效果如图 3-76 所示。

图 3-76

3.4　圆弧工具

在 SketchUp 2018 中,提供了两种圆弧工具 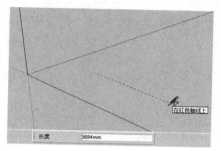 、一种三点画弧工具 和一种扇形工具 用来绘制圆弧。

(1)圆弧工具 ,根据起点、终点和凸起部分绘制圆弧,这是圆弧最常用也是默认的绘制方法。

执行该圆弧工具命令后,鼠标在绘图区呈 状,单击鼠标左键指定圆弧的起点,然后拖动鼠标并单击确定弦长(也可输入精确数值,并回车键确认),如图 3-77 所示。再移动鼠标指定弧的高度(也可输入数值,并回车键确认),完成圆弧的绘制,如图 3-78 所示。

图 3-77

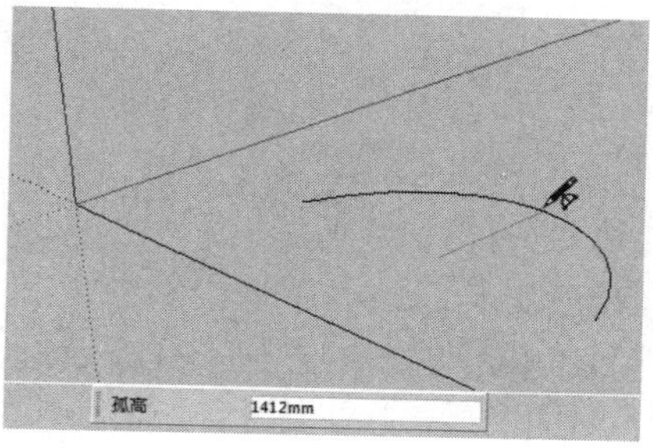

图 3-78

提　示　　注　意　　技　巧　　专业技能　　软件知识

改变圆弧的参数说明如下。

在指定圆弧弧高时,输入数值加上"r"(如 600r),然后回车确认,即可绘制一条半径为 600 的圆弧。当然,也可以在绘制圆弧的过程中或完成绘制后输入。

同圆的绘制方法一样,要指定圆弧的边段数,可以输入一个数字加上"s"(如 8s),接着按回车确认即可改变圆弧的边数。当然可以在绘制圆弧的过程中或完成绘制后输入。

在调整圆弧弧高时,圆弧会临时捕捉到"半圆"的参考点,如图 3-79 所示。

使用圆弧工具命令可以绘制连续的圆弧线,如果弧线以"青色"显示,则表示与原弧线相切,出现提示"在顶点处相切",如图 3-80 所示。

在使用圆弧命令对边线进行圆角时,若弧线以"洋红色"显示,则表示与两边线相切,并出现"与边线相切"的提示信息,如图 3-81 所示。

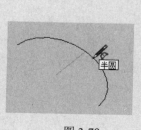

图 3-79

图 3-80

图 3-81

（2）圆弧工具 ，表示以中心和两点绘制圆弧。

执行了该圆弧工具命令后，鼠标上会显示一个量角尺，在绘图区单击左键以指定圆弧的中心点，然后单击指定圆弧的一点（也可输入圆弧的半径指定点），再单击鼠标指定圆弧的另一点（或输入角度来确定点），以绘制圆弧，如图 3-82 所示。

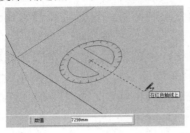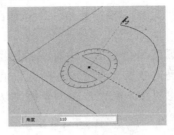

图 3-82

（3）三点画弧工具 ，通过先选取弧形的中心点，然后在边缘选取两个点，根据其角度定义的弧形，如图 3-83 所示。

（4）扇形工具 ，表示以中心和两点绘制封闭的圆弧。

同圆弧工具 的绘制方法一样，当执行了扇形工具命令后，鼠标上也会显示一个量角尺，鼠标左键单击指定中心点，然后指定圆弧的起点和终点即可绘制封闭的圆弧，并自动成面，如图 3-84 所示。

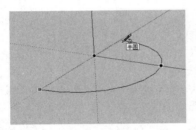

图 3-83   图 3-84

提 示　　注 意　　技 巧　　专业技能　　软件知识

坐标系：红色为 X 轴、绿色为 Y 轴，蓝色为 Z 轴。在不同的平面绘图，其量角尺的颜色也是不同的。当量角器在 XY 平面时，其颜色为蓝色；在 XZ 平面时，颜色为绿色；在 YZ 平面时，量角器颜色为红色，如图 3-85 所示。

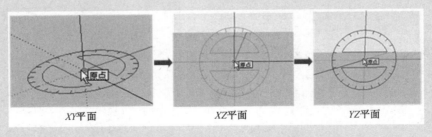

XY平面　　　　　　XZ平面　　　　　　YZ平面

图 3-85

实战训练——绘制洗手盆

> 视频\03\洗手盆的绘制.avi
> 案例\03\最终效果\洗手盆.skp

学习了圆弧工具的使用方法，下面以实例的方法来拓展圆弧命令的实际应用，其操作步骤如下。

1）运行 SketchUp 2018，执行矩形命令（R），以坐标原点为角点，使用键盘输入"457,331"，数值框中的此数值被同步显示出来，然后按回车键，完成该矩形的绘制，如图 3-86 所示。

2）用空格键选择矩形面，并右击鼠标，在弹出菜单中执行"反转平面"菜单命令，如图 3-87 所示。

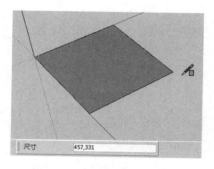

图 3-86

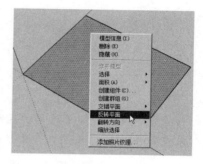

图 3-87

提　示　　注　意　　技　巧　　专业技能　　软件知识

SketchUp 是双面材质，默认情况下正面颜色为"白色"，反面为"灰色"，为方便观看与后面材质的赋予，如需要反转平面，让正面朝上。

3）单击左侧大工具栏中的卷尺按钮（快捷键 T），在边线上单击，然后向平面内拖动鼠标，输入 25，如图 3-88 所示。

4）然后按回车键确认，则在该平面上绘制一条辅助线，如图 3-89 所示。

5）用同样的方法，捕捉其他两条边绘制距离边线 25mm 的辅助线，如图 3-90 所示。

6）单击大工具栏中的圆弧工具按钮（快捷键 A），依次捕捉辅助线与边线的交点作弦长，然后鼠标在该平面上向外移动，出现"洋红色"相切线时，单击确定圆弧，如图 3-91 所示。

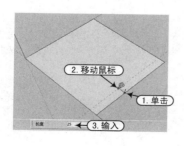

图 3-88

图 3-89

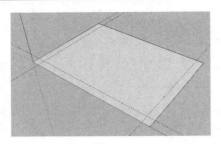

图 3-90

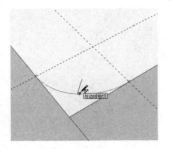 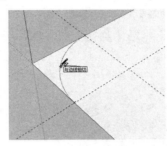

图 3-91

7）执行擦除命令（E），将不需要的面和线删除掉，效果如图 3-92 所示。

8）执行推拉命令（P），将面向上推拉 65mm，如图 3-93 所示。

 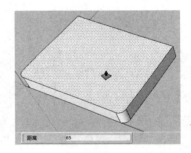

图 3-92   图 3-93

9）用鼠标中键旋转视图到下平面，再执行缩放命令（S），选择下平面，结合 Ctrl 键单击移动边角点，往中心向内缩放 0.5，如图 3-94 所示。

10）使用鼠标中键旋转视图到上平面，执行推拉命令（P），将上表面向上推拉 114 的高度，如图 3-95 所示。

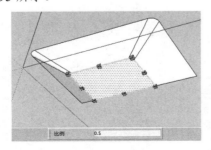 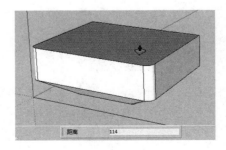

图 3-94   图 3-95

11）旋转到后侧面，将直角面向外推拉 75mm，如图 3-96 所示。

12）执行直线命令（L），由端点和中点绘制连接线，如图 3-97 所示。

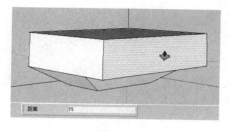

图 3-96　　　　　　　　　　　　　图 3-97

13）执行推拉命令（P），将封闭的三角面向另一侧进行推拉，在出现极限偏移值时单击，以将该面推拉删除掉，如图 3-98 所示。

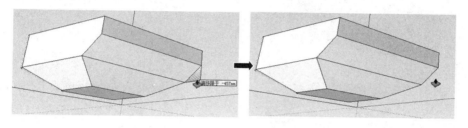

图 3-98

14）执行卷尺命令（T），在上表面后边线处作一条距离为 30mm 的辅助线，如图 3-99 所示。

15）同样，在相邻的其他两条边线上继续作辅助线，距离同为 30mm，如图 3-100 所示。

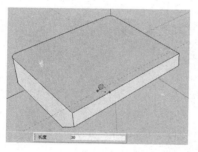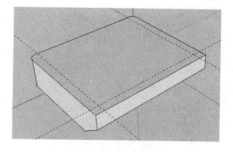

图 3-99　　　　　　　　　　　图 3-100

16）单击圆弧按钮，单击辅助线与后边线交点作为中心，以角点和辅助线交点作为圆弧两个端点绘制一段内圆弧，如图 3-101 所示。

17）同样，在另一侧绘制圆弧，然后执行直线命令（L），连接两条圆弧的端点，如图 3-102 所示。

18）执行擦除命令（E），将不需要的辅助线删除掉；再执行推拉命令（P），将圆弧内的面向上推拉 90mm 的高度，如图 3-103 所示。

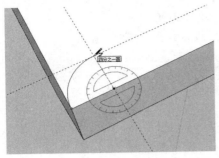

图 3-101

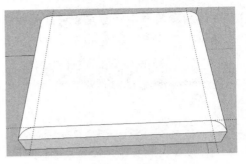

图 3-102

19）执行卷尺命令（T），在前侧作距离均为 51mm 的辅助线，如图 3-104 所示。

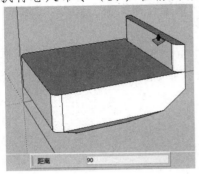

图 3-103

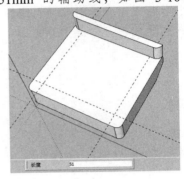

图 3-104

20）继续作距前侧辅助线距离为 254mm 的辅助线，如图 3-105 所示。

21）执行矩形命令（R），捕捉辅助线对角交点绘制一个矩形，如图 3-106 所示。

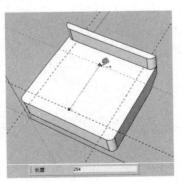

图 3-105

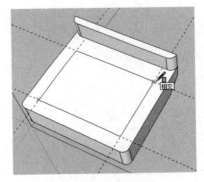

图 3-106

22）执行擦除命令（E），删除 4 条辅助线；再执行卷尺命令（T），由矩形 4 条边向内作距离为 51mm 的辅助线，如图 3-107 所示。

23）执行圆弧命令（A），以交点为弦长，绘制相切的圆弧，如图 3-108 所示。

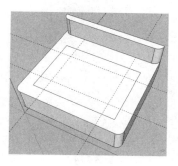
图 3-107

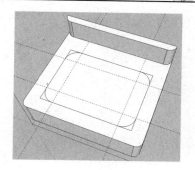
图 3-108

圆弧快捷命令（A），默认情况下是执行"起点、终点和凸起部分圆弧"工具命令 。

24）执行擦除命令（E），删除多余的线条，效果如图 3-109 所示。

25）执行推拉命令（P），将中间面向下推拉 114mm，如图 3-110 所示。

图 3-109

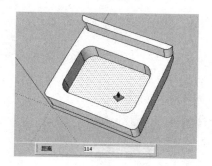
图 3-110

26）执行矩形命令（R），在外侧空白位置绘制 152mm×38mm 的矩形，如图 3-111 所示。

27）执行卷尺命令（T），作两条距离边线为 10mm 的辅助线，如图 3-112 所示。

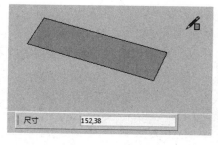
图 3-111

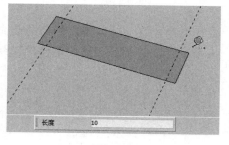
图 3-112

28）执行直线命令（L），捕捉点绘制两条斜线，如图 3-113 所示。

29）执行擦除命令（E），将不需要的线条和多余的面删除掉，如图 3-114 所示。

30）执行推拉命令（P），将面向上推拉出 10mm 的高度，如图 3-115 所示。

31）三击图形任意位置，以选择整个图形，然后右击，并执行"创建群组"菜单命令（或按 Ctrl+G 快捷键），如图 3-116 所示。

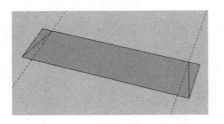

图 3-113

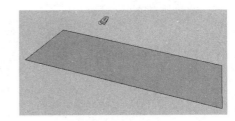

图 3-114

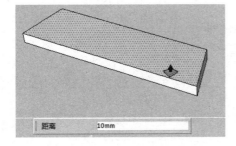

图 3-115

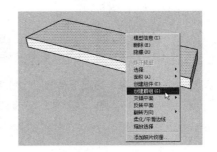

图 3-116

32）执行"相机｜平行投影"菜单命令，如图 3-117 所示。然后单击右视按钮，以切换视图。

33）执行圆弧命令（A），绘制如图 3-118 所示的圆弧。

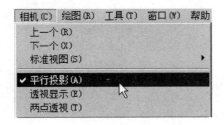

图 3-117

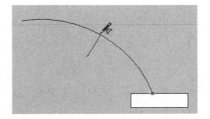

图 3-118

34）执行偏移命令（F），将绘制的圆弧向下偏移出 10mm，如图 3-119 所示。

35）执行直线命令（L），绘制连接线以封面，并删除多余的边线，如图 3-120 所示。

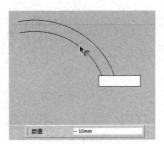

图 3-119

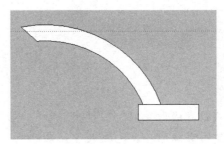

图 3-120

36）执行"相机│透视图"菜单命令，切换回透视视图；执行推拉命令（P），将封闭的圆弧面推拉出 15mm 的厚度。

37）然后三击选择图形，按 Ctrl+G 键进行群组；再执行移动命令（M），移动到相应位置，如图 3-121 所示。

38）执行圆命令（C），在长方体表面上绘制半径为 14mm 的圆；再执行推拉命令（P），将其向上推拉出 38mm 的高度，并创建群组，如图 3-122 所示。

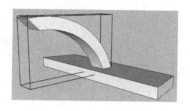

图 3-121

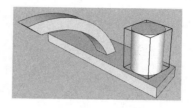

图 3-122

39）执行移动命令（M），按住 Ctrl 键，将圆柱体进行移动复制操作，复制到另一方，如图 3-123 所示。

40）将上步完成的水龙头模型移动到洗手台表面上相应位置处，效果如图 3-124 所示。

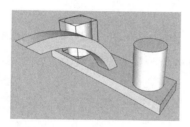

图 3-123

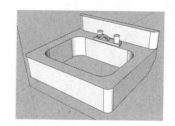

图 3-124

41）按 Ctrl+A 键全选图形，然后右击，在右键快捷菜单中执行"柔化/平滑边线"命令，如图 3-125 所示。

42）随后弹出"柔化边线"面板，勾选"平滑法线"与"软化共面"选项，拖动滑块调节法线之间的角度约为 20 度，如图 3-126 所示。

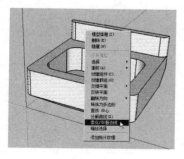

图 3-125

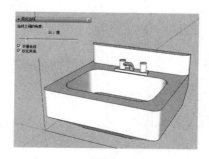

图 3-126

43）柔化边线后完成的最终效果如图 3-127 所示。

44）通过后面对材质工具的学习，可以为手盆添加相应的材质，如图 3-128 所示。

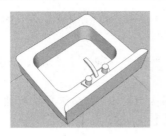
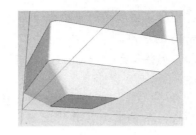

图 3-127

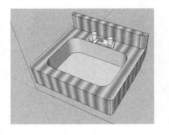
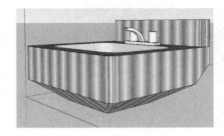

图 3-128

3.5　多边形工具

多边形工具 ⬡ 可以绘制 3 条边以上的正多边形，其绘制方法与绘制圆形的方法相同。执行多边形工具命令后，鼠标在绘图区变成 ⬡ 状，首先数值框提示输入边数（如 5s 或 5），然后回车键确认，再单击鼠标左键确定圆心，指定半径（或输入值），即可完成多边形的绘制，如图 3-129 所示。

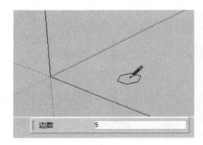
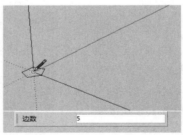
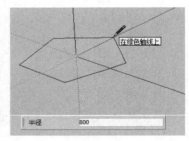

图 3-129

实战训练——绘制遮阳伞

视频\03\遮阳伞的绘制.avi
案例\03\最终效果\遮阳伞.skp

学习了多边形工具命令的使用方法，下面以实例的方法来拓展多边形工具命令的应用，其操作步骤如下。

1）运行 SketchUp 2018，单击大工具集中的多边形工具命令按钮 ⬡，输入边数为 6 并回车，然后单击坐标原点为圆心，再输入内切圆半径数值 1500 并回车，以绘制一个正六边形，如图 3-130 所示。

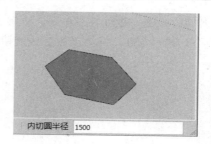

图 3-130

2）执行推拉命令（P），将多边形面向上推拉 50mm 的高度，如图 3-131 所示。

3）执行直线命令（L），在上表面通过连接两个对角点绘制一条直线，如图 3-132 所示。

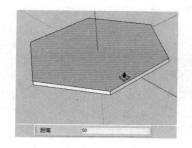
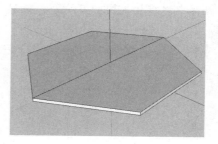

图 3-131　　　　　　　　　　　　　　图 3-132

4）用空格键选择上步绘制的直线，再执行移动命令（M），按住 Ctrl 键，将其向上沿着蓝色轴复制出 400mm 的高度，如图 3-133 所示。

5）执行擦除命令（E），将原线段删除掉，如图 3-134 所示。

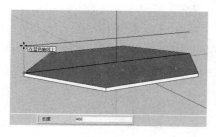
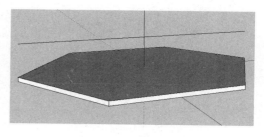

图 3-133　　　　　　　　　　　　　　图 3-134

6）执行直线命令（L），由直线中点向多边形角点绘制直线，如图 3-135 所示。

7）同上步操作一样，由直线中点继续与多边形角点进行连接，此时会封闭成一个平面，如图 3-136 所示。

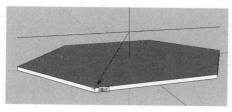
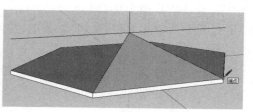

图 3-135　　　　　　　　　　　　　　图 3-136

8）根据同样的方法，通过直线命令，绘制连接边线以封闭所有的平面，如图 3-137 所示。

9）执行擦除命令（E），将上侧的直线删除，如图 3-138 所示。

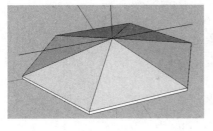
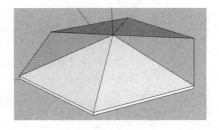

图 3-137   图 3-138

10）用鼠标中键旋转视图到底平面，将底平面删除，如图 3-139 所示。

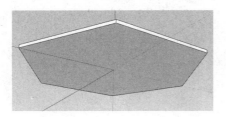
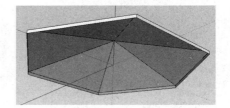

图 3-139

11）执行直线命令（L），由伞顶角点向下沿着蓝色轴绘制长为 2400mm 的直线，如图 3-140 所示。

12）执行圆命令（C），由线段下端点为圆心，绘制半径为 30mm 的圆，如图 3-141 所示。

图 3-140   图 3-141

13）执行擦除命令（E），将线段删除掉；再执行推拉命令（P），将圆向上推拉到相应的高度，完成的最终效果如图 3-142 所示。

14）通过后面对材质的学习，可以为其添加相应的材质，效果如图 3-143 所示。

图 3-142

图 3-143

3.6 手绘线工具

手绘线工具可以绘制不规则的共面连续线段或简单的徒手草图线，常用于绘制等高线或有机体。

单击手绘线工具按钮，鼠标在绘图区显示为 ✎ 状，按住鼠标左键不放，并拖动鼠标，完成后松开鼠标，以创建手绘线，如图 3-144 所示。

如果拖动鼠标回到手绘线的起点，则自动生成封闭的平面，如图 3-145 所示。

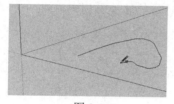
图 3-144

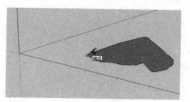
图 3-145

实战训练——2D 人物的创建

 视频\03\2D人物的绘制.avi
案例\03\最终效果\2D人物.skp

学习了手绘线工具的使用方法，下面以实例的方法来拓展手绘线工具命令的实际应用，其操作步骤如下。

1）运行 SketchUp 2018，执行"文件 | 导入"菜单命令，如图 3-146 所示。

2）弹出"导入"对话框，找到案例文件"案例\03\素材图片\人物.jpg"，然后单击"导入"按钮，如图 3-147 所示。

图 3-146

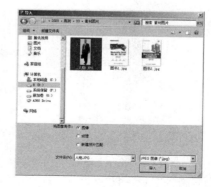
图 3-147

3）则鼠标上附着该图片，单击原点，然后拖动鼠标再指定一点，以导入该图片到 SketchUp 系统中，如图 3-148 所示。

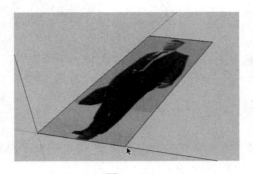

图 3-148

4）单击左侧工具栏中的旋转按钮，用鼠标中键转动视图，调整鼠标使鼠标上的"量角器"变成红色状态时，单击坐标原点为旋转中心点，在绿轴上单击指定旋转参考线，然后向上在蓝色轴上单击指定旋转的目标位置，如图 3-149 所示以红轴旋转图形。

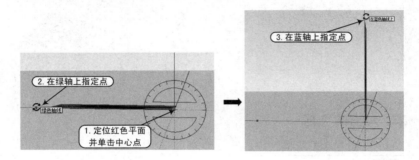

图 3-149

5）执行卷尺命令（T），从上到下单击端点以量取人物的高度，此时会在数值框显示量取的值，然后输入 1800 并按回车键，则弹出警告提示"您要调整模型的大小吗？"，选择"是"，这样就将人物高度调整为 1800mm，如图 3-150 所示。

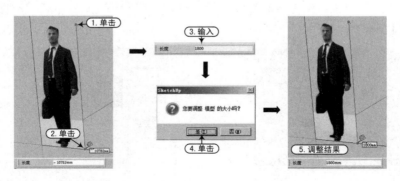

图 3-150

6）执行"相机｜平行投影"菜单命令，然后单击前视图按钮，以切换视图如图 3-151 所示。

7）单击手绘线按钮，在相应位置按住鼠标左键不放，首先围绕图片脸部绘制一个封闭面，如图 3-152 所示。

8）继续执行手绘线命令，围绕图片头部绘制出封闭面，如图 3-153 所示。

图 3-151   图 3-152   图 3-153

9）根据同样的方法，使用手绘线命令绘制出其他的草图线，如图 3-154 所示。

10）执行擦除命令（E），将图片删除，如图 3-155 所示。

图 3-154   图 3-155

11）单击左侧大工具栏中的材质按钮，则弹出"材料"面板，在材质下拉列表下选择"颜色"项，如图 3-156 所示。

12）在其中选择 M07 色，则鼠标变成状，在衣服、裤子、领带区域依次单击，以填充材质，如图 3-157 所示。

图 3-156   图 3-157

13）根据同样的方法，再将其他的区域填充相应的颜色，效果如图 3-158 所示。

14）按 Ctrl+A 键全选图形，然后按 Ctrl+G 键将其进行群组。

15）执行"相机｜透视"菜单命令，将视图调整回透视图，绘制的二维人物效果如图 3-159 所示。

图 3-158

图 3-159

对图形填充材质后，若材质纹理显示不出来，这时需要在"样式"工具栏激活"材质贴图" 显示功能。

3.7 绘图坐标轴

使用坐标轴工具，可以在斜面上重设坐标系，以便精确绘图。

（1）认识坐标系

运行 SketchUp 后，在绘图区显示出坐标轴，它是由红、绿、蓝轴组成，分别代表了几何中的 X（红）、Y（绿）、Z（蓝）轴，三个轴互相垂直相交，相交点即为坐标原点（0,0,0），由这三个轴就构成了 SketchUp 的三维空间，如图 3-160 所示。

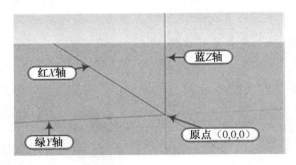

图 3-160

（2）重设坐标轴

单击坐标轴工具，鼠标变成状，移动鼠标至要放置新坐标系的点处并单击，确定新坐标原点后，移动鼠标指定 X 轴（红轴）的方向，然后再指定 Y 轴的方向，以完成坐标轴的重新设定，如图 3-161 所示。

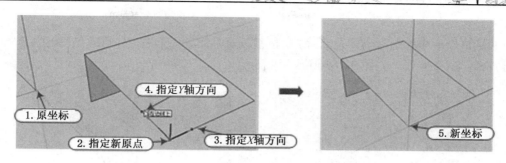

图 3-161

　　指定了新坐标后，新的坐标轴将平行于新的表面，如该表面是倾斜的，则绘制的图形与倾斜表面平行。

　　还有另外一种方法就是在执行某绘图命令过程中，移动到参考平面上，当出现"在平面上"的提示后，按住 Shift 键以锁定该平面，再移动鼠标在其他位置同样可绘制平行于参考平面的图形。

（3）隐藏坐标系

　　为了方便观察视图的效果，有时需要将坐标轴隐藏，执行"视图 | 坐标轴"菜单命令，即可控制坐标轴的显示与隐藏，如图 3-162 所示。

　　右击坐标轴，也可以通过右键快捷菜单命令，对坐标轴进行放置、移动、重设、对齐视图、隐藏等操作，如图 3-163 所示。

图 3-162

图 3-163

　　重设坐标系，在改变的两坐标系上右击选择"重设"项，则返回到最初的坐标系状态，如图 3-164 所示。该功能只能在改变过坐标系后才能启用。

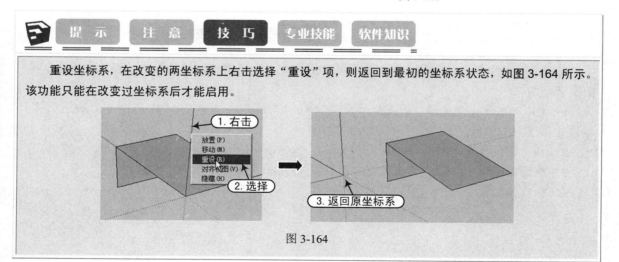

图 3-164

（4）对齐视图

对齐轴可以使坐标轴与物体表面对齐，在需要对齐的表面上右击，然后在弹出的菜单中执行"对齐轴"命令即可，如图 3-165 所示。

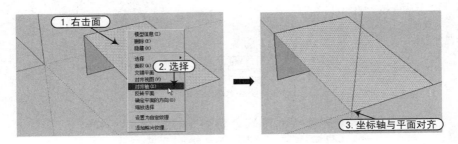

图 3-165

对齐视图可以使物体表面对齐于 XY 平面，并垂直于俯视平面。在需要对齐的表面上单击鼠标右键，在弹出的菜单中执行"对齐视图"命令，可将选择的面展现于屏幕，并与 XY 平面对齐，如图 3-166 所示。

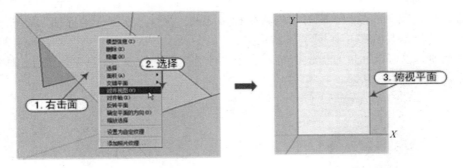

图 3-166

实战训练——绘制喷泉

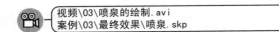

视频\03\喷泉的绘制.avi
案例\03\最终效果\喷泉.skp

学习了坐标轴工具的使用方法，下面以实例的方法来拓展坐标轴工具在绘图中的应用，其操作步骤如下。

1）运行 SketchUp 2018，执行矩形命令（R），以原点绘制一个 3578mm×1406mm 的矩形，如图 3-167 所示。

2）执行推拉命令（P），将矩形向上推拉出 289mm 的高度，如图 3-168 所示。

3）执行偏移命令（F），将上表面向内偏移 153mm 的距离，如图 3-169 所示。

4）执行推拉命令（P），将内侧面向下推拉 203mm 的深度，如图 3-170 所示。

图 3-167

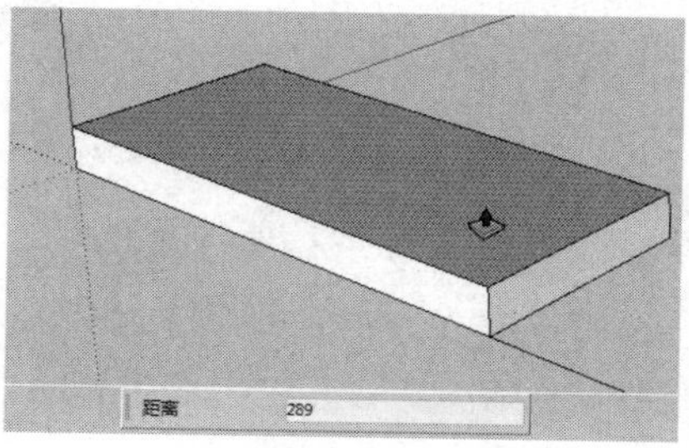

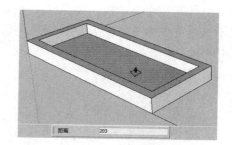

图 3-168

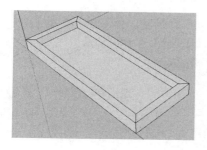

图 3-169

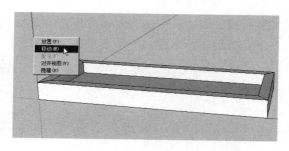

图 3-170

5）执行直线命令（L），在上表面绘制对角连线，如图 3-171 所示。

6）右击坐标轴，在弹出的菜单中选择"移动"选项，如图 3-172 所示。

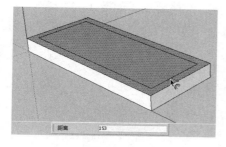

图 3-171

图 3-172

7）弹出"移动草图背景环境"对话框，在"Z 蓝轴"输入框中，设置移动参数为 1033，如图 3-173 所示。

8）这样将坐标轴整体向上移动 1033mm 的高度，如图 3-174 所示。

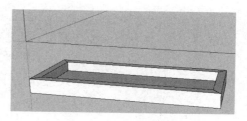

图 3-173

图 3-174

9）执行矩形命令（R），捕捉坐标轴原点绘制一个如图 3-175 所示尺寸的矩形。

10）执行推拉命令（P），将其向上推拉出 229mm 的高度，如图 3-176 所示。

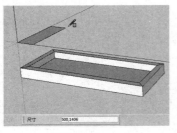

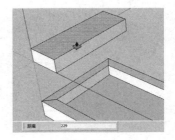

图 3-175   图 3-176

11）执行卷尺命令（T），捕捉相应边线，绘制出三条辅助线，如图 3-177 所示。

12）执行直线命令（L），捕捉辅助线绘制直线；再执行擦除命令（E），将辅助线删除，如图 3-178 所示。

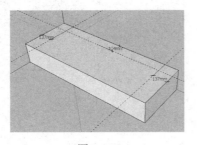

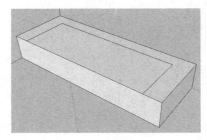

图 3-177   图 3-178

13）执行推拉命令（P），将封闭的面向下推拉 219mm 的深度，如图 3-179 所示。

14）右击坐标轴，在弹出的菜单中执行"放置"命令，如图 3-180 所示。

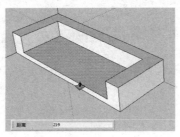

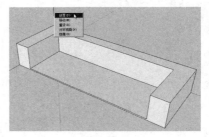

图 3-179   图 3-180

15）单击以指定新原点，然后依次指定 X 轴和 Y 轴，以改变坐标系，如图 3-181 所示。

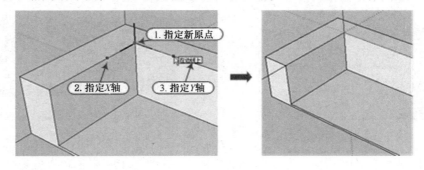

图 3-181

16）右击坐标轴，在快捷菜单中选择"移动"选项，如图 3-182 所示。

17）随后弹出"移动草图背景环境"对话框，在"旋转"栏设置 Y 轴旋转 8，如图 3-183 所示。

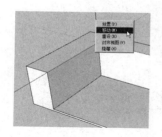

图 3-182

图 3-183

18）然后单击"确定"按钮，则完成坐标轴的旋转，效果如图 3-184 所示。

19）执行直线命令（L），沿着红色轴进行补线，如图 3-185 所示。

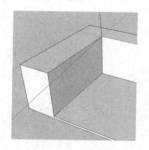

图 3-184

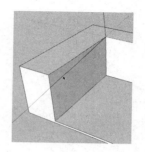

图 3-185

20）执行推拉命令（P），将补充的斜面推拉掉，如图 3-186 所示。

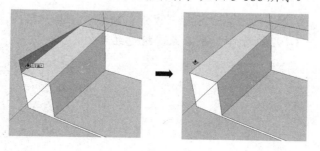

图 3-186

21）执行卷尺命令（T），以斜面顶点角绘制一条辅助线，如图 3-187 所示。

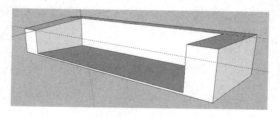

图 3-187

22）用鼠标中键旋转视图，执行直线命令（L），在模型的右侧进行补线；然后执行推拉命令（P），推拉掉多余的面，如图 3-188 所示。

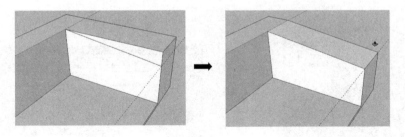

图 3-188

23）执行擦除命令（E），将不需要的辅助线删除；再执行卷尺命令（T）和直线命令（L），在中间平面上绘制距离为 110mm 的辅助线和直线，如图 3-189 所示。

24）执行擦除命令（E），将不需要的辅助线删除；再执行推拉命令（P），将面向上推拉 33mm 的高度，如图 3-190 所示。

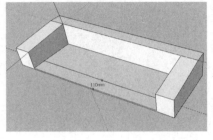

图 3-189

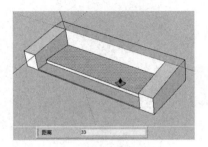

图 3-190

25）右击坐标轴，在弹出的菜单中执行"放置"命令，如图 3-191 所示。

26）然后根据如图 3-192 所示指定新原点，指定红轴和绿轴的方向。

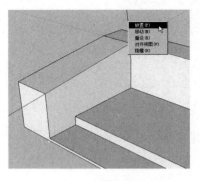

图 3-191

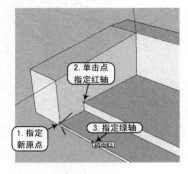

图 3-192

27）改变坐标轴位置后，执行矩形命令（R），捕捉对角点绘制倾斜平面，如图 3-193 所示。

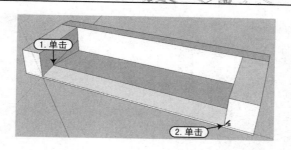

图 3-193

28）右击坐标轴，在弹出的菜单中执行"重设"命令，以恢复到世界坐标系，如图 3-194 所示。

29）连续三击鼠标左键，以选择下侧的整个水池模型，然后右击鼠标，在快捷菜单中执行"隐藏"命令，以将该模型隐藏，如图 3-195 所示。

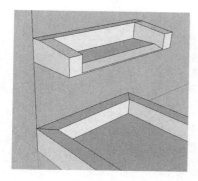

图 3-194

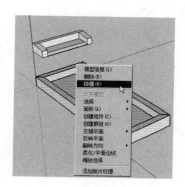

图 3-195

30）接下来绘制泉水。用空格键选择中间的倾斜平面，执行移动命令（M），将其向上复制出 11mm 的高度，如图 3-196 所示。

31）然后再将上步的平面外边线向下移动复制出 960mm 的高度，如图 3-197 所示。

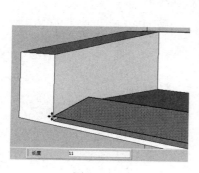

图 3-196

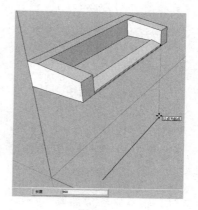

图 3-197

32）执行直线命令（L），补线生成平面；然后将该平面进行群组操作，如图 3-198 所示。

33）单击旋转工具按钮 ，以绿色轴将平面旋转 25 度，如图 3-199 所示。

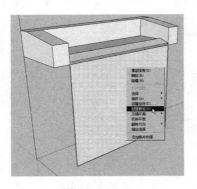

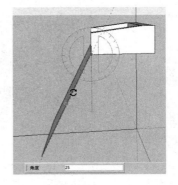

图 3-198   图 3-199

34）执行移动命令（M），将该平面向上移动与上侧的倾斜平面对齐，如图 3-200 所示。

35）双击该平面进行组编辑，通过直线命令（L）和擦除命令（E），将平面修改成不规则边轮廓，如图 3-201 所示。

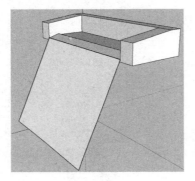

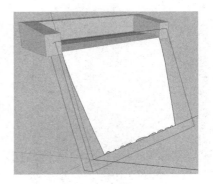

图 3-200   图 3-201

36）执行卷尺命令（T）和直线命令（L），在上方图形相应位置绘制辅助线和直线，如图 3-202 所示。

37）然后执行直线命令（L），捕捉端点进行补线，形成封面效果如图 3-203 所示。

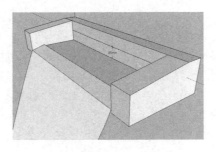

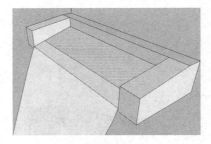

图 3-202   图 3-203

38）执行"编辑 | 取消隐藏 | 全部"菜单命令，将隐藏的水池图形显示出来，如图 3-204 所示。

39）用空格键选择水池底面，再执行移动命令（M），结合 Ctrl 键将其向上复制，复制到边线的中点处，如图 3-205 所示。

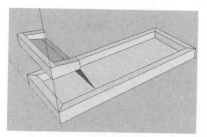

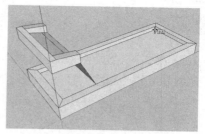

图 3-204　　　　　　　　　　　图 3-205

40）执行擦除命令（E），结合 Shift 键，将相应的边线隐藏，如图 3-206 所示。

提　示　　注　意　　技　巧　　专业技能　　软件知识

　　在将边线进行隐藏时，若遇到隐藏不了的边线，可选择该边线，然后右击，在快捷菜单中，选择"隐藏"命令即可。若对组的边线进行隐藏，必须双击进入该组，才能执行。

41）单击材质工具按钮 ⚥，打开"材料"面板，在"材料"下拉列表中选择"玻璃和镜子"选项，选择相应的材质对水面进行填充，如图 3-207 所示。

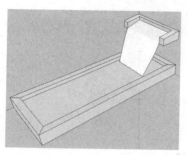

图 3-206　　　　　　　　　　　图 3-207

42）然后切换到"水纹"材质列表，选择其中相应的材质纹理，对水池底面进行填充，以完成最终效果如图 3-208 所示。

提　示　　注　意　　技　巧　　专业技能　　软件知识

　　水池里有两个平面，底层平面填充的是"水池水纹"材质，上表面填充的是"染色半透明玻璃"。在对最底层填充"水池水纹"材质时，由于上平面挡住了无法进行填充材质，此时可先将上平面隐藏，等填充完底层面后，再显示出来。

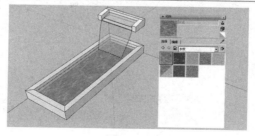

图 3-208

3.8 隐藏

在 SketchUp 中，可通过"编辑｜隐藏"菜单命令，对选择的物体进行隐藏操作；还可以通过右键快捷菜单中的"隐藏"命令，进行物体的隐藏，如图 3-209 所示。

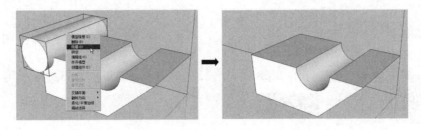

图 3-209

隐藏物体后，可通过"视图｜隐藏物体"菜单命令，将隐藏的物体全部以虚显网格形式显示出来，以方便我们参照绘图，如图 3-210 所示。

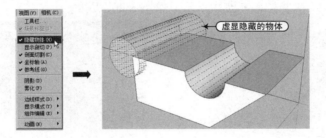

图 3-210

选择"视图｜隐藏物体"菜单命令后，显示图形也会显示出隐藏的内部法线。

通过"编辑｜取消隐藏｜全部"菜单命令，即可对场景中所有隐藏的物体全部显示出来，如图 3-211 所示。

通过"编辑｜取消隐藏｜最后"菜单命令，可将最后隐藏的物体显示出来。

"编辑｜取消隐藏｜选定项"菜单命令是针对被"虚显隐藏的物体"而言的。

图 3-211

3.9　模型交错

在 SketchUp 中，使用模型交错命令可在物体交错的地方形成相交线，以创建复杂的几何平面。

可通过"编辑｜交错平面"菜单命令来执行模型交错命令；还可以通过选择图形的右键快捷菜单来执行，如图 3-212 所示。

 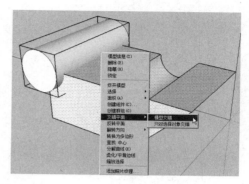

图 3-212

命令执行过后，模型相交的地方自动生成相交的轮廓边线，通过相交边线生成新的分割面，如图 3-213 所示。

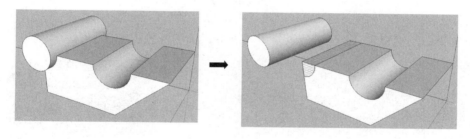

图 3-213

实战训练——绘制绿地小品

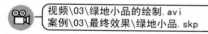

视频\03\绿地小品的绘制.avi
案例\03\最终效果\绿地小品.skp

学习了模型交错命令的使用方法，下面以实例的方法来拓展该命令在绘图中的应用，其操作步骤如下。

1）运行 SketchUp 2018，执行矩形命令（R），绘制一个边长为 9000mm 的正方形，如图 3-214 所示。

2）用空格键选择面，再执行偏移命令（F），将其向内偏移 300mm 的距离，如图 3-215 所示。

3）根据同样的方法，再继续将内侧面继续以 300mm 的距离进行偏移，再依次偏移出 4 次，如图 3-216 所示。

4）再执行直线命令（L），在其中一边上绘制两条连接线，并将多余的线条删除，如图 3-217 所示。

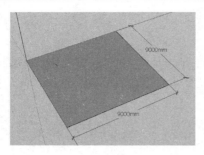

图 3-214

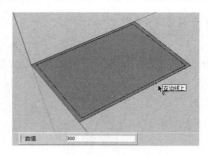

图 3-215

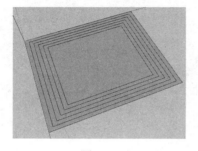

图 3-216

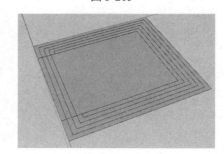

图 3-217

5）执行推拉命令（P），将转角面以 150mm 的高度推拉出各层台阶，使上、下层高度差为 150mm，如图 3-218 所示。

6）将前面的三层台阶分别与第 3-5 层进行对齐，如图 3-219 所示。

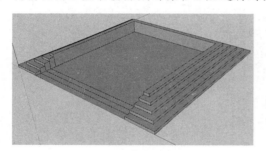

图 3-218

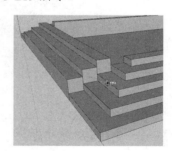

图 3-219

在推拉图形时，可以通过捕捉相应高度的特征点或相应高度的平面，进行限制性对齐。

7）按 Ctrl+A 键全选图层，然后右击，在快捷菜单中执行"反转平面"命令，将正反面反转，表面即为白色以方便观看图形与赋予材质，如图 3-220 所示。

8）执行矩形命令（R），由梯步对角点绘制矩形，形成封闭面，如图 3-221 所示。

9）继续执行矩形命令（R），在外侧空白位置绘制一个边长为 2000mm 的正方形，如图 3-222 所示。

10）执行推拉命令（P），将矩形向上推拉 950mm 的高度，如图 3-223 所示。

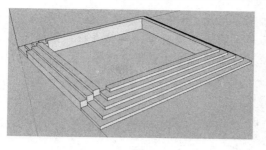

图 3-220

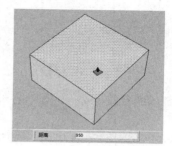

图 3-221

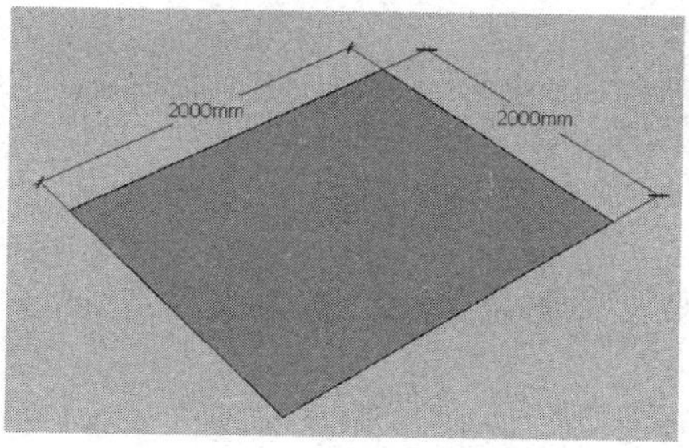

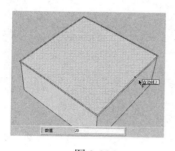

图 3-222

图 3-223

11）用空格键选择上表面，再执行偏移命令（F），将其向外偏移 20mm，如图 3-224 所示。

12）执行推拉命令（P），将相应面向上推拉 20mm，如图 3-225 所示。

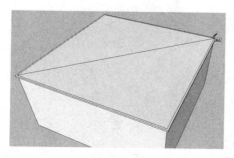

图 3-224

图 3-225

13）执行直线命令（L），封闭上表面，如图 3-226 所示。

14）执行擦除命令（E），删除多余的线条；再执行偏移命令（F），将上表面向内偏移 220mm，如图 3-227 所示。

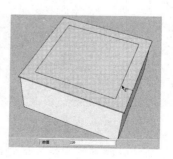

图 3-226

图 3-227

15）执行推拉命令（P），将中间的面向下推拉 80mm，并将多余线条删除，如图 3-228 所示。

16）三击选择上步完成的花坛图形，然后通过右键快捷菜单，将其进行编组操作。

17）执行移动命令（M），将其移动到台阶相应位置，使底面角点对齐，如图 3-229 所示。

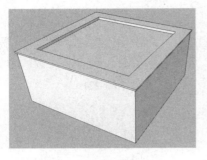
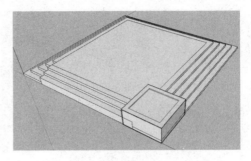

图 3-228　　　　　　　　　　　　　　　图 3-229

18）继续执行该命令，结合 Ctrl 键，将花坛移动复制到其他台阶的 3 个角点处，如图 3-230 所示。

19）按 Ctrl+A 键全选图形，然后通过右键快捷菜单，执行"模型交错"命令，如图 3-231 所示。

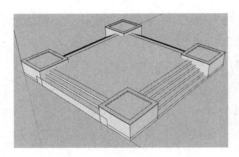
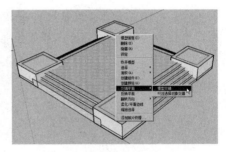

图 3-230　　　　　　　　　　　　　　　图 3-231

20）通过该命令，在图形相交处出现轮廓交线，再执行擦除命令（E），将多余线条删除，如图 3-232 所示。

21）执行直线命令（L）和圆命令（C），在上表面连接对角点绘制直线，然后在直线的中点，绘制半径为 1800mm 的圆，如图 3-233 所示。

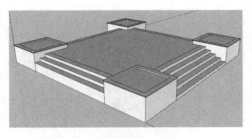
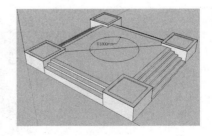

图 3-232　　　　　　　　　　　　　　　图 3-233

22）删除多余的直线，然后用空格键选择圆图形，通过右键快捷菜单对其进行群组，如图 3-234 所示。

23）然后双击进入其组编辑状态，执行直线命令（L）和圆命令（C），由圆心向三层台阶方向绘制长 4550mm 的线段和直径 1600mm 的圆，如图 3-235 所示。

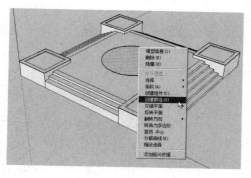

图 3-234

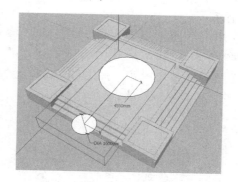

图 3-235

群组后的图形为一个整体，在选择时其外围显示实线边框。要对组或组件进行编辑，必须双击进入组编辑，其周围显示虚边框，进入组后，组外的图形将以浅色显示。

24）通过执行移动命令（M），将中间直线以 250mm 的距离向外复制；再执行偏移命令（F），将两圆向外各偏移 250mm，如图 3-236 所示。

25）执行擦除命令（E），删除多余的线条，形成两个表面，如图 3-237 所示。

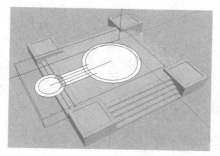

图 3-236

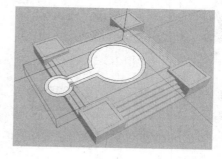

图 3-237

26）执行推拉命令（P），将轮廓向上推拉出 100mm 的高度，如图 3-238 所示。

27）结合 Ctrl 键，将推拉出的面向上推拉复制出一份，其高度为 20mm，如图 3-239 所示。

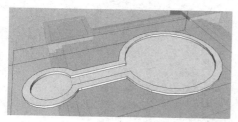

图 3-238

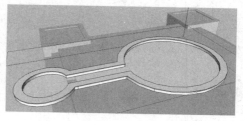

图 3-239

28）用鼠标中键旋转视图到下侧，将底面向下推拉，并与台阶底面对齐，如图 3-240 所示。

29）执行圆命令（C），捕捉底面小圆圆心绘制半径为 2500mm 和 2200mm 的同心圆，如图 3-241 所示。

30）旋转视图到上侧，执行推拉命令（P），将弧形轮廓推拉出高 150mm 的两层台阶，如图 3-242 所示。

31）选择水池内的面，按住 Ctrl 键向上复制一份，如图 3-243 所示。

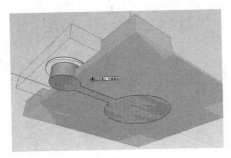

图 3-240

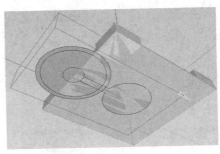

图 3-241

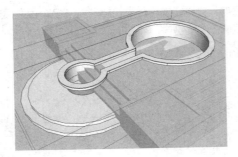

图 3-242

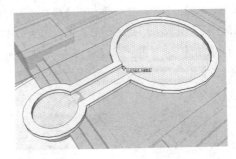

图 3-243

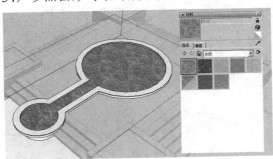

由于底侧面上有很多线条，在对该面进行复制前，必须先删除多余的线条，以将该面重组。

32）执行擦除命令（E），结合 Shift 键，将相应的边线进行隐藏；并调整相应的面为正面显示。

33）单击材质按钮 ，将水池面填充出"水纹"材质，如图 3-244 所示。

34）参照图形的最终效果，对其他相应位置赋予相应的材质，效果如图 3-245 所示。

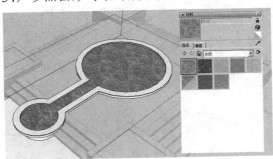

图 3-244

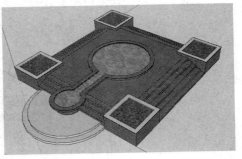

图 3-245

35）用空格键在组外部单击，以退出组编辑，然后右击水池组图形，在弹出的菜单中执行"模型交错"命令，使弧形台阶和直台阶相交处产生交线，完成的最终效果如图 3-246 所示。

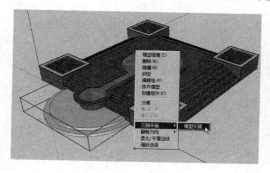 

图 3-246

第 4 章　常用工具的应用

本章导读 ————————————————————————— ⊪○

　　虽然 SketchUp 软件提供了强大的绘图工具，诸如直线、圆、矩形、多边形等；但如果要绘制较为复杂的图形对象，就必须灵活应用这些绘图工具，以此来组合或编辑成各种不同需求的图形对象，这样就需要掌握相应的图形编辑工具，诸如对象的选择、移动、复制、缩放等。

　　通过前面章节实例的学习，对常用的编辑工具和辅助工具已经有了基本的了解，本章将详细讲解这些编辑工具、辅助绘图工具、文字和尺寸标注工具及剖面工具。

主要内容 ————————————————————————— ⊪○

- 📖 擦除、移动和旋转工具
- 📖 缩放、推拉和偏移工具
- 📖 路径跟随工具
- 📖 卷尺和量角器工具
- 📖 尺寸标注工具
- 📖 文字及三维文字工具
- 📖 剖面工具

效果预览 ————————————————————————— ⊪○

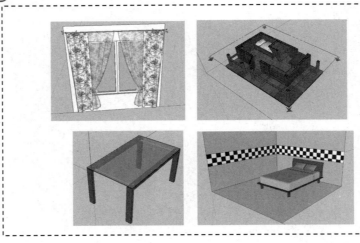

4.1　擦除工具

使用擦除工具 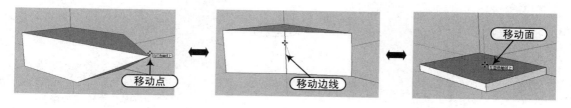 可以将指定的图形进行删除，其快捷键为 E，主要功能介绍如下。

（1）删除物体

激活擦除工具 后，单击想要删除的几何体即可将其删除。如果按住鼠标左键不放，在需要删除的物体上拖曳，此时被选中的物体会呈高亮显示，松开鼠标左键即可全部删除；如果偶然选中了不想删除的几何体，可以在删除之前按 Esc 键取消这次删除操作。

如果要删除大量图形时，更快的方法是用选择工具 进行选择，然后按 Delete 键一次性删除。

（2）隐藏边线

在使用擦除工具 的同时按住 Shift 键，然后在边线上单击，则不会删除图形，而是隐藏边线。

（3）柔化边线

在使用擦除工具 的同时按住 Ctrl 键，然后单击相应边线，则不会删除图形，而是柔化边线。

（4）取消柔化

在使用擦除工具 的同时按住 Shift 和 Ctrl 键，就可以取消柔化效果。

4.2　移动工具

使用移动工具 可以移动、拉伸和复制几何体，其快捷键为 M。

执行该命令后，当移动鼠标到物体的点、边线和表面时，这些对象即被激活。移动鼠标，对象的位置就会改变，如图 4-1 所示为同一个长方体各位置的移动。

![图 4-1 移动点、移动边线、移动面示意图]

图 4-1

在使用移动工具 的同时按住 Alt 键，可以强制拉伸线或面，生成不规则几何体。

（1）移动物体

选择需要移动的物体，激活移动命令，指定移动的基点，接着移动鼠标指定目标点，即可将物体移动。

在移动物体时，随着鼠标的移动会出现一条参考线；另外，在数值框中会动态显示移动的距离，也可以输入移动值或者三维坐标值进行精确的移动。

在进行移动操作之前或移动的过程中，可以按住 Shift 键来锁定参考轴。这样可以避免参考捕捉受到别的几何体的干扰。

（2）复制物体

选择物体，激活移动命令，在移动对象的同时按住 Ctrl 键，鼠标指针会多出一个"+"号 🔆，在移动物体上单击，确定移动起点，拖动鼠标指定目标点，即可移动复制物体。

完成一个对象的复制后，如果在数值框中输入"x5"（字母 x 不区分大小写），表示以前面复制物体的间距阵列复制出 5 份（间距×5），如图 4-2 所示。

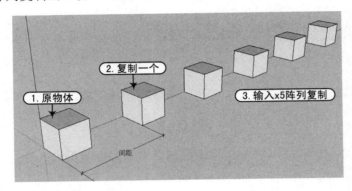

图 4-2

完成一个对象的复制后，如果输入"/2"，表示在复制的间距之内等分复制 2 个物体（间距÷2），如图 4-3 所示。

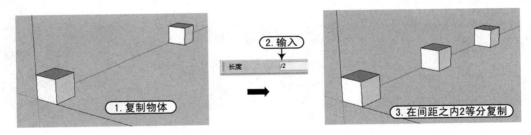

图 4-3

实战训练——绘制百叶窗帘

视频\04\绘制百叶窗帘.avi
案例\04\最终效果\百叶窗帘.skp

前面学习了使用移动工具不但可移动物体，还可以进行复制操作，下面结合实例进行讲解。

1）运行 SketchUp 2018，单击前视图按钮⌂，以切换至前视图；执行矩形命令（R），绘制一个 25mm×19mm 的矩形，如图 4-4 所示。

2）执行推拉命令（P），将矩形向后推拉出 1000mm 的长度，如图 4-5 所示。

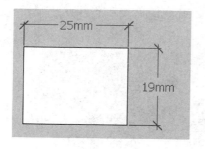

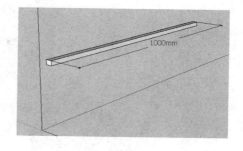

图 4-4

图 4-5

3）用空格键选择长方体下表面；再执行移动命令（M），结合 Ctrl 键，将其以边线中点向蓝色轴以 30mm 的距离复制出一份，形成"百叶帘"，如图 4-6 所示。

4）执行旋转命令（Q），将百叶帘图形，以绿色轴旋转 45 度，如图 4-7 所示。

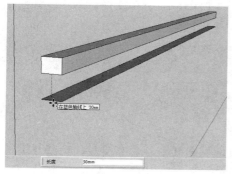

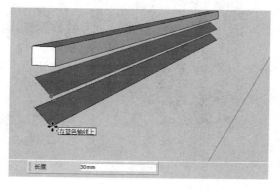

图 4-6

图 4-7

5）然后再指定任意一角点，按住 Ctrl 键，向下以蓝色轴为参考复制出距离 30mm 的副本，如图 4-8 所示。

6）在此基础上输入"x39"，以等距离阵列出 40 份百叶帘图形，如图 4-9 所示。

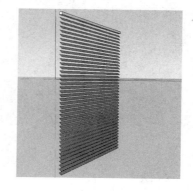

图 4-8

图 4-9

7）用鼠标中键旋转视图到顶平面上，执行圆命令（C），在相应位置绘制一个半径为 1 mm 的圆；然后双击选择该圆，通过右键快捷菜单将其群组，如图 4-10 所示。

8）双击进入群组中，执行推拉命令（P），将圆向下推拉到与下侧百叶帘平齐，如图 4-11 所示。

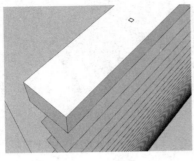

图 4-10   图 4-11

9）执行移动命令（M），将上步完成的圆柱群组图形，结合 Ctrl 键，将其以绿色轴为参考复制到中间位置，如图 4-12 所示。

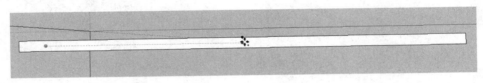

图 4-12

10）然后在此基础上输入 "x2"，则以该距离继续创建一个副本图形，旋转视图观看效果如图 4-13 所示。

11）单击材质按钮，参照最终效果，为图形添加相应的材质，效果如图 4-14 所示。

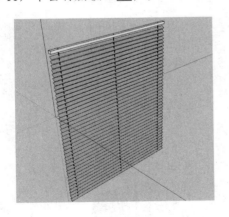

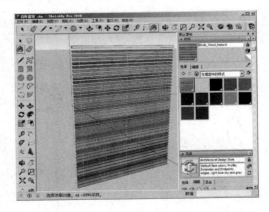

图 4-13   图 4-14

4.3 旋转工具

使用旋转工具可以在同一旋转平面上旋转物体中的元素，也可以旋转单个或多个物体，配合功能键还能完成旋转复制功能。

选择图形后，执行旋转命令，鼠标变成  状，移动调整鼠标确定旋转平面，然后单击鼠标，确定旋转轴心点和轴线，拖动鼠标即可对物体进行旋转，如图 4-15 所示。为了确定旋转角度，可以观察数值框的数值或者直接输入旋转角度，最后单击鼠标左键，完成旋转。

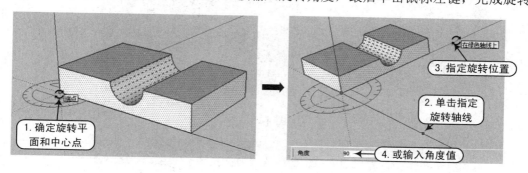

图 4-15

在旋转命令的执行过程中，可使用中键旋转视图以调整旋转的平面，选择的平面不同，鼠标上的量角器颜色也会不同。若量角器颜色为蓝色时，则是以 *XY* 平面旋转；若量角器颜色为红色时，则是以 *YZ* 平面旋转；若量角器颜色为绿色是，则是以 *XZ* 平面。不同的旋转平面，得到旋转的图形效果也不同。

利用 SketchUp 的参考提示，可以精确定位旋转中心点。如果开启了角度捕捉功能，则会很容易捕捉到设置好的角度（以及该角度的倍增角，如设置角度为 45 度，则可捕捉 45、90、135、180、…）进行旋转，如图 4-16 所示。

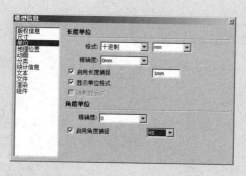

图 4-16

使用旋转工具 并配合 Ctrl 键可以在旋转物体的同时复制物体。

如完成一个圆柱体的旋转后，如果输入 "x8" 或者 "8x"，就可以按照上一次旋转角度将圆柱体环形阵列复制出 8 份，如图 4-17 所示。

假如在完成一个圆柱体的旋转复制后，输入 "/2" 或 "2/"，则在旋转的角度内以图形进行 2 等分复制，如图 4-18 所示。

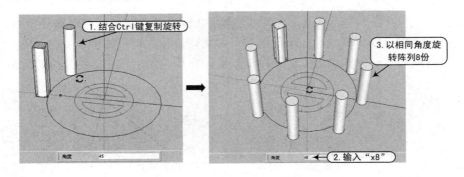

图 4-17

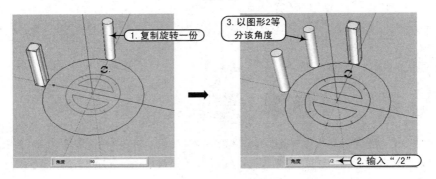

图 4-18

实战训练——绘制垃圾桶

视频\04\绘制垃圾桶.avi
案例\04\最终效果\垃圾桶.skp

学习了旋转工具的功能，下面以实例的方式对旋转功能进行全面而详细的讲解，其操作步骤如下。

1）运行 SketchUp 2018，执行圆命令（C），以坐标原点为圆心绘制半径为 324mm 的圆；再执行推拉命令（P），将其向上推拉出 19mm 的高度，如图 4-19 所示。

2）执行偏移命令（F），将表面圆向内偏移 6，如图 4-20 所示。

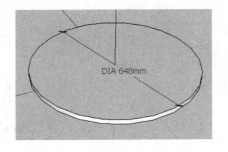

图 4-19

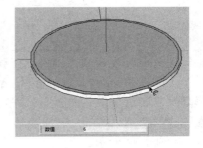

图 4-20

3）执行推拉命令（P），将内圆面向上推拉 19mm 的高度，如图 4-21 所示。

4）执行偏移命令（F），继续将表面圆向内偏移 225mm，如图 4-22 所示。

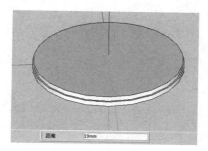

图 4-21　　　　　　　　　　　　　图 4-22

5）执行推拉命令（P），将小圆面推拉掉，开出洞口如图 4-23 所示。

6）三击选择整个图形，然后通过右键快捷菜单，执行"创建群组"命令，如图 4-24 所示。

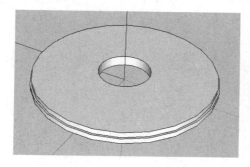
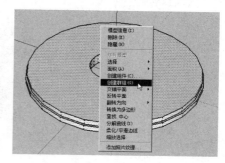

图 4-23　　　　　　　　　　　　　图 4-24

7）执行矩形命令（R），在空白位置绘制一个边长为 65mm 的正方形，如图 4-25 所示。

8）执行卷尺命令（T），绘制与边线相距 21mm 的辅助线，如图 4-26 所示。

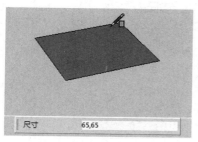

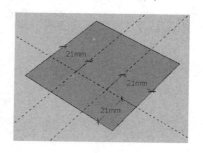

图 4-25　　　　　　　　　　　　　图 4-26

9）执行直线命令（L），绘制连接线，如图 4-27 所示。

10）执行擦除命令（E），删除多余的边线与面，如图 4-28 所示。

11）执行推拉命令（P），将其向上推拉出 25mm 的高度，如图 4-29 所示。

12）三击选择整个图形，通过右键快捷菜单，对其进行群组操作。

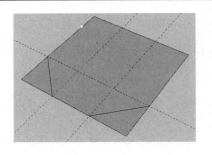

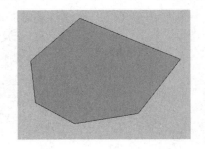

图 4-27   图 4-28

13）执行移动命令（M），移动前面圆形体的底部，使其前侧中点与圆形其中一条边中点对齐，如图 4-30 所示。

14）执行旋转命令（Q），移动调整鼠标上的量角器呈蓝色时，单击图形的相交点为中心，指定旋转图形的边线为旋转轴，然后移动捕捉到圆形边线为旋转目标点，如图 4-31 所示以 XY 平面旋转对齐边。

图 4-29   图 4-30

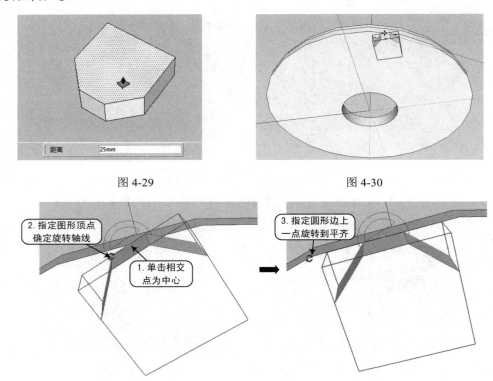

图 4-31

15）继续保持该图形被选择状态，单击坐标原点为旋转中心点，指定图形边上的中点确定旋转轴，然后按住 Ctrl 键，移动鼠标捕捉到 90° 的角度后单击（或直接输入 90），以旋转复制出一份，如图 4-32 所示。

16）在此基础上输入"x4"，从而将其旋转阵列出 4 份，如图 4-33 所示。

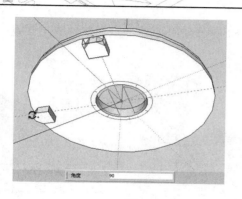
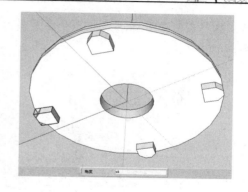

图 4-32   图 4-33

17）用鼠标中键旋转视图，执行矩形命令（R），在外侧绘制一个 895mm×73mm 的矩形，如图 4-34 所示。

18）执行推拉命令（P），将该矩形推拉出 11mm 的厚度，如图 4-35 所示。

19）三击以选择整个长方体，通过右键快捷菜单将其进行群组。

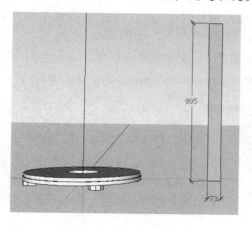
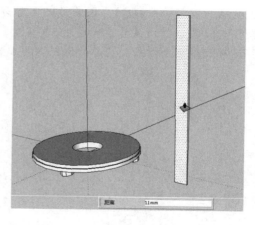

图 4-34   图 4-35

20）执行移动命令（M），将长方体移动到圆形体的上方，并以底边中点对齐圆上其中一条边中点，如图 4-36 所示。

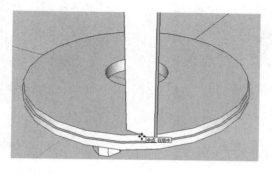

图 4-36

21）执行旋转命令（Q），按照前面旋转的方法，将长方体以 XY 平面旋转成与圆边平齐，如图 4-37 所示。

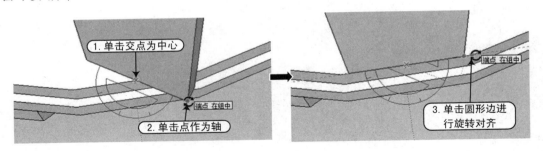

图 4-37

22）执行移动命令（M），将长方体向内移动 5mm，如图 4-38 所示。

23）执行"窗口 | 模型信息"菜单命令，弹出"模型信息"对话框，在"单位"选项中，勾选"启用角度捕捉"，并设置捕捉角度为 15°，如图 4-39 所示。

24）执行旋转命令（Q），以圆形体上表面圆心为旋转中心，指定长方体内侧中点为旋转轴，按住 Ctrl 键，移动鼠标捕捉到 15° 时单击，以旋转复制一份，如图 4-40 所示。

25）在此基础上输入"x24"，则以该角度旋转阵列出 24 份的副本图形，如图 4-41 所示。

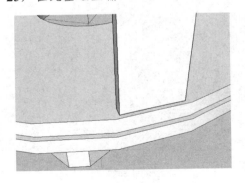

图 4-38

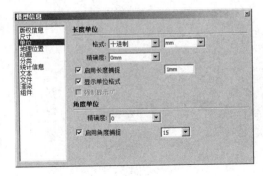

图 4-39

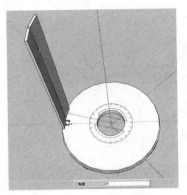

图 4-40

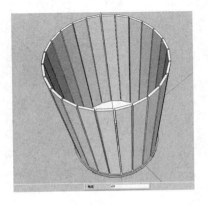

图 4-41

26）制作好桶身后，接下来制作桶顶。执行移动命令（M），鼠标随意捕捉圆形体的任意一点，然后结合 Ctrl 键和 Shift 键，锁定蓝色轴，向上复制出一份，如图 4-42 所示。

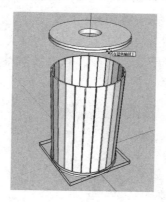

图 4-42

27）选择上侧的副本图形，执行旋转命令（Q），鼠标转换视图在量角器呈红色时，按住 Shift 键以锁定该平面，然后单击图形的圆心为阵列中心点，在绿色轴上指定一点，然后翻转鼠标到绿轴上另一侧，则将图形旋转 180°，如图 4-43 所示。

28）执行移动命令（M），捕捉顶盖底面圆上任意一点作为基点，此时单击样式工具栏的 X 光透视模式按钮，鼠标在蓝色轴上移动并按住 Shift 键以锁定蓝轴，向下捕捉到长方体表面上任意一点并单击，以限制移动到长方体表面上，如图 4-44 所示。

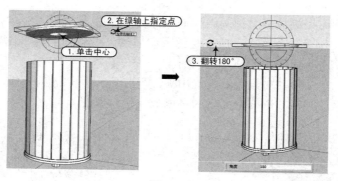

图 4-43

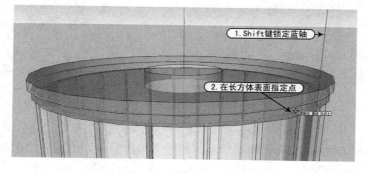

图 4-44

通过 X 光透视模式将所有的面都显示成透明，这样就可以透过模型编辑所有的边线。

29）然后再次单击 X 光透视模式按钮，以取消该模式的显示。

30）单击材质按钮，打开"材料"面板，为图形添加相应的材质，完成的最终效果如图 4-45 所示。

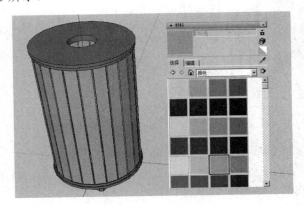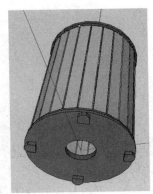

图 4-45

4.4　缩放工具

使用缩放工具可以缩放或拉伸选中的物体，其快捷键为 S。

选择物体后，执行缩放命令，鼠标在绘图区变成，此物体的外围出现缩放栅格，选择栅格点，即可对物体进行缩放，如图 4-46 所示。

- 对角夹点：单击移动对角夹点（选中夹点呈红色），可以使几何体沿对角方向进行等比缩放，缩放时在数值框中显示的是缩放比例，如图 4-47 所示。

图 4-46　　　　　　　　　　　　　　图 4-47

- 边线夹点：移动边线夹点可以同时在几何体对边的两个方向上进行非等比缩放，几何体将变形，缩放时在数值框中显示的是两个用逗号隔开的数值，如图 4-48 所示。
- 表面夹点：移动表面夹点可以使几何体沿着垂直面的方向在一个方向上进行非等比缩

放，几何体将变形（改变物体长、宽、高），缩放时在数值框中显示的是缩放比例，如图 4-49 所示。

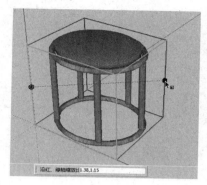

图 4-48

图 4-49

缩放功能的使用与主要功能如下。

（1）通过数值框精确缩放

在进行缩放时，数值框会显示缩放比例，用户也可以在完成缩放后输入一个数值，数值的输入方式有以下 3 种。

- 输入缩放比例，直接输入不带单位的数字，例如 "2" 表示放大 2 倍，"−2" 表示缩小到原来的 50%。
- 输入尺寸长度，输入一个数值+单位，例如，输入 "2m" 表示缩放到 2 米的长度。
- 输入多重缩放比例：一维缩放需要一个数值；二维缩放需要两个数值（如 X 和 Y 方向的缩放），用逗号隔开；等比三维缩放也只需要一个数值，但非等比的三维缩放却需要 3 个数值（如 X、Y、Z 各方向的缩放），分别用逗号隔开。

建议读者先选中物体再激活缩放命令，若先激活缩放命令，将只能在单个点、线、面或组上进行缩放操作。

（2）配合其他功能键缩放

- 结合 Ctrl 键就可以对物体进行中心缩放，如图 4-50 所示。
- 结合 Shift 键进行夹点缩放，可以在等比缩放和非等比缩放之间进行切换。
- 结合 Ctrl 和 Shift 键，将在夹点缩放、中心缩放和中心非等比缩放之间互相转换。

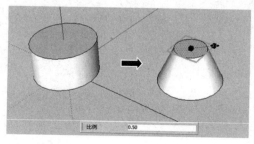

图 4-50

（3）镜像物体

● 使用缩放工具还可以镜像缩放物体，只需要往反方向拖拽缩放夹点即可（也可以输入负数值完成镜像缩放，如"-0.5"表示在反方向缩小 50%），如图 4-51 所示。

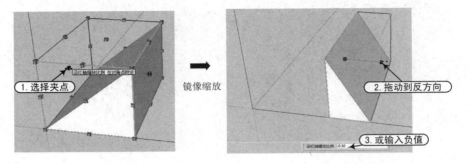

图 4-51

● 如果使镜像后的图形大小不变，只需移动一个夹点，输入"-1"就将物体进行原来大小镜像。操作方法与上图类似，只是输入值为"-1"。

实战训练——为场景添加窗帘

视频\04\为场景添加窗帘.avi
案例\04\素材文件\场景1.skp

使用缩放工具可以对物体进行缩放和镜像操作，下面结合实例进行详细讲解，其操作步骤如下。

1）运行 SketchUp 2018，执行"文件｜打开"菜单命令，打开案例场景文件"案例\04\素材文件\场景 1"，该场景中只有一边窗帘，如图 4-52 所示。下面通过缩放命令，对窗帘进行镜像复制。

2）选择墙体并右击，通过右键快捷菜单，对墙体进行隐藏，如图 4-53 所示。

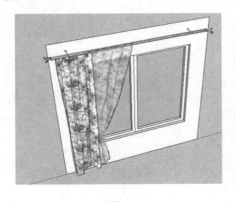

图 4-52

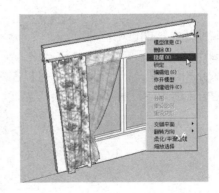

图 4-53

3）选择窗帘布图形，执行移动命令（M），结合 Ctrl 键在绿色轴上，将其向右复制出一份，如图 4-54 所示。

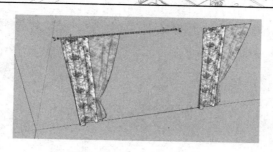

图 4-54

4）然后选择复制出的图形，执行缩放命令（S），单击右侧面中夹点（提示该夹点功能：沿绿色轴缩放），向左拖动鼠标，输入"-1"，则在该方向上完成原来大小的镜像，如图 4-55 所示。

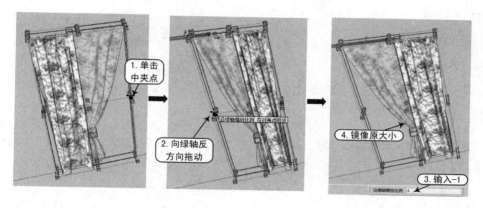

图 4-55

5）执行移动命令（M），将镜像的对象移动到合适的位置，然后执行"编辑｜取消隐藏｜全部"菜单命令，将隐藏的图形全部显示出来，效果如图 4-56 所示。

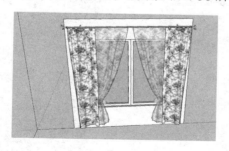

图 4-56

4.5 推拉工具

使用推拉工具 （快捷键 P），可将图形的表面以自身的垂直方向进行拉伸，拉伸出想要的高度。

执行推拉命令后，鼠标变为 ，移动光标至表面，单击拾取表面，然后在鼠标拖动到相应的高度时单击（或输入精确值并回车键），即可对面进行推拉操作，如图 4-57 所示。

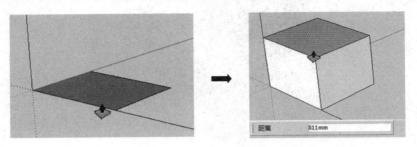

图 4-57

在执行推拉命令的过程中，推拉的距离会在数值控制框中显示。用户可以在推拉中或者完成推拉后输入精确的数值进行修改，在进行其他操作之前可以一直更新数值。如果输入的是负值，则表示往当前的反方向推拉。

推拉命令的其他执行方式与功能介绍如下。

（1）重复推拉操作

将一个面推拉一定高度后，如果在另一个面上双击鼠标左键，则该面将拉伸同样的高度，如图 4-58 所示。

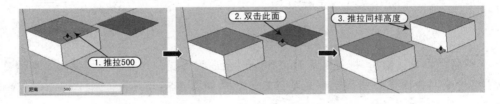

图 4-58

（2）结合 Ctrl 键复制推拉

使用推拉工具并结合 Ctrl 键，可以在推拉面的时候复制一个新的面并进行推拉（鼠标上会多出一个"+"号），如图 4-59 所示。

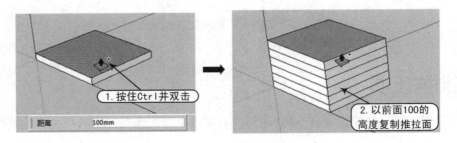

图 4-59

实战训练——绘制玻璃餐桌

视频\04\绘制玻璃餐桌.avi
案例\04\最终效果\玻璃餐桌.skp

下面以玻璃餐桌实例进行详细讲解，要掌握推拉工具的应用，其操作步骤如下。

1）运行 SketchUp 2018，执行矩形命令（R），由坐标原点绘制一个 1500mm×100mm 的矩形，如图 4-60 所示。

2）执行推拉命令（P），将其向上推拉出 40mm 的高度，如图 4-61 所示。

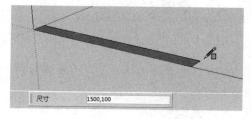
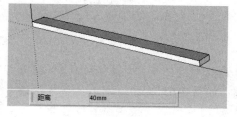

图 4-60   图 4-61

3）使用鼠标中键旋转视图到底平面，执行移动命令（M），分别将两条短边线向内复制 40mm 的距离，如图 4-62 所示。

4）执行推拉命令（P），将相应平面推拉出 710mm 的高度形成桌脚，如图 4-63 所示。

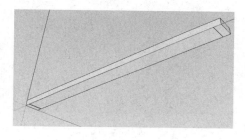
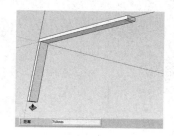

图 4-62   图 4-63

5）在另一侧面上双击，形成另一侧的桌脚效果，如图 4-64 所示。

6）三击选择整个脚支架图形，通过右键快捷菜单，将其进行群组。

7）执行圆命令（C），在支架上表面边线的中点位置绘制半径为 15mm 的圆；再将其向上推拉 10 的高度形成圆柱体；然后通过右键菜单，将其进行成组，如图 4-65 所示。

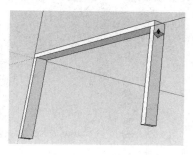
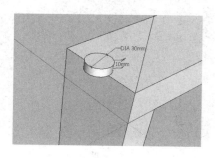

图 4-64   图 4-65

8）执行移动命令（M），将上步绘制的图形在红轴方向上进行相应位置的移动和复制操作，如图 4-66 所示。

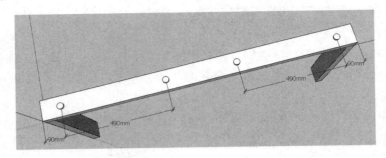

图 4-66

9）选择所有图形，执行移动命令（M），结合 Ctrl 键将其在绿轴方向上，向前复制出 800mm 的距离，如图 4-67 所示。

10）旋转视图到支架内侧，结合卷尺工具、直线工具和圆工具，在内侧绘制出半径为 15 的圆，如图 4-68 所示。

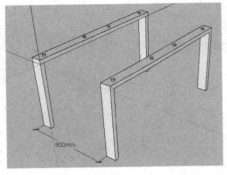

图 4-67

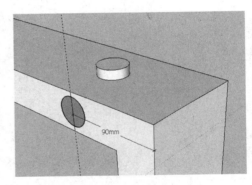

图 4-68

11）执行擦除命令（E），删除多余的边线；然后执行推拉命令（P），将圆推拉到另一支架内侧面上，如图 4-69 所示。

12）将上步创建的圆柱编辑成群组；然后执行移动命令（M），将其向另一侧复制一份，如图 4-70 所示。

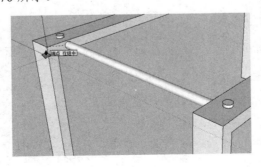

图 4-69

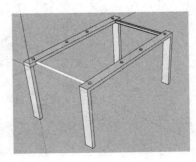

图 4-70

13）执行矩形命令（R）和推拉命令（P），绘制 1500mm×900mm 的矩形，然后向上推拉出 10mm 的高度，并将其成组；然后通过移动命令（M），将其移动到与前面图形上方对齐，如图 4-71 所示。

提　示　　注　意　　技　巧　　专业技能　　软件知识

在绘制台面时，可直接在支架平面上捕捉支架最外侧四角的顶点绘制矩形，它的尺寸同样是 1500mm×900mm；然后推拉出高度 10mm 的台面，由于小圆柱的高度也是 10mm，因此再将台面向上移动 10mm，同样也可完成。

14）单击材质工具按钮，参照最终效果对图形进行材质赋予，效果如图 4-72 所示。

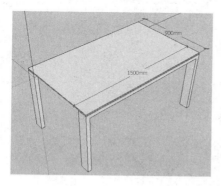

图 4-71

图 4-72

4.6　路径跟随工具

路径跟随工具可以将截面沿已知路径放样，从而创建复杂的几何体。下面介绍各种放样的方式。

（1）手动放样

首先绘制路径边线和截平面，然后使用路径跟随工具单击截面，沿着路径移动鼠标，此时边线会变成红色，在移动鼠标到达放样端点时，单击左键完成放样操作，如图 4-73 所示。

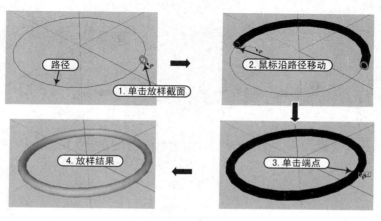

图 4-73

提 示　　注 意　　技 巧　　专业技能　　软件知识

在鼠标沿路径移动放样的过程中，可以根据需要在合适的位置单击，完成相应距离的放样，如图 4-74 所示。

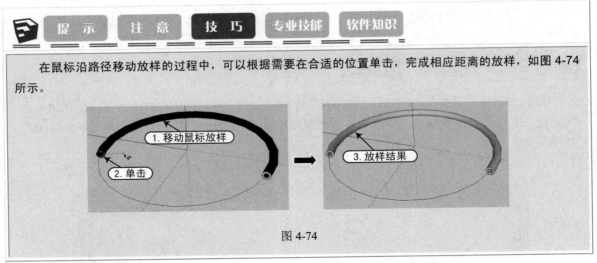

图 4-74

（2）自动放样

先选择路径，再用路径跟随工具🌀单击截面自动放样，如图 4-75 所示。

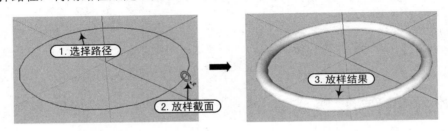

图 4-75

（3）自动沿某个面为路径放样

以球体进行讲解，首先绘制两个互相垂直且同样大小的圆，然后选择其中一个圆平面为路径，再激活路径跟随工具🌀，单击另一个圆面为截面，该截面将自动沿路径平面的边线进行挤压，如图 4-76 所示。

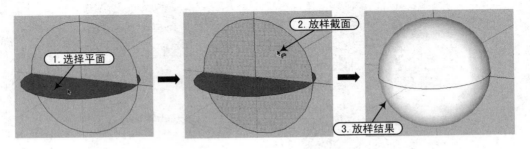

图 4-76

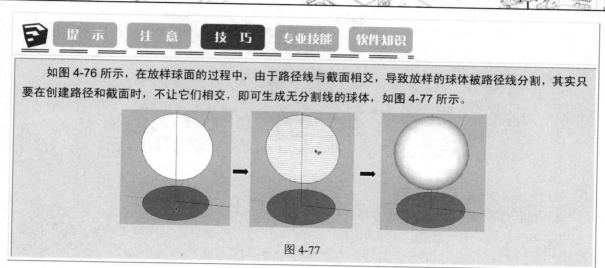

　　如图 4-76 所示，在放样球面的过程中，由于路径线与截面相交，导致放样的球体被路径线分割，其实只要在创建路径和截面时，不让它们相交，即可生成无分割线的球体，如图 4-77 所示。

图 4-77

实战训练——绘制碗盆

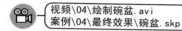

视频\04\绘制碗盆.avi
案例\04\最终效果\碗盆.skp

　　学习了路径跟随工具后，创建回转体更为方便。下面以第 3 章创建的"碗盆"为实例，讲解其另一种绘制方法，其操作步骤如下。

　　1）运行 SketchUp 2018，执行圆命令（C），绘制一个半径为 90mm 的圆，如图 4-78 所示。

　　2）执行矩形命令（R），过圆心绘制一个与圆垂直的矩形参考面，如图 4-79 所示。

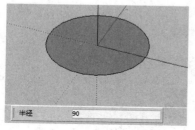

图 4-78

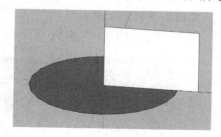

图 4-79

　　3）执行直线命令（L），在参考平面上绘制出碗的截面轮廓，如图 4-80 所示。

　　4）执行擦除命令（E），删除多余的面和线，如图 4-81 所示。

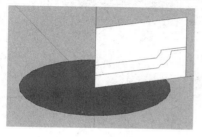

图 4-80

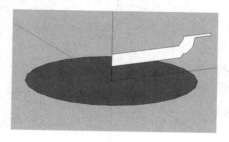

图 4-81

5）用空格键选择圆平面，然后使用路径跟随工具 单击截面，进行自动放样如图 4-82 所示。

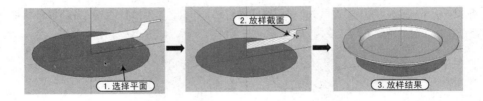

图 4-82

6）执行擦除命令（E），将作为路径的圆平面删除。

7）单击材质工具按钮 ，通过"材料"面板，对碗的内外壁填充 C01 颜色材质，如图 4-83 所示。

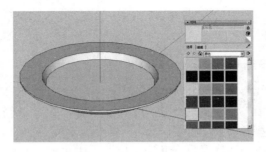

图 4-83

8）在"材料"面板中，单击创建材质按钮 ，则弹出"创建材质"窗口，找到本书"案例\04"路径下的素材图片，如图 4-84 所示添加贴图纹理。

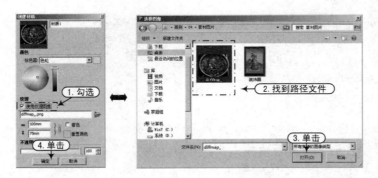

图 4-84

9）添加材质后，单击"使用材质"按钮，然后在需要添加材质的面上单击，完成材质的赋予，如图 4-85 所示。

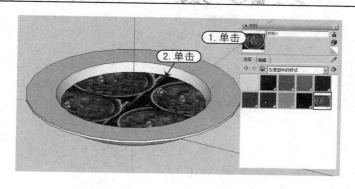

图 4-85

10）该材质贴图的大小不适合当前的平面，那么用空格键选择该平面，右击鼠标，选择"纹理 | 位置"选项，如图 4-86 所示。

11）操作后，物体的贴图以透明方式显示，并且在贴图上会出现 4 个彩色的控制别针，按住并拖动"缩放旋转"别针，将贴图放大，通过移动别针调整贴图的位置，如图 4-87 所示。

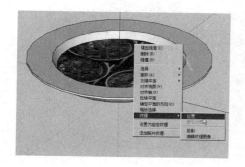

图 4-86

图 4-87

12）完成后，在外侧单击以退出贴图的编辑，贴图效果如图 4-88 所示。

13）按 Ctrl+A 键全选图形，通过右键快捷菜单执行"柔化/平滑边线"命令，在弹出的"柔化边线"对话框中，对图形进行边线进行柔化，完成的最终效果如图 4-89 所示。

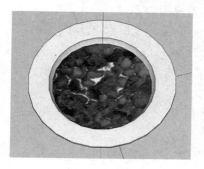

图 4-88

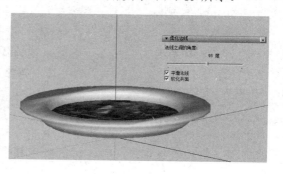

图 4-89

4.7　偏移工具

　　使用偏移工具  可以对表面或一组共面的线进行偏移复制，用户可以将对象偏移复制到内侧或外侧，偏移之后会产生新的表面。

　　选择要偏移的面，然后激活偏移工具 在所选表面的任意边上单击，再移动鼠标来定义偏移的距离（或输入偏移值，若输入一个负值，那么将往反方向偏移），如图 4-90 所示。

> | 提　示 | 注　意 | **技　巧** | 专业技能 | 软件知识 |
>
> 　　线的偏移方法和面的偏移方法大致相同，唯一需要注意的是，选择线的时候必须选择两条以上相连的线，并且所有的线必须处于同一平面上，如图 4-91 所示。
>
> 　　使用偏移工具一次只能偏移一个面或一组共面的线。

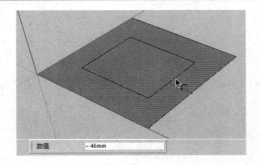

图 4-90

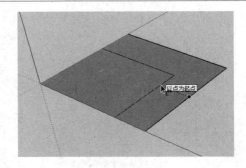

图 4-91

实战训练——装饰画框的制作

> 视频\04\制作装饰画框.avi
> 案例\04\最终效果\装饰画框.skp

　　下面以实例的方式拓展偏移工具在制作模型时的应用，其操作步骤如下。

　　1）运行 SketchUp 2018，单击前视图按钮 ，以切换视图。

　　2）执行"文件 | 导入"菜单命令，弹出"导入"对话框，找到本书素材文件"案例\04\素材图片\装饰画"，然后单击"导入"按钮，如图 4-92 所示。

　　3）鼠标上附着该图片，捕捉到坐标原点并单击，然后拖动鼠标到适当位置单击，以插入该图片，如图 4-93 所示。

　　4）右击图片，在弹出的快捷菜单中，选择"炸开模型"项，将图片分解成基本体，如图 4-94 所示。

　　5）选择面，执行偏移命令（F），将其向外偏移 15mm，如图 4-95 所示。

图 4-92

图 4-93

图 4-94

图 4-95

当插入的图片被分解成基本体后，对其进行编辑将看不到该图片，那么图片去哪里了？

该图片默认被作为"材质"贴图纹理，在"材质"编辑器中的"模型中材质"将会看到该贴图。

6）用空格键选择轮廓面，执行推拉命令（P），将其向前推拉出 25mm 的厚度，如图 4-96 所示。

7）单击材质按钮，在"材料"面板中再单击"在模型中的样式"按钮，则显示出该图形中使用的所有材质，将"装饰画"材质赋予画框平面，如图 4-97 所示。

图 4-96

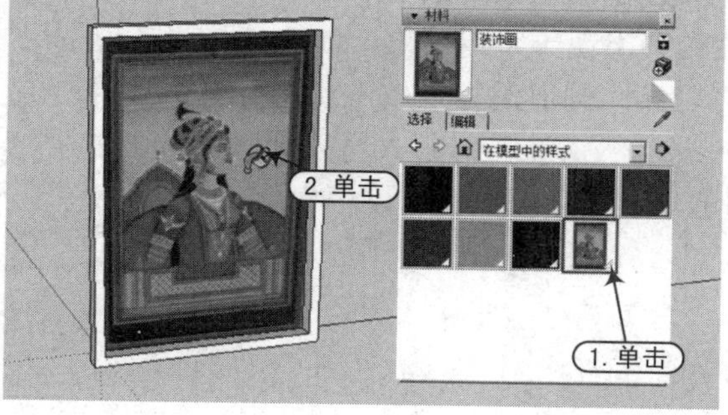

图 4-97

8）然后对画框架添加一个颜色材质，完成的最终效果如图 4-98 所示。

图 4-98

4.8 卷尺工具

通过前面章节的学习，读者对卷尺工具 ![icon] 的功能也有一定的了解。使用卷尺工具 ![icon] 可以执行一系列与尺寸相关的操作：包括测量两点间的距离、绘制辅助线以及缩放整个模型。下面对这些功能进行详细介绍。

（1）测量两点间的距离

激活卷尺工具 ![icon]（快捷键 T），然后拾取一点作为测量的起点，此时拖动鼠标会出现一条类似参考线的"测量带"，其颜色会随着平行的坐标轴而变化，并且数值控制框会实时显示"测量带"的长度，再次单击拾取测量的终点后，测量得的距离会显示在数值控制框中，如图 4-99 所示。

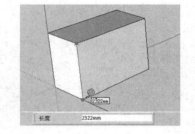

图 4-99

（2）全局缩放

使用卷尺工具 ![icon] 可以对模型进行全局缩放，这个功能非常实用。

激活卷尺工具 ![icon]，选择一条作为缩放依据的线段，并单击该线段的两个端点进行量取，此时数值框会显示出这条线段的长度值（如 100），输入一个目标长度值（如 500），然后回车键确认，此时会出现一个对话框，提示是否调整模型尺寸，单击"是"按钮，此时模型中所有的物体都将以该比例值进行缩放，如图 4-100 所示。

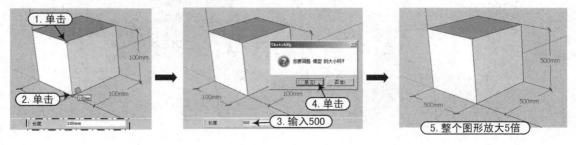

图 4-100

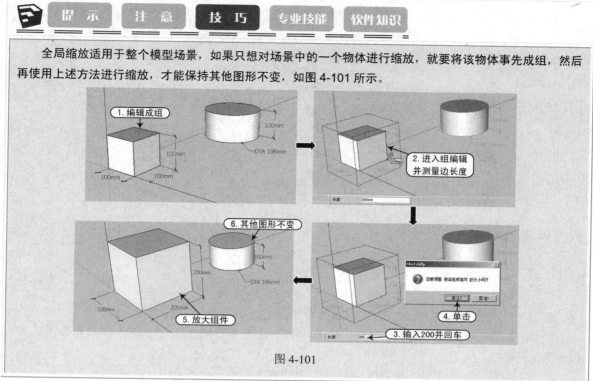

提　示　　注　意　　技　巧　　专业技能　　软件知识

全局缩放适用于整个模型场景，如果只想对场景中的一个物体进行缩放，就要将该物体事先成组，然后再使用上述方法进行缩放，才能保持其他图形不变，如图 4-101 所示。

图 4-101

（3）绘制辅助线

使用卷尺工具 可以绘制出精确距离的辅助线，而且辅助线是无限延长的，这对于精确建模非常有用。

激活卷尺工具 ，然后在边线上单击拾取一点作为参考点，此时在光标上会出现一条辅助线随着光标移动，同时鼠标上会显示辅助线与参考点之间的距离，单击鼠标左键（或输入数值），即可绘制一条辅助线，如图 4-102 所示。

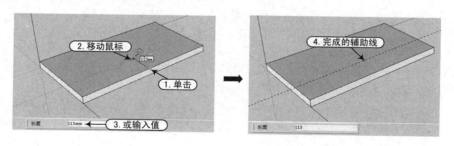

图 4-102

提　示　　注　意　　技　巧　　专业技能　　软件知识

在使用卷尺工具 时，结合 Ctrl 键进行操作，就可以只"测量"而不产生线。

激活卷尺工具 后，直接在某条线段上双击鼠标左键，即可绘制一条与该线段重合又无限延长的辅助线，如图 4-103 所示。

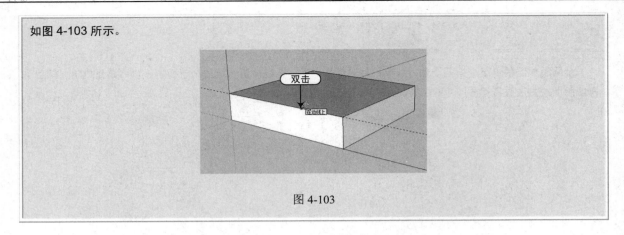

图 4-103

实战训练——绘制卧室一角

视频\04\绘制卧室一角.avi
案例\04\最终效果\卧室一角.skp

学习了卷尺工具的使用功能后，下面结合实例进行巩固练习，其操作步骤如下。

1）运行 SketchUp 2018，执行矩形命令（R），从原点绘制边长为 4000mm 的正方形，如图 4-104 所示。

2）执行推拉命令（P），将其向上推拉出 4000mm 的高度，如图 4-105 所示。

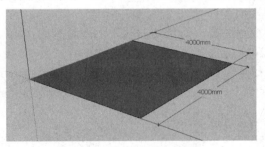

图 4-104

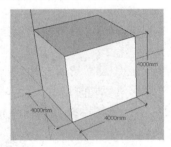

图 4-105

3）执行擦除命令（E），删除前、右和上侧的平面及多余的边线，如图 4-106 所示。

4）在内侧平面上右击，反转平面效果，如图 4-107 所示。

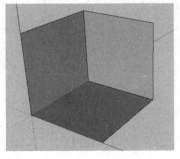

图 4-106

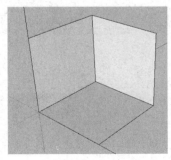

图 4-107

5）执行卷尺命令（T），单击底面边线作为参考点向上拖动鼠标，然后输入1100并回车，绘制一条辅助线，如图4-108所示。

6）再单击创建的辅助线作为参考点，继续向上拖动，输入500并回车，如图4-109所示绘制一条与原辅助线相距500mm的辅助线。

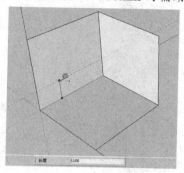

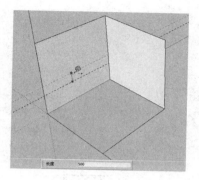

图4-108   图4-109

7）执行直线命令（L），沿着辅助线绘制平行的直线，如图4-110所示。

8）执行擦除命令（E），将辅助线删除掉；再单击材质按钮，对墙体进行材质颜色的填充，如图4-111所示。

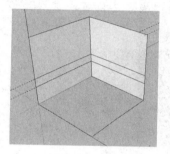

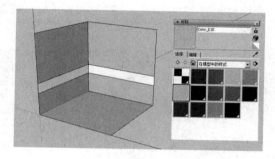

图4-110   图4-111

9）然后选择一个"几何图块"材质，对平行线内的面进行填充装饰墙面效果，如图4-112所示。

10）执行"窗口｜组件"菜单命令，弹出"组件"窗口，在其中选择一个"床"模型，然后在图形中相应位置处单击以插入，如图4-113所示。

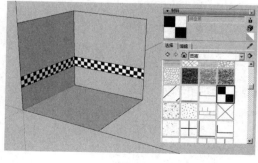

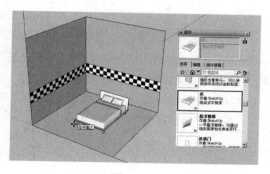

图4-112   图4-113

121

11）双击"床"模型，以进入其组编辑状态，再执行卷尺命令（T），量取前侧边线的长度（测量显示 1486mm），然后输入 1800 并回车，则弹出警告提示对话框，单击"是"按钮，则床的宽度变成 1800mm，如图 4-114 所示。

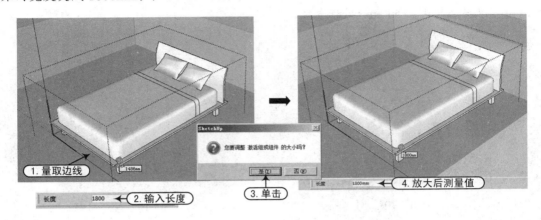

图 4-114

12）单击材质按钮，在组件编辑中，对床进行相应材质的赋予，如图 4-115 所示。

13）然后退出组编辑，通过移动命令（M）将床移动到相应的位置，完成的最终效果如图 4-116 所示。

 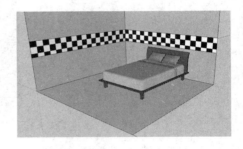

图 4-115   图 4-116

提示   注意   技巧   专业技能   软件知识

管理辅助线

使用卷尺工具绘制平行的辅助线；使用量角器工具绘制带有角度的辅助线。

眼花缭乱的辅助线有时候会影响视线，从而产生负面影响，此时可通过执行"编辑｜删除参考线"菜单命令，删除所有的辅助线，如图 4-117 所示。

辅助线的颜色可以通过"风格"面板进行设置，在"编辑"选项下选择"建筑设置"面板，单击"参考线"后面的颜色色块进行调整，如图 4-118 所示。

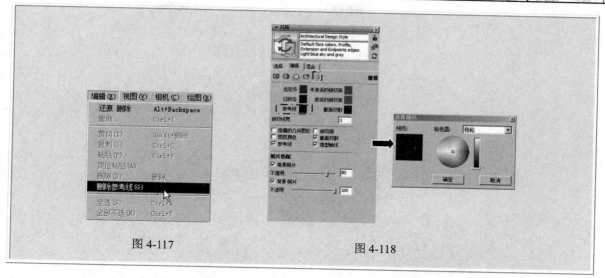

图 4-117　　　　　　　　　　　　　　图 4-118

4.9　量角器工具

量角器工具 ⊘ 可以测量角度和绘制辅助线，其主要功能介绍如下。

（1）测量角度

激活量角器工具 ⊘ 后，在视图中会出现一个圆形的量角器，鼠标光标指向的位置就是量角器的中心位置。

在场景中移动光标时，量角器会根据坐标轴（视图变化）和几何体而改变自身定位方向，出现不同颜色的量角器，当量角器对齐"红/绿（XY）轴"平面时，颜色为蓝色（以缺少的轴的颜色显示）；对齐"红/蓝（XZ）轴"平面时，量角器颜色为绿色；对齐"绿/蓝（YZ）轴"平面时，显示为红色量角器，如图 4-119 所示。用户可以按住 Shift 键将量角器锁定在相应的平面上。

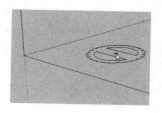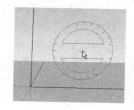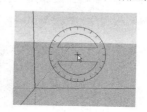

图 4-119

在测量角度时，将量角器的中心设在角的顶点上，然后将量角器的基线对齐到测量的起始边线上，接着再拖动鼠标旋转量角器，捕捉要测量角度的第二条边上，此时光标上会出现一条绕量角器旋转的辅助线，捕捉到测量角的第二条边后，测量的角度值会显示在数值框中，如图 4-120 所示。

（2）创建角度辅助线

激活量角器工具 ⊘，然后捕捉并单击辅助线将经过的角的顶点，接着在已有的线段或边线上单击，移动光标，则光标上出现新的辅助线，在需要的位置单击则创建辅助线，并在数值框中动态显示该角度值，如图 4-121 所示。

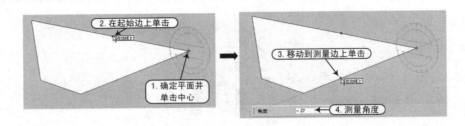

图 4-120

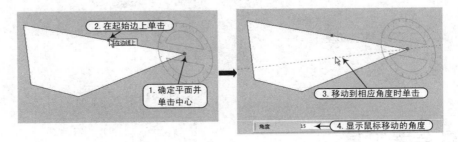

图 4-121

　　角度可以通过数值控制框输入，输入的值可以是角度（如 15°），也可以是角的斜率（角的正切，如 1:6）；输入负值表示将往当前鼠标指定方向的反方向创建辅助线；在进行其他操作之前可以持续输入数值修改角度。

实战训练——绘制躺椅龙骨架

　　视频\04\绘制躺椅龙骨架.avi
　　案例\04\最终效果\躺椅龙骨架.skp

　　学习了量角器工具的使用功能，下面结合实例进行巩固练习，其操作步骤如下。

　　1）运行 SketchUp 2018，执行"相机|平行投影"菜单命令，切换成正角投影角；再单击"前视图"按钮，切换到前视图显示。

　　2）执行矩形命令（R），绘制 1452mm×656mm 的矩形，如图 4-122 所示。

　　3）执行卷尺命令（T），绘制相应的辅助线，如图 4-123 所示。

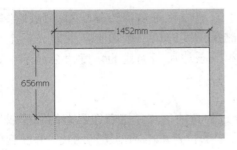

图 4-122

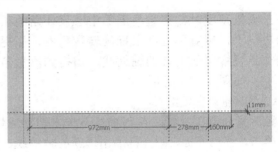

图 4-123

4）单击量角器工具 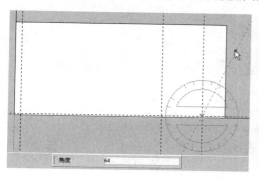，单击右侧的辅助线相交点为中心，然后在水平辅助线边上指定点，鼠标向上拖动，输入角度值为 64 并回车，绘制一条 64° 的辅助线，如图 4-124 所示。

5）用同样方法，绘制相应的角度辅助线，如图 4-125 所示。

图 4-124

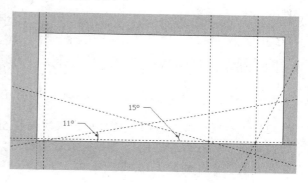

图 4-125

6）执行直线命令（L），捕捉辅助线交点绘制连接线，如图 4-126 所示。

7）执行"编辑｜删除参考线"菜单命令，将所有辅助线删除掉，如图 4-127 所示。

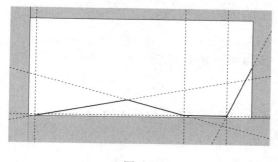

图 4-126

图 4-127

8）再执行卷尺命令（T），绘制相应的辅助直线，如图 4-128 所示。

9）再使用量角器工具 ，以相应的交点绘制角度辅助线，如图 4-129 所示。

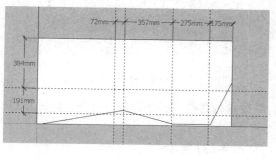

图 4-128

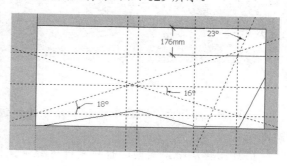

图 4-129

10）执行直线命令（L），绘制连接线，如图 4-130 所示。

11）执行"编辑｜删除参考线"菜单命令，将所有辅助线删除，如图 4-131 所示。

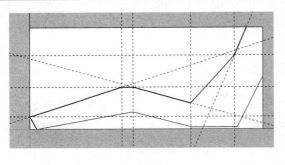

图 4-130

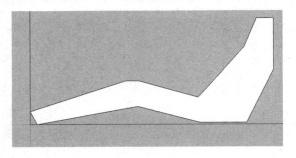

图 4-131

12）执行偏移命令（F），将面向内依次偏移 5mm 和 50mm，如图 4-132 所示。

13）执行擦除命令（E），将相应的线条删除；再执行卷尺命令（T），向上绘制辅助线并以直线连接交点，如图 4-133 所示。

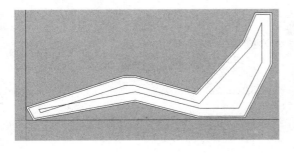

图 4-132

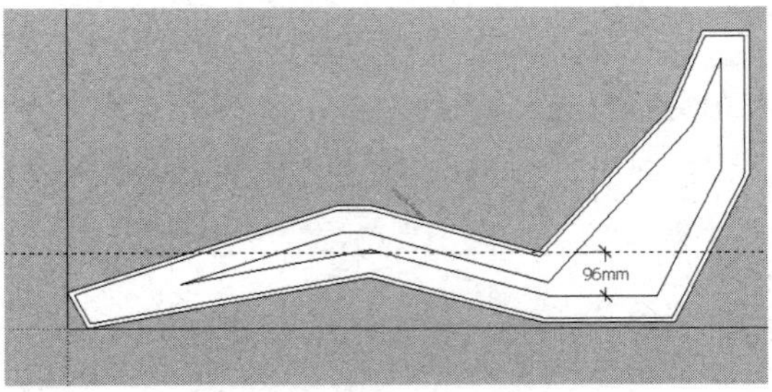

图 4-133

14）执行擦除命令（E），将辅助线和相交处多余的线条删除，如图 4-134 所示。

15）再将最里侧的面删除，如图 4-135 所示。

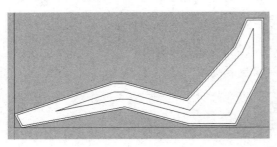

图 4-134

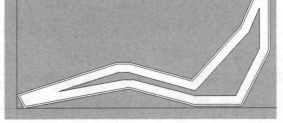

图 4-135

16）双击外侧面，以选中该面和相应的边线，然后右击选择"创建群组"命令，如图 4-136 所示。

17）同样双击内侧面，也将其进行群组操作，如图 4-137 所示。

18）双击进入内侧面的组编辑，执行推拉命令（P），将面向前推拉 60mm，如图 4-138 所示。

19）然后选择该组，执行移动命令（M），结合 Ctrl 键，将其向前以绿轴复制 540mm 的距离，如图 4-139 所示。

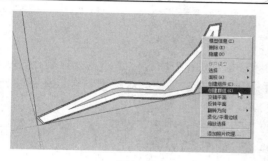

图 4-136

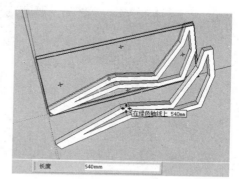

图 4-137

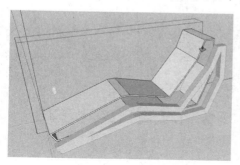

图 4-138

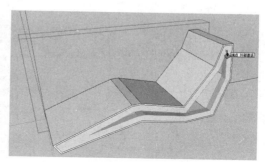

图 4-139

20）再双击进入外侧的组编辑，执行推拉命令（P），将该面向前推拉，移动鼠标捕捉到前侧平面相应的点时单击，以限制推拉到该平面上，如图 4-140 所示。

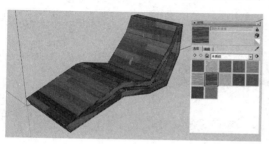

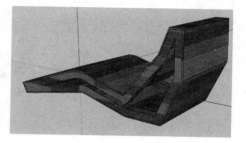

图 4-140

21）单击材质工具，为图形添加相应的木材质，完成的最终效果如图 4-141 所示。

图 4-141

4.10 尺寸标注工具

尺寸标注工具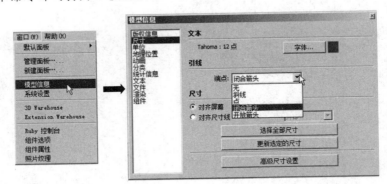可以对模型进行尺寸标注。在 SketchUp 中适合标注的点包括端点、中点、边线上的点、交点以及圆或圆弧的圆心。在进行标注时，有时需要旋转模型结合以让标注处于需要表达的平面上。

尺寸标注的样式可在"模型信息"管理器的"尺寸"面板中进行设置。通过执行"窗口｜模型信息"菜单命令即可打开"模型信息"管理器，如图 4-142 所示。

图 4-142

在引线的端点栏，提供了多种标注端点的样式以供选择，建筑制图规定，长度标准端点样式为"斜线"，而"直径"和"半径"标准端点样式为"闭合箭头"，各种样式对比如图 4-143 所示。

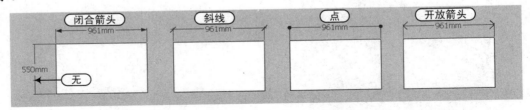

图 4-143

（1）标注线段

激活尺寸标注工具，然后依次单击线段两个端点，接着移动鼠标拖曳一定距离，再单击以确定标注放置的位置，如图 4-144 所示。

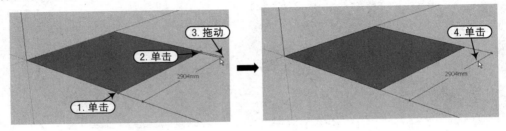

图 4-144

（2）标注直径

激活尺寸标注工具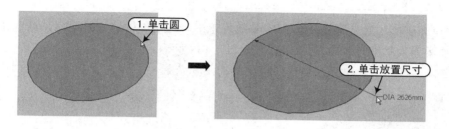，然后单击要标注的圆，接着移动鼠标拖曳出标注，再单击确定标注放置的位置，如图 4-145 所示。

图 4-145

（3）标注半径

激活尺寸标注工具，然后单击要标注的圆弧，接着移动鼠标确定标注的位置，如图 4-146 所示。

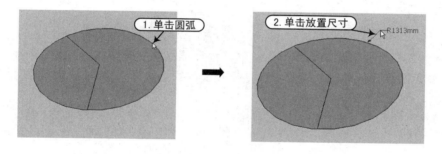

图 4-146

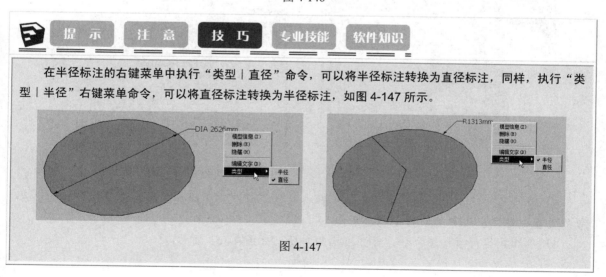

在半径标注的右键菜单中执行"类型｜直径"命令，可以将半径标注转换为直径标注，同样，执行"类型｜半径"右键菜单命令，可以将直径标注转换为半径标注，如图 4-147 所示。

图 4-147

实战训练——标注异型床

视频\04\标注异型床.avi
案例\04\最终效果\标注好的异型床.skp ----------------------------HH⊙

学习了尺寸标注工具的使用功能，下面结合实例进行巩固练习，其操作步骤如下。

1）打开案例素材文件"异型床.skp"，如图 4-148 所示。

2）在样式工具栏单击单色显示按钮，将图形以最简单的正反面显示，如图 4-149 所示。

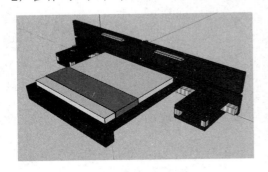

图 4-148

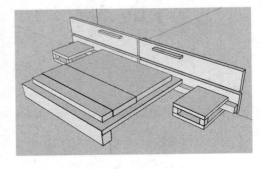

图 4-149

3）在标注图形之前需要调整图形的单位。执行"窗口 | 模型信息"菜单命令，打开"模型信息"窗口，切换到"单位"面板中，选择长度单位格式为"十进制"，单位为"mm"，精确度为"0.0"，如图 4-150 所示。

4）再切换到"尺寸"面板中，设置引线端点样式为"斜线"，如图 4-151 所示。设置好后关闭该窗口。

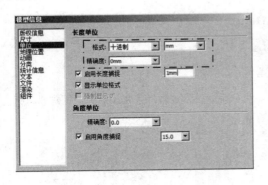

图 4-150

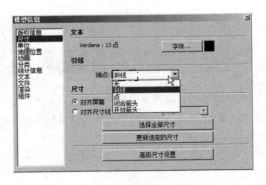

图 4-151

5）激活尺寸标注工具，鼠标变成选择状态，拾取床尾边线，然后拖动并指定尺寸放置的位置，标注出床宽，如图 4-152 所示。

6）继续执行尺寸标注命令，标注出床的深度，如图 4-153 所示。

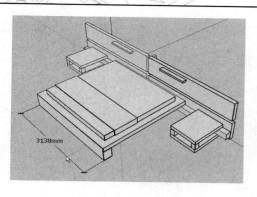

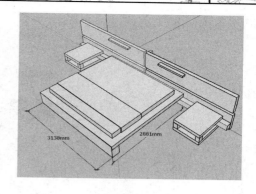

图 4-152　　　　　　　　　　　　　　　　图 4-153

7）用同样的方法标注出其他位置的尺寸，如图 4-154 所示。

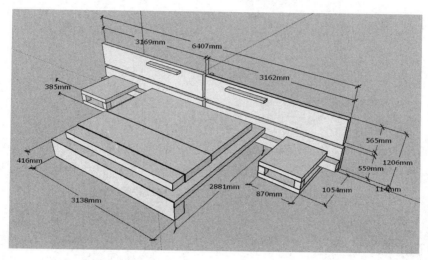

图 4-154

8）在"114mm"尺寸标注上右击，然后在快捷菜单中执行"文字位置 | 外部结束"命令，以改变其文字的位置，如图 4-155 所示。

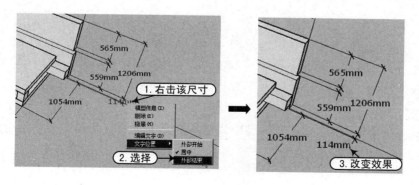

图 4-155

9）然后单击"显示材质贴图"按钮，完成图形尺寸标注的最终效果如图 4-156 所示。

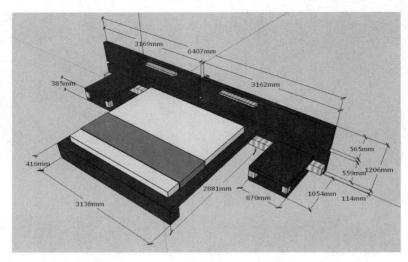

图 4-156

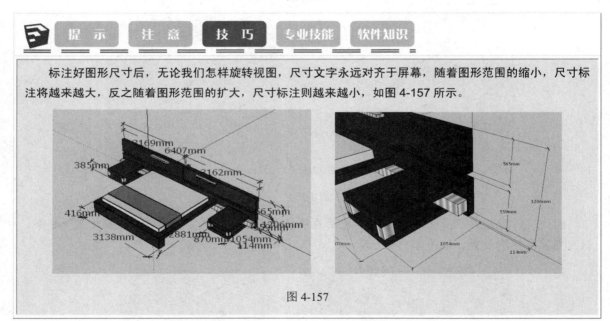

标注好图形尺寸后，无论我们怎样旋转视图，尺寸文字永远对齐于屏幕，随着图形范围的缩小，尺寸标注将越来越大，反之随着图形范围的扩大，尺寸标注则越来越小，如图 4-157 所示。

图 4-157

4.11　文字工具

文字标注工具用来插入文字到模型中，插入的文字主要有两类，分别是引注文字和屏幕文字。

在"模型信息"管理器的"文本"面板中可以设置文字和引线的样式，包括引线文字、引线端点、字体类型和颜色等，如图 4-158 所示。

（1）引注文字

激活文字标注工具，然后在实体（表面、边线、端点、组件、群组等）上单击，以指定引线的位置，接着鼠标拖曳出引线，在合适位置单击确定文本框的位置，最后在文本框中输入注释文字，如图 4-159 所示。

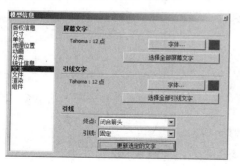

图 4-158

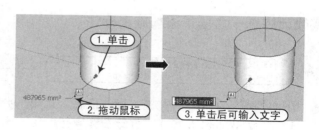

图 4-159

使用文字标注工具，在不同的位置单击，标注出的信息也不同。如在平面上单击，标注出的默认文本为面积（显示平方）；在端点上单击，标注出的是该点的三维坐标值。用户可按需要保持该默认值或者输入新的文本内容。

输入文字后，按两次回车键，或者在外侧空白处单击即可完成。按 Esc 键可以取消操作。

文字也可以不需要引线而直接放置在实体上，只需在要插入文字的实体上双击即可，引线将被自动隐藏，如图 4-160 所示。

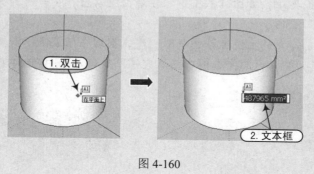

图 4-160

（2）屏幕文字

激活文字标注工具，在屏幕的空白处单击，接着在弹出的文本框中输入注释文字，最后在外侧单击完成输入，如图 4-161 所示。

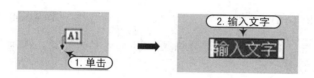

图 4-161

（3）文字的编辑

屏幕文字在屏幕上的位置是固定的，不受视图改变的影响。另外，在已经编辑好的文字上双击即可重新编辑文字，也可以在文字的右键菜单中执行"编辑文字"命令。

实战训练——为场景添加施工标注

视频\04\为场景添加施工标注.avi
案例\04\最终效果\施工标注效果.skp

下面为场景 2 添加一些施工标注信息，其操作步骤如下。

1）运行 SketchUp 2018，打开案例素材文件"场景 2.skp"，如图 4-162 所示。

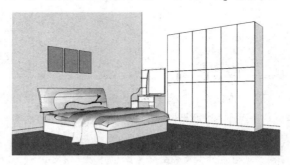

图 4-162

2）激活文字标注工具，如图 4-163 所示在墙面上双击，在弹出的文本框中输入文字内容"贴花色墙纸"。

3）然后在外侧单击，完成上步屏幕文字的创建；继续在床上方的长方体表面上单击，鼠标向右上方拖动并单击，在弹出的文本框中输入文字"装饰画"，如图 4-164 所示。

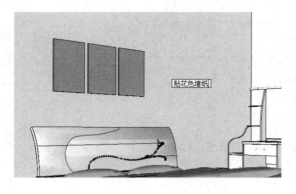

图 4-163

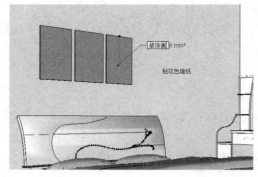

图 4-164

4）然后在外侧单击，完成上一步"装饰画"引注文字的创建。用同样的方法再标注其他位置，效果如图 4-165 所示。

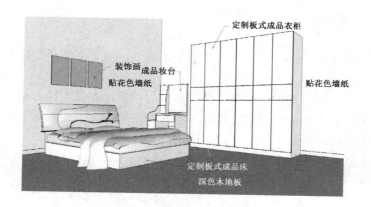

图 4-165

5）用空格键结合 Ctrl 键，连续选择地面上的两个标注，然后执行"窗口｜模型信息"菜单命令，在"文本"面板中，分别将"屏幕文字"和"引线文字"的字体颜色改成"白色"，然后单击"更新选定的文字"按钮，如图 4-166 所示。

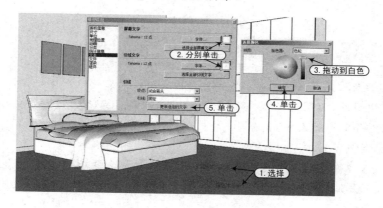

图 4-166

6）通过上一步的操作，就能清楚地看到地面上的文字，完成的最终效果如图 4-167 所示。

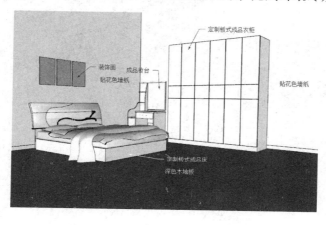

图 4-167

4.12 三维文字

三维文字工具是从 SketchUp 6.0 开始新增的功能，该工具广泛应用于广告、Logo、雕塑文字设计等。

激活三维文字工具，弹出"放置三维文本"对话框，在其中输入相应文字内容，以及设置好文字的样式，然后单击"放置"按钮，即可将文字拖放至合适的位置时单击，生成的文字自动成组，如图 4-168 所示。

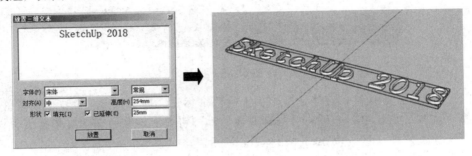

图 4-168

文字样式设置的讲解：

（1）在"放置三维文本"对话框中，"对齐"方式下有"左/中/右"选项，用于确定插入点的位置，表示该插入点是在文字的左下角/中间/右下角的位置。

（2）"高度"指文字的大小。

（3）"已延伸"指文字被挤出带有厚度的实体，在其后面的数值输入框可控制挤出的厚度。

（4）勾选"填充"选项，能使文字生成为面对象；如果不勾选"填充"选项，生成的文字只有轮廓线，线是不能挤出厚度的，因此不勾选"填充"选项，其后面的"已延伸"选项也不可用，如图 4-169 所示。

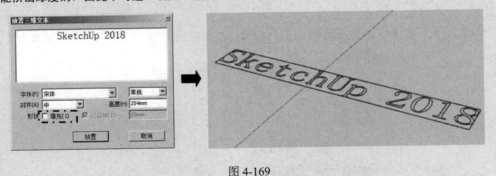

图 4-169

实战训练——为服装店添加 Logo

视频\04\为服装店添加Logo.avi
案例\04\素材文件\服装店.skp

下面以某服装店为实例，详细讲解为服装店添加店招牌的方法，其操作步骤如下。

1）运行 SketchUp 2018，打开案例素材文件"服装店.SKP"，如图 4-170 所示。

2）单击三维文字工具 ，弹出"放置三维文本"对话框，在其中输入相应文字内容，并设置其字体为"汉仪雪君体繁"，居中对齐，高度为 35cm，延伸 5cm，设置好后单击"放置"按钮，如图 4-171 所示。

图 4-170　　　　　　　　　　　　图 4-171

3）然后鼠标移动到门头玻璃平面上，捕捉下侧边上的中点，然后向上移动到合适的位置并单击，如图 4-172 所示插入三维文字。

图 4-172

4）单击材质按钮 ，为三维文字设置一个红色材质，如图 4-173 所示。

图 4-173

5）执行缩放命令（S），结合 Ctrl 键，将文本以中心进行相应的放大处理，完成的最终效果，如图 4-174 所示。

图 4-174

4.13 剖切面工具

使用截面工具，可以方便地为场景物体取得剖面效果。执行"视图｜工具栏｜截面"菜单命令可调出截面工具栏，其工具栏共有 3 个工具按钮，分别为"剖切面"工具 、"显示剖切面"工具 和"显示剖面切割"工具 ，如图 4-175 所示。

图 4-175

● 剖切面工具 ：用于创建剖面。

激活剖切面工具 ，此时光标处会出现一个剖切面符号，移动光标到几何体上，剖切面会自动对齐到所在表面上，然后单击以放置该剖切面符号，剖切图形效果如图 4-176 所示。

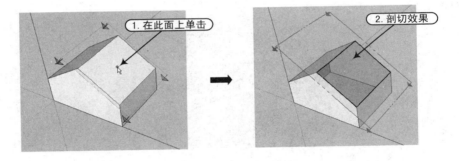

图 4-176

在创建对齐的剖切面时，按住 Shift 键可以锁定在当前选择的平面上，绘制与该平面平行的剖切平面。

● 显示剖切面工具 ：该工具用于快速显示和隐藏所有的剖切面符号，如图 4-177 所示。

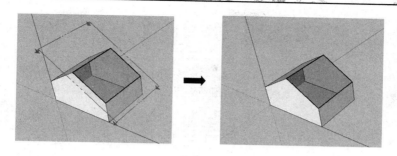

图 4-177

在剖面符号上右击，在弹出的菜单中选择"隐藏"选项，同样可以对剖面符号进行隐藏。但使用该命令后，若要恢复剖面符号的显示，只能通过"编辑│取消隐藏"菜单命令来执行。

● 显示剖面切割工具 ：用于在剖切视图和完整模型视图之间切换，如图 4-178 所示。

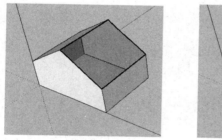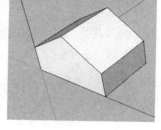

图 4-178

（1）活动剖面

在同一个模型中存在多个剖面时，默认以最后创建的剖面为活动剖面，其他剖面会自动淡化。

在 SketchUp 2018 中只能有一个剖面能处于当前激活状态，而且新添加的剖切面自动成为当前激活剖面，其剖面符号有颜色显示（默认为橙色），淡化掉的剖切面变灰，而且切割面消失，如图 4-179 所示。

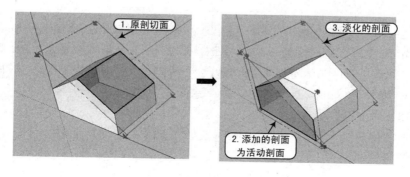

图 4-179

　　由图 4-179 所示，默认的激活剖面颜色为橙色，不活动剖面颜色为灰色，切割边的颜色为黑色；用户可以在"风格"面板中的"建筑设置"面板中对这些颜色进行调整，如图 4-180 所示。

图 4-180

　　用户也可以根据绘图需要来激活相应的剖面：一是使用选择工具 在需要的剖面上双击；二是在剖面上单击鼠标右键，在弹出的菜单中执行"显示剖切"命令，如图 4-181 所示。

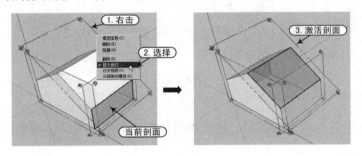

图 4-181

　　虽然一次只能激活一个剖面，但是群组和组件相当于"模型中的模型"，在它们内部还可以有各自的激活剖面。例如一个组里还嵌套了两个带剖切面的组，并且分别具有不同的剖切方向，再加上这个组的一个剖面，那么在这个模型中就能对该组同时进行 3 个方向的剖切，也就是说，剖切面能作用于它所在的模型等级（包括整个模型、组合嵌套组等）中的所有几何体。

　　（2）移动和旋转剖面

　　与编辑其他实体一样，使用移动工具 和旋转工具 可以对剖面进行移动和旋转操作，以得到不同的剖切效果。

在移动和旋转剖面时，首先使用选择工具 选择剖切符号，然后指定相应点进行移动和旋转操作，如图 4-182 和图 4-183 所示。

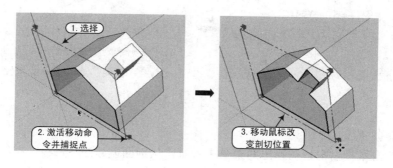

图 4-182

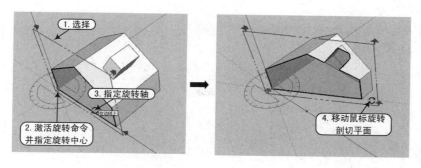

图 4-183

（3）翻转剖切方向

在剖切面上单击鼠标右键，然后在弹出的菜单中执行"翻转"命令，可以翻转剖切的方向，如图 4-184 所示。

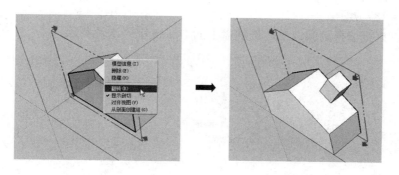

图 4-184

（4）将剖面对齐到视图

在剖面上单击鼠标右键，在弹出的菜单中执行"对齐视图"命令，此时剖面对齐到屏幕，显示为一点透视的剖面或正视平面剖面，如图 4-185 所示。

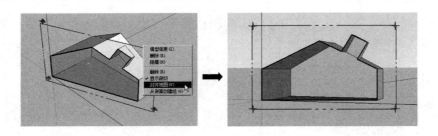

图 4-185

（5）从剖面创建组

在剖面上单击鼠标右键，在弹出的菜单中执行"从剖面创建组"命令，在剖面与模型的表面相交位置会产生新的边线，并封装在一个组中。从剖切口创建的组可以被移动，也可以被炸开，如图 4-186 所示。

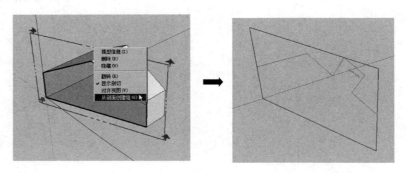

图 4-186

（6）剖面的删除

在剖面上单击鼠标右键，在弹出的菜单中执行"删除"命令，即可将模型中的相应剖面进行删除，如图 4-187 所示。

同样也可以直接选择剖面，然后按键盘上的 Delete 键一次性删除。

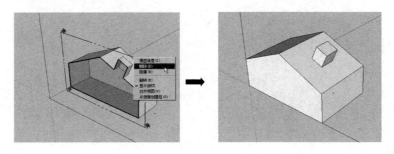

图 4-187

实战训练——导出剖面为二维图像

视频\04\导出剖面为二维图像.avi
案例\04\素材文件\小木屋.skp

SketchUp 的剖面可以导出为以下两种类型文件。

- 将剖切视图导出为光栅图像文件。只要模型视图中有激活的剖切面，任何光栅图像导出都会包括剖切效果。
- 将剖面导出为 DWG 和 DXF 格式的文件，这两种格式的文件可以直接应用于 AutoCAD 软件中。

下面主要针对 SketchUp 导出剖面为二维图像的方法进行详细讲解，其操作步骤如下。

1）运行 SketchUp 2018，打开案例素材"小木屋.SKP"，如图 4-188 所示。

2）单击剖切面工具⬦，鼠标在地面空白处时按住 Shift 键，以锁定该平面方向，如图 4-189 所示。

图 4-188　　　　　　　　　　　　图 4-189

3）然后鼠标移动到房屋顶端，随意单击一点以确定该剖切面，如图 4-190 所示。

图 4-190

4）用鼠标选择该剖面，执行移动命令（M），将其向下以蓝色轴进行移动，对阁楼层进行剖切，如图 4-191 所示。

5）执行"文件｜导出｜二维图形"菜单命令，如图 4-192 所示。

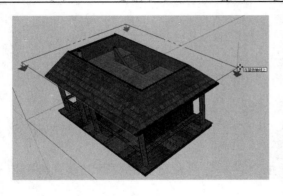

图 4-191 图 4-192

6）随后弹出"输出二维图形"对话框，设置相应的保存路径（在这里笔者保存到"案例\04\最终效果"文件夹下，方便读者对照），在"输出类型"列表中选择 jpg 格式，输入相应的名称，然后单击"导出"按钮，如图 4-193 所示。

7）导出以后，在保存的路径下打开这个"小木屋-阁楼.jpg"文件，效果如图 4-194 所示。

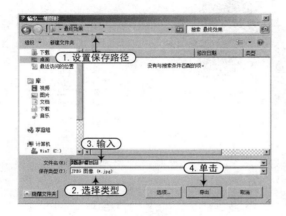

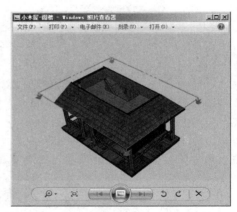

图 4-193 图 4-194

由图 4-194 可看出导出的"jpg"格式图片中也有剖面符号，即剖面符号同样可被导出到二维图像；如不需要该剖面符号，可事先在 SketchUp 中，将其进行隐藏。

8）返回到 SketchUp 中，再使用鼠标选择剖面，执行移动命令（M），将其继续向下移动，以剖切到底层中间位置，如图 4-195 所示。

9）再执行"文件｜导出｜二维图形"菜单命令，根据前面导出 jpg 图形的方法，将创建的剖视图导出为"小木屋-底层.jpg"二维图像。

10）然后在保存的路径下打开这个"小木屋-底层.jpg"文件，效果如图 4-196 所示。

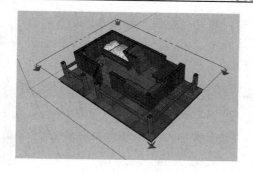

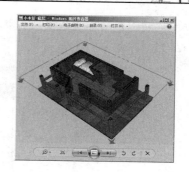

图 4-195　　　　　　　　　　　　　图 4-196

实战训练——导出剖面为 AutoCAD 图形

视频\04\导出剖面为AutoCAD图形.avi
案例\04\最终效果\小木屋.dwg

下面主要针对 SketchUp 导出剖面为 AutoCAD 图形的方法进行详细讲解,其操作步骤如下。

1) 接着上一实例,使剖切符号保持在底层剖切的状态进行讲解,如图 4-197 所示。

2) 执行"文件 | 导出 | 剖面"菜单命令,如图 4-198 所示。

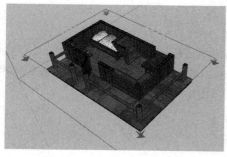

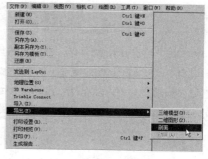

图 4-197　　　　　　　　　　　　　图 4-198

3) 随后弹出"输出二维剖面"对话框,设置相应的保存路径、名称,设置保存类型为 dwg 格式文件,然后单击"选项"按钮,在弹出的"二维剖面选项"中,选择"正截面",再单击"确定"和"导出"按钮,如图 4-199 所示。

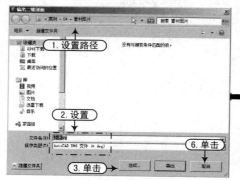

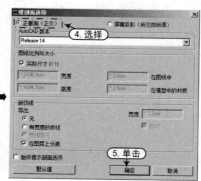

图 4-199

4）导出成功后，将弹出提示对话框，单击"确定"按钮，如图 4-200 所示。

5）然后到该路径下，双击导出的"小木屋.dwg"文件，在 AutoCAD 中打开的效果如图 4-201 所示。

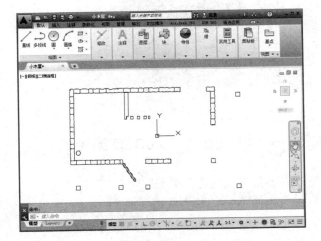

图 4-200   图 4-201

在 SketchUp 中导出 dwg 文件后，在保存路径下该文件的图标上有 DWG 字样，如图 4-202 所示。在确保电脑上安装有 AutoCAD 软件的情况下，双击该文件就可以进行打开，并弹出"打开-外来 DWG 文件"警告提示，选择"继续打开 DWG 文件"即可打开该图形，如图 4-203 所示。

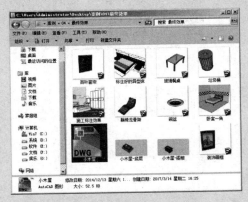

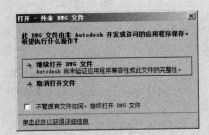

图 4-202   图 4-203

第 5 章　插件的应用

本章导读 ⊶－－－－－－－－－－－－－－－－－－－－－－⊷ΗⵔΟ

　　通过前面的学习，掌握了 SketchUp 基本工具及其使用技巧。但是在制作一些复杂的模型时，使用 SketchUp 自身的工具来制作就会很烦琐，在这种情况下使用第三方插件会起到事半功倍的效果。本章介绍几款常用插件的使用方法，具有很强的实用性，读者可以根据实际工作进行选择使用。

主要内容 ⊶－－－－－－－－－－－－－－－－－－－－－－⊷ΗⵔΟ

- 📖 插件的获取与安装
- 📖 建筑插件的使用
- 📖 联合推拉插件
- 📖 三维倒角插件
- 📖 细分/光滑插件
- 📖 曲面自由编辑插件

效果预览 ⊶－－－－－－－－－－－－－－－－－－－－－－⊷ΗⵔΟ

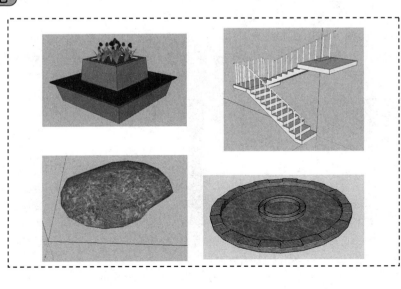

5.1 插件的获取

什么是插件，SketchUp 插件是一种 Ruby 语言程序，从 SketchUp 4.0 开始就开放了支持这种语言的接口，任何人只要掌握 Ruby 语言就可以开发插件，从而扩展 SketchUp 的功能，使得 SketchUp 应用更快捷方便。SketchUp 2018 插件与以前版本不同，显示为扩展程序，可以通过互联网来获取，某些网站提供有大量插件，可通过这些网站来下载 SketchUp 相应插件，这其中较为常用的是 SUAPP 插件库。

虽然网络上提供了许多 SketchUp 插件的下载，但都需要读者购买。本书免费为读者提供了 SketchUp 2018 部分插件，在配套资源的"案例\05\插件"文件夹下。

5.2 插件库的安装

起初 SketchUp 的插件只是一个单一的"*.rb"文件，将它直接复制到 SketchUp 安装目录下的 Plungins 目录就可以。后来随着插件功能的逐渐提高，文件结构也越来越复杂。为了解决插件安装的麻烦，SketchUp 2018 版本的插件安装不再是复制文件，而是采用安装的方法，下面就以最常用的 SUAPP 插件库的安装来进行详细介绍。

实战训练——SketchUp 2018 的 SUAPP 插件安装

视频\05\SketchUp 插件的安装.avi
案例\05\插件文件包

SUAPP 插件库有自己的安装程序文件，其安装方法如下。

1）在资源管理器中，找到本书配套资源中的"案例\05\插件"路径，在文件夹下有一个 SUAPPsetup 应用程序 ，如图 5-1 所示。

2）双击以运行该程序，在弹出的安装向导界面中，选择安装路径，并单击"安装"按钮，如图 5-2 所示。

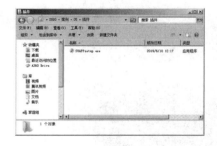

图 5-1

图 5-2

3）单击"安装"后，在弹出的界面中，选择正确的 Sketchup 平台，并单击"云端模式"将其切换成"离线模式"，如图 5-3 所示。

4）切换成"离线模式"后，再单击"启动 SUAPP"按钮，如图 5-4 所示。

图 5-3 　　　　　　　　　　　　　　　　　　　图 5-4

5）启动 SUAPP 后照常运行 SketchUp 即可，插件安装完成。

安装好插件后，可使用以下方法来调用插件：

（1）SUAPP 插件的增强菜单

SUAPP 插件的绝大部分核心功能都整理分类在"扩展程序"菜单中（10 个大分类），如图 5-7 所示。

（2）SUAPP 插件的基本工具栏

从 SUAPP 插件的增强菜单中提取了 26 项常用而具代表性的功能，通过图标工具栏的方式显示出来，方便用户操作，如图 5-5 所示。

图 5-5

（3）右键扩展菜单

为了方便操作，SUAPP 插件在右键菜单中扩展了多个功能，如图 5-6 所示。

下面以实例的方式，讲解 SUAPP 插件集在实际建模中的运用，希望读者能对该插件产生兴趣，并尝试摸索其他 SUAPP 插件命令的操作方法，非常便捷而且有趣。

图 5-6

5.3　使用 SUAPP 插件的建筑工具

SUAPP 中文插件集是一款基于 Google 出品的强大工具集。它包含有超过 100 余项实用功能，大幅度扩展了 SketchUp 的快速建模能力。方便的基本工具栏以及优化的右键菜单使操作更加顺手快捷，并且可以通过扩展栏的设置方便地进行启用和关闭。下面使用其中的楼梯等建筑工具进行实战训练。

实战训练——创建双跑楼梯

 视频\05\创建双跑楼梯.avi
案例\05\最终效果\双跑楼梯.skp

下面针对 SUAPP 插件建筑设施工具中的楼梯功能进行详细讲解，其操作步骤如下。

1）运行 SketchUp 2018，执行"扩展程序｜建筑设施｜双跑楼梯"菜单命令，如图 5-7 所示。

2）随后弹出"参数设置"对话框，在其中设置相应的参数，在这里使用默认参数设置，然后单击"确定"按钮，如图 5-8 所示。

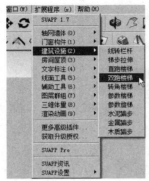

图 5-7 　　　　　　　　　　　图 5-8

3）操作后自动在图形区域创建一个楼梯，并提示是否创建楼梯平台和该平面的位置，在下拉列表中选择"楼梯末端"，再单击"确定"按钮，如图 5-9 所示。

4）此时，在楼梯上端创建了一个休息平台，如图 5-10 所示。

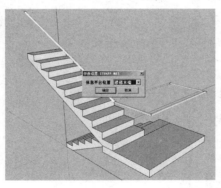

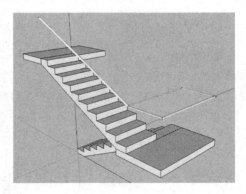

图 5-9 　　　　　　　　　　　图 5-10

　　创建好的楼梯段、休息平台、栏杆扶手都是组件，在绘制楼梯栏杆立柱时，直接在组外绘制，不受干扰，然后也将绘制的立柱栏杆成组。

5）旋转视图到楼梯的起始位置，执行圆命令（C）、推拉命令（P）和移动命令（M），在

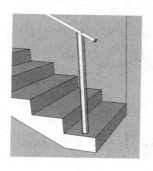

第一个踏步上绘制一个半径为 20 的圆柱体，使其顶端在扶手的中部，然后将其编辑成组，如图 5-11 所示。

6）执行移动命令（M），结合 Ctrl 键，将上一步绘制的立柱进行相应的复制操作，并结合推拉命令调整立柱的高度，如图 5-12 所示。

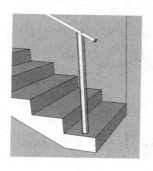
图 5-11

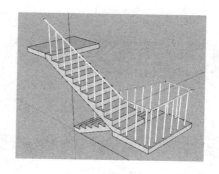
图 5-12

实战训练——创建简单房子

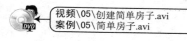

视频\05\创建简单房子.avi
案例\05\简单房子.avi

下面针对 SUAPP 插件中其他建筑工具的功能进行详细讲解，其操作步骤如下。

1）运行 SketchUp 2018，使用大工具集中的直线工具，绘制出房间格局，并使用 SUAPP 插件中的"修复直线"工具 ✕ 进行修复，结果如图 5-13 所示。

2）选择房间格局的直线，使用 SUAPP 插件中的拉线成面工具 ✈ 拉伸出墙体，如图 5-14 所示。

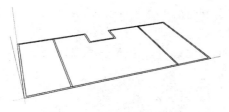
图 5-13

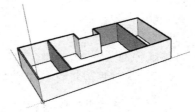
图 5-14

3）单击 SUAPP 插件中的墙体开窗工具 ▣ 按钮，弹出"参数设置"对话框，在其中设置相应的参数，如图 5-15 所示，在墙体上放置窗户，如图 5-16 所示。

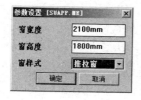
图 5-15

图 5-16

4）使用大工具集中的直线工具,绘制出屋顶轮廓线,如图 5-17 所示。

5）选择屋顶轮廓线,使用 SUAPP 插件中的生成面域工具 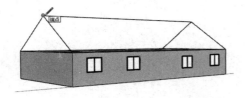 生成屋顶形状,如图 5-18 所示,简单的房子就完成了。

图 5-17　　　　　　　　　　　　　　图 5-18

5.4　使用 SUAPP 插件的联合推拉工具

前面学习的推拉工具 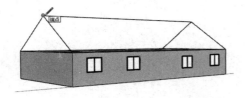 只能对平面进行推拉,而"联合推拉"工具 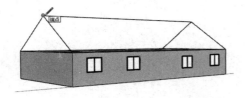 则可以在曲面上进行推拉,这样大大延伸了"推拉"的范围。"联合推拉"工具命令在"扩展程序"的"超级推拉"菜单中,如图 5-19 所示,其中有多个超级推拉工具,最常用的超级推拉工具为联合推拉工具 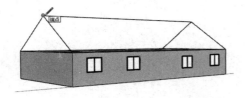 。

图 5-19

实战训练——水池的绘制

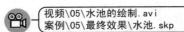

视频\05\水池的绘制.avi
案例\05\最终效果\水池.skp

下面针对联合推拉工具 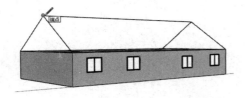 进行详细讲解,其操作步骤如下。

1）运行 SketchUp 2018,结合圆、推拉工具 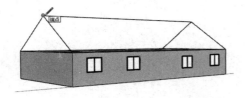 绘制出高 300mm,圆半径为 1000mm 的圆柱体,如图 5-20 所示。

2）用空格键选择圆柱侧面,然后激活联合推拉工具 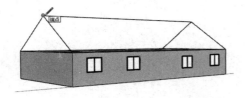 ,来到该弧形侧面上,会捕捉到其中一个分面,该面出现红色的边框,如图 5-21 所示。

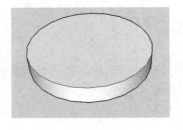

图 5-20

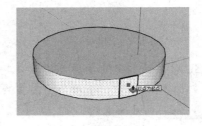

图 5-21

3）此时按下鼠标左键向外拖动,如图 5-22 所示。

4）松开鼠标,然后输入推拉值为 300mm,并按回车键,效果如图 5-23 所示。

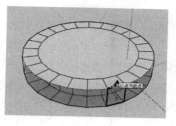

图 5-22

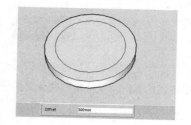

图 5-23

5）继续使用联合推拉工具 ，将外圆环曲面继续向外推拉出 2000mm，如图 5-24 所示。

6）用同样的方法，再将最外圆环曲面向外推拉出 500mm，如图 5-25 所示。

图 5-24

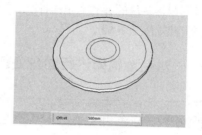

图 5-25

7）执行擦除命令（E），删除多余的表面，如图 5-26 所示。

8）执行"视图 | 隐藏物体"菜单命令，将隐藏的法线显示出来。

9）空格键切换成"选择"工具，结合 Ctrl 键选择表面上相邻的分隔面，然后使用联合推拉工具 ，拾取其中一个面，如图 5-27 所示。

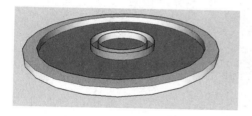

图 5-26

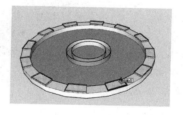

图 5-27

10）将鼠标左键按住不放，向上拖动以拉伸，并输入高度为 50mm，推拉效果如图 5-28 所示。

11）执行"视图 | 隐藏物体"菜单命令，将法线隐藏。

12）执行材质命令（B），对水池进行相应的材质填充，效果如图 5-29 所示。

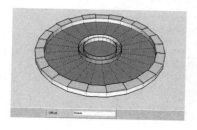

图 5-28

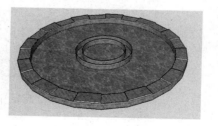

图 5-29

使用传统的推拉工具，一次性只能对一个面对象进行推拉，而使用联合推拉工具，一次性可推拉多个面。当选择连续的面时，推拉出的物体之间是完全吻合的。而推拉相邻的面时，则各个面按照自身的法线进行挤压。

5.5 超级圆（倒）角插件

超级圆（倒）角（Round Corner）插件可以将物体进行倒角、倒圆角以及倒尖角的操作，该插件工具栏如图 5-30 所示。而最常用的是倒圆角工具。

图 5-30

实战训练——对花池围椅进行圆角处理

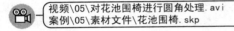

视频\05\对花池围椅进行圆角处理.avi
案例\05\素材文件\花池围椅.skp

下面主要针对超级圆（倒）角插件的相应功能进行详细讲解，其操作步骤如下。

1）运行 SketchUp 2018，打开案例素材文件"花池围椅.skp"，如图 5-31 所示。

2）单击"视图"工具栏中的"单色显示"按钮，将物体的材质隐藏。

3）使用鼠标拾取围椅坐面轮廓线，则 4 条边线亮显，如图 5-32 所示。

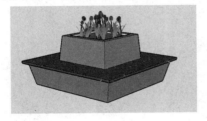

图 5-31

图 5-32

4）然后，激活倒圆角工具，在绘图区上方会出现工具窗口，单击"函数"按钮则弹出一个参数对话框，设置圆角半径为 19mm，分段数为 4，然后单击"确定"按钮，如图 5-33 所示。

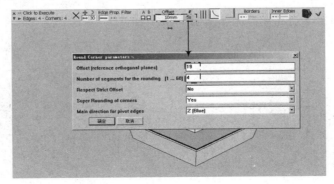

图 5-33

5）然后，在选择的边线位置会出现上下两条预览的圆角轮廓线，如图 5-34 所示。

6）此时按回车键，接受圆角操作，完成倒圆角的效果如图 5-35 所示。

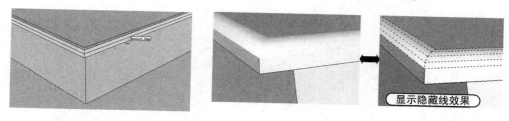

图 5-34　　　　　　　　　　　　　　图 5-35

为了更清楚地看清圆角效果，这里只截取了围椅的一小部分来观看。

注意：在接受圆角操作时，不能使用空格键，因为空格键是用来执行"选择" ▶ 功能的。

7）用同样的方法，将围椅下表面的 4 条边线进行同样的圆角处理，如图 5-36 所示。

8）完成的最终效果如图 5-37 所示。

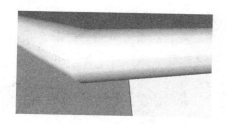
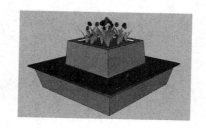

图 5-36　　　　　　　　　　　　　　图 5-37

5.6　细分和光滑插件

使用细分和光滑（Subdivide and Smooth）插件可以使 SketchUp 的模型在精细度上产生质的飞跃，使用该插件可以将已有的模型进行细分和光滑并精细化处理。

安装好该插件后，在"工具"菜单下会出现它的菜单命令及子菜单命令，并且它有自己的工具栏，如图 5-38 所示。这个插件中最主要的工具是细分和光滑工具 ▣，接下来对其进行详细讲解，而其他工具，读者可自行了解。

图 5-38

实战训练——制作石头

视频\05\石头的绘制.avi
案例\05\最终效果\石头.skp

下面结合实例对细分和光滑工具 ▣ 进行详细讲解，其操作步骤如下。

1）运行 SketchUp 2018，执行矩形命令（R）和推拉命令（P），随意绘制一个立方体，如

图 5-39 所示。

2）三击选择该立方体，激活细分和光滑工具，弹出细分选项对话框，设置细分数值为 2，然后单击"确定"按钮，如图 5-40 所示。

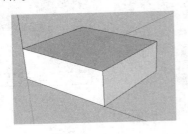

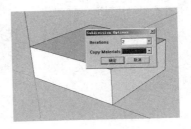

图 5-39   图 5-40

在对话框中可设置细分的等级数，值越大，得到的结果越平滑精细，但占用的系统资源也更多，所以还应注意不要盲目地追求高精细度，而使自己计算机出现卡机、死机的情况。

3）细分后的图形效果如图 5-41 所示。

4）执行"视图｜隐藏物体"菜单命令，显示出隐藏的法线。

5）执行移动命令（M），调整相应的节点，直到比较像石头的感觉，如图 5-42 所示。

6）执行材质命令（B），赋予相应的材质，完成石头的创建，如图 5-43 所示。

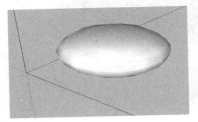

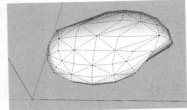

图 5-41   图 5-42   图 5-43

5.7   曲面自由编辑插件

使用曲面自由编辑（Tools On Surface）插件可以方便地在曲面表面绘制基本形体，并可对曲面进行偏移、复制等操作。

曲面自由编辑（Tools On Surface）工具栏上有多个工具按钮组成，包括有直线、矩形、圆、多边形、椭圆、平行四边形、圆弧、扇形等绘图工具，还有曲面偏移、删除等命令，如图 5-44 所示。

图 5-44

实战训练——绘制灯具

视频\05\灯具的绘制.avi
案例\05\最终效果\灯具.skp ·······························╫Ю

下面使用曲面自由编辑插件进行全面的绘图，其操作步骤如下。

1）运行 SketchUp 2018，使用圆和推拉工具，在绘图区绘制一个直径为 150mm 的圆，再向上推拉 600mm 的高度，如图 5-45 所示。

2）执行缩放命令（S），将整体圆柱体，沿红轴进行 0.7 的比例缩放，如图 5-46 所示。

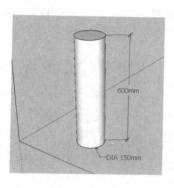

图 5-45

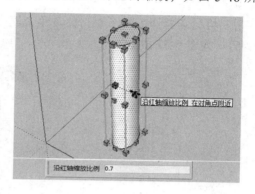

图 5-46

3）执行"视图｜隐藏物体"菜单命令，将隐藏的法线显示出来。

4）执行直线命令（L），捕捉相应法线绘制连线，如图 5-47 所示。然后再执行"视图｜隐藏物体"菜单命令，隐藏法线。

5）选择绘制的直线，通过右键快捷菜单命令，将其拆分成 2 段，如图 5-48 所示。

6）在曲面自由编辑插件工具栏中单击曲面矩形按钮，以拆分后线段的中点为矩形中心点，在蓝色轴上指定半轴长 100mm，然后在绿轴上指定半轴长为 60mm，如图 5-49 所示。

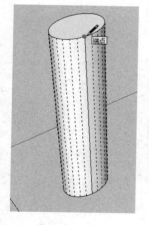

图 5-47

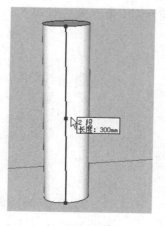

图 5-48

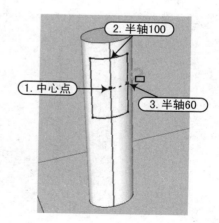

图 5-49

　　绘制曲面矩形与传统的矩形绘制方法不同，曲面矩形是由中心点和 2 个方向的半轴长来绘制的，绘制好矩形后会出现"中心点"标记。利用曲面矩形工具可在各种不同的曲形表面上绘制矩形。

　　7）用同样的方法，在下方直线中点绘制同样大小的矩形，如图 5-50 所示。

　　8）执行擦除命令（E），结合 Ctrl 键，将相应的线段隐藏，将中心点删除。

　　9）在曲面自由编辑插件工具栏中单击曲面偏移按钮，将曲面矩形向内偏移 5，如图 5-51 所示。

　　10）用空格键选择两个矩形面，然后单击联合推拉工具，将矩形面向内推拉 5mm（可直接输入-5），如图 5-52 所示。

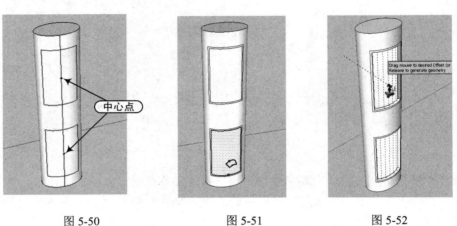

图 5-50　　　　　　　　　　图 5-51　　　　　　　　　　图 5-52

　　11）执行圆弧命令（A），在空白位置绘制弧长为 200mm，弧高为 60mm 的圆弧；再执行直线命令（L）和推拉命令（P），将其向上推拉 700mm 成体，并将其编辑成群组，如图 5-53 所示。

　　12）执行移动命令（M），将两个图形组合在一起，如图 5-54 所示。

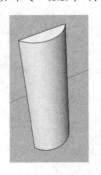

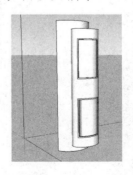

图 5-53　　　　　　　　　　　　　　　图 5-54

　　13）用空格键选择灯具顶上的椭圆面，在圆（倒）角插件工具栏中单击圆角按钮，然后在圆角工具窗口中单击"函数"按钮，弹出参数对话框，设置圆角半径为 2mm，分段数为 2，然后单击"确定"按钮，设置好参数后，按回车键接受圆角，如图 5-55 所示。

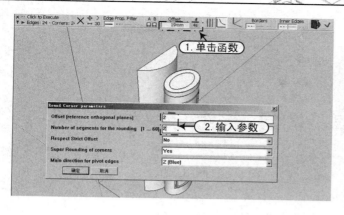

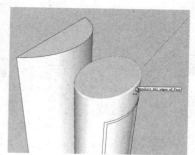

图 5-55

14）继续执行圆角命令，将灯具底下椭圆表面和灯具后侧的圆弧立体模型进行同样的圆角处理，自动继续设置圆角参数，直接按回车键确定其他平面半径为 2mm，分段数为 2 的圆角处理，如图 5-56 所示。

15）执行材质命令（B），对图形进行相应的颜色材质填充，效果如图 5-57 所示。

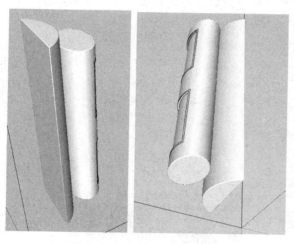

图 5-56

图 5-57

　　继续执行圆角命令会自动继承上一圆角的参数（圆角半径为 2mm，分段数为 2），直接按回车键即可对选择的物体进行同等的圆角处理。

　　在对灯具后面的圆弧立体进行圆角时，由于它是群组，首先要进入其群组编辑状态，然后全选整个模型，再对其圆角处理。圆角后，轮廓边线不见了。

第6章 图层、群组与组件的应用

本章导读 -- ₩O

在 SketchUp 中，引用了图层来管理物体的不同对象，特别是在创建大型场景和室内建模时，可以选择性地显示一些图层，使得模型的编辑更加顺畅，以此提高效率。

但从 SketchUp 设计师的职业需求考虑，不必依赖图层，而是提供了更加方便的群组/组件管理功能，这种分类和现实生活中物体的分类十分相似，用户之间还可以通过群组或组件进行资源共享，并且对其修改变得十分容易。

在本章中，首先讲解图层的运用及管理，然后讲解组与组件的创建与编辑，通过本章的学习，读者可掌握图层、群组与组件的功能与管理。

主要内容 -- ₩O

 📖 图层的运用
 📖 群组的运用
 📖 组件的运用

效果预览 -- ₩O

6.1　图层的运用

图层的主要作用是将场景物体进行分类显示或隐藏，方便管理。

（1）图层工具栏的调出

执行"视图｜工具栏"菜单命令，弹出"工具栏"窗口，在工具栏的下拉列表中勾选"图层"即可，调出的"图层"工具栏如图 6-1 所示，其主要功能介绍如下。

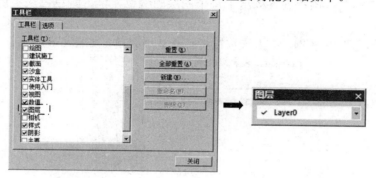

图 6-1

- 图层下拉列表，单击该按钮将展开图层下拉列表，其中列出了模型所有的图层，通过单击选择相应的图层即可，如图 6-2 所示。
- 在默认面板中打开"图层"面板，如图 6-3 所示，下面将详细讲解其相关知识。

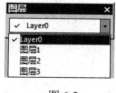

图 6-2

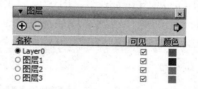

图 6-3

（2）图层面板

"图层"面板主要功能介绍如下。

- "添加图层"按钮，单击该按钮可以新建一个名为"图层 1"的图层，用户可以对新建的图层重命名。在新建图层的时候，系统为每一个新建的图层设置一种不同于其他图层的颜色，图层的颜色可以修改，如图 6-4 所示。
- "删除图层"按钮：单击该按钮可以将选中的图层删除，如果要删除的图层中包含了物体，将会弹出一个对话框询问处理方式，如图 6-5 所示。

图 6-4

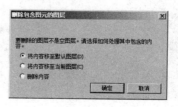

图 6-5

- "名称"标签：在"名称"标签下列出了所有图层的名称，图层名称前面的圆内有一个点表示是当前图层，用户可以通过单击圆来设置当前图层。单击图层的名称可以输入新名称，完成输入后按回车键确定即可。
- "可见"标签：该标签下的选项用于显示或者隐藏图层，勾选即表示显示。若想隐藏图层，只需单击该标签取消勾选即可。如果将隐藏图层设置为当前图层，则该图层会自动变成可见层。
- "颜色"标签：该标签下列出了每个图层的颜色，单击颜色色块可以为图层指定新的颜色。
- "详细信息"按钮 ：单击该按钮将打开扩展菜单，如图 6-6 所示。

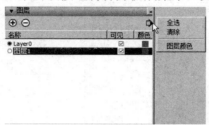

图 6-6

- ✓ 全选：该选项可以选中模型中所有的图层。
- ✓ 清除：该选项用于清理所有未使用的图层。
- ✓ 图层颜色：如使用了"图层颜色"选项，那么图层的颜色会赋予该图层中的所有物体，如图 6-7 所示。由于每一个新图层都有一个默认的颜色，并且这个颜色是独一无二的，因此"图层颜色"选项有助于快速直观地分辨各个图层。

图 6-7

图层的颜色不影响物体的材质显示，如图 6-8 所示。

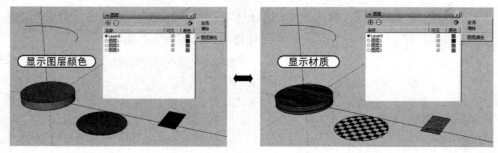

图 6-8

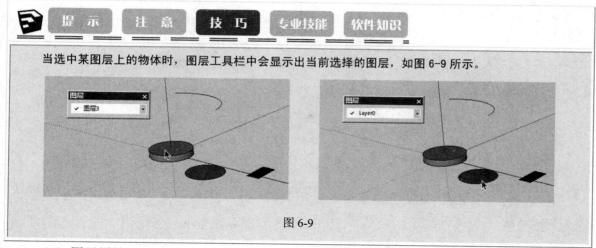

当选中某图层上的物体时，图层工具栏中会显示出当前选择的图层，如图 6-9 所示。

图 6-9

（3）图层属性

在某个元素的右键菜单中执行"模型信息"命令可以打开"图层信息"浏览窗口，在该窗口中可以查看选中元素的图元信息，也可以通过"图层"下拉列表改变元素所在的图层，如图 6-10 所示。

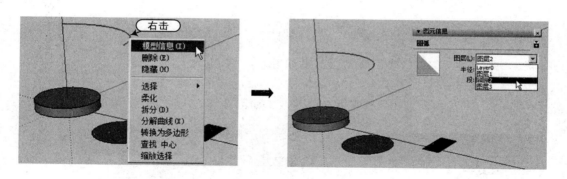

图 6-10

"图元信息"窗口中显示的信息会随着鼠标指定的元素变化而变化。

实战训练——为物体创建图层

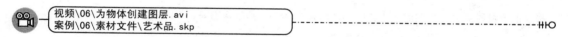

视频\06\为物体创建图层.avi
案例\06\素材文件\艺术品.skp

下面以实例的方式来讲解图层的应用，其操作步骤如下。

1）运行 SketchUp 2018，打开案例素材文件"艺术品.skp"，该场景中有酒瓶、台灯、花瓶、烛台、碟子、茶盘、茶具等模型，如图 6-11 所示。

2）执行"窗口｜默认面板｜图层"菜单命令，打开"图层"面板，如图 6-12 所示只有一个默认的"0"图层。

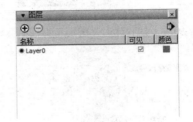

图 6-11   图 6-12

3）单击"添加图层"按钮⊕，新建名称为"图层 1"的图层并处于在位编辑状态，输入名称为"酒瓶"，然后在外侧单击，如图 6-13 所示。

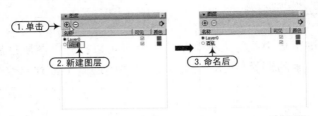

图 6-13

4）用同样的方法新建其他的图层，效果如图 6-14 所示。

5）使用选择工具 ，选择组成酒瓶的所有组件，然后在"图层"工具栏下拉列表中单击对应的"酒瓶"图层，为该物体设置对应的图层，如图 6-15 所示。

图 6-14   图 6-15

如果当前工具栏中没有"图层"工具栏，则需要先将该工具栏调出来。

6）用同样的方法，将其他物体切换到与其对应名称的图层上，如图 6-16 所示。

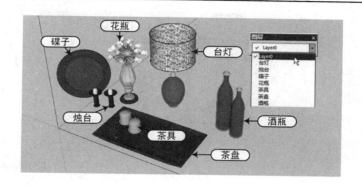

图 6-16

7）在"图层"面板中单击"详细信息"按钮 🗗，在子菜单中执行"图层颜色"命令，将物体根据图层的颜色显示出来，以不同的颜色来区分各图层上的物体，如图 6-17 所示。

图 6-17

8）这里"茶盘"和"茶具"图层的颜色有些接近。单击"茶具"对应的颜色按钮，弹出"编辑材质"对话框，在蓝色区域单击以拾取该颜色，再单击"确定"按钮，如图 6-18 所示。

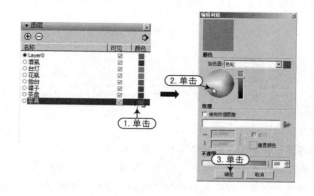

图 6-18

9）通过上一步的设置，"茶具"的颜色变成蓝色，如图 6-19 所示。

图 6-19

6.2　群组

群组简称为组，是一些点、线、面或者实体的集合，与组件的区别在于没有组件库和关联复制的特性。但是群组可以作为临时性的组件来管理，并且不占用组件库，也不会使文件变大，所以使用起来很方便。

（1）创建群组

选中要创建为群组的物体，然后在此物体上右击，接着在弹出的菜单中执行"创建群组"命令，也可以执行"编辑｜创建群组"菜单命令。群组创建完成后，物体外侧会出现高亮显示的边界框，如图 6-20 所示。

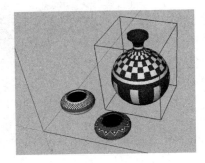

图 6-20

群组具有以下几点优势：

（1）快速选择：选中一个组就选中了组内的所有元素。

（2）几何体隔离：组内的物体和组外的物体相互隔离，操作互不影响。

（3）协助组织模型：几个组还可以再次组合，形成一个具有层级结构的组。

（4）提高建模速度：用组来管理和组织划分模型，有助于节省计算机资源，提高建模和显示速度。

（5）快速赋予材质：分配给组的材质会由组内使用默认材质的几何体继承，而事先指定了材质的几何体不会受影响，这样可以大大提高赋予材质的效率。当组被炸开以后，此特性就无法应用了。

（2）编辑群组

对已创建的群组可以进行分解、编辑以及右键关联菜单的相关参数编辑。

● 分解群组

创建的组可以被分解（炸开），分解后组将恢复到成组之前的状态，同时组内的几何体会和外部相连的几何体结合，并且嵌套在组内的组会变成独立的组。

分解组的方法：在要分解的组上右击鼠标，接着在弹出的菜单中执行"炸开模型"命令，如图 6-21 所示。

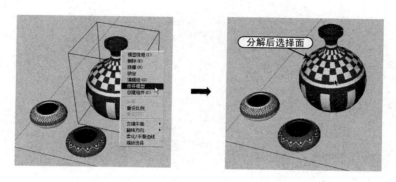

图 6-21

● 编辑群组

当需要编辑组内部的几何体时，就需要进入组的内部进行操作。在群组上双击鼠标左键或者在组的右键菜单中执行"编辑组"命令，即可进入组内进行编辑。

进入组的编辑状态后，组的外框会以虚线显示，其他外部物体以灰色显示（表示不可编辑），如图 6-22 所示。在进行编辑时，可以使用外部几何体进行参考捕捉，但是组内编辑不会影响到外部几何体。

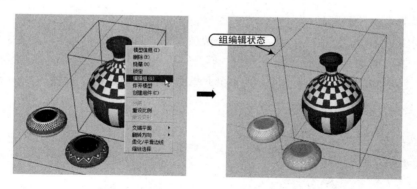

图 6-22

完成组内的编辑后，在组外单击鼠标左键或者按 Esc 键即可退出组的编辑状态，用户还可以执行"编辑|关闭组/组件"菜单命令退出组编辑状态。

进入组的编辑状态后，默认情况下组外的物体被淡化，可以通过"模型信息"窗口的"组件"面板来进行外部物体显示的控制。

　　执行"窗口丨模型信息"菜单命令，在弹出的"模型信息"窗口中，切换到"组件"面板，"淡化模型的其余部分"选项滑块默认在"浅色"位置，可拖动滑块来调整组外模型的明暗显示，还可以勾选"隐藏"选项，将组外模型隐藏起来，以方便绘图，如图 6-23 所示。

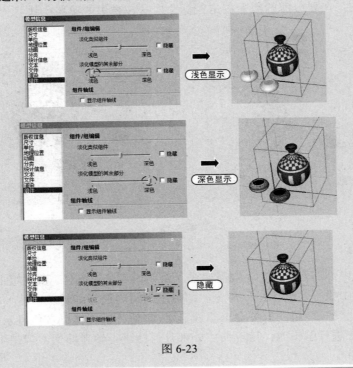

图 6-23

● 群组的右键关联菜单

在创建的组上单击鼠标右键，将弹出一个快捷菜单，如图 6-24 所示，其主要功能如下。

　　✓ 模型信息：单击该选项将弹出"图元信息"窗口，可以浏览和修改组的属性参数，包括材质▨、图层、名称、体积、隐藏、已锁定、阴影设置等，如图 6-25 所示。

图 6-24

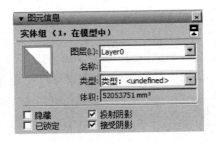

图 6-25

在"图元信息"面板中，相应选项介绍如下：

♦　已锁定：选中该选项后，组将被锁定，组的边框将以红色亮显。

♦　投射阴影：选中该选项后，组可以产生阴影。

♦　接受阴影：选中该选项后，组可以接受其他物体的阴影。

✓ 隐藏：该命令用于隐藏当前选中的组。组被隐藏之后，若执行"视图｜隐藏物体"菜单命令，可将所有隐藏的物体以网格显示并可选择，如图 6-26 所示。

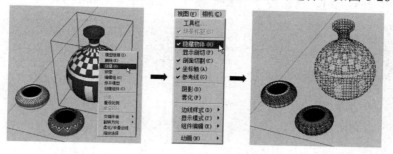

图 6-26

✓ 锁定：该命令用于锁定组，使其不能被编辑，以免进行错误操作，锁定的组边框显示为红色。执行该命令锁定组后，这里将变为"解锁"命令。

✓ 创建组件：该命令用于将组转换为组件。

✓ 分离：如果一个组件是在一个表面上拉伸创建的，那么该组件在移动过程中就会存在吸附这个面的现象，这时就需要执行"分离"命令使组或组件自由活动。

✓ 重设比例：该命令用于取消对组的所有缩放操作，恢复原始比例和尺寸大小。

✓ 重设变形：该命令用于恢复对组的倾斜变形操作。

✓ 翻转方向：该命令用于将组沿轴进行镜像，在该命令的子菜单中选择镜像的轴线即可。

（3）为组赋材质

在 SketchUp 中，一个几何体在创建的时候就具有了默认的材质，默认的材质在"材料"面板中显示为"灰或白" ◢。

创建组后，可以对组应用材质，此时组内的默认材质将会被更新，而事先指定的材质将不受影响，如图 6-27 所示。

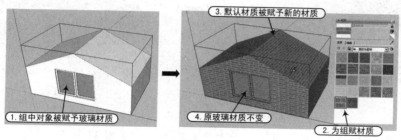

图 6-27

实战训练——鸡蛋餐盘的绘制

视频\06\鸡蛋餐盘的绘制.avi
案例\06\最终效果\鸡蛋餐盘.skp

下面以实例来详细讲解群组功能在实际绘图中的应用，其操作步骤如下。

1）运行 SketchUp 2018，执行圆命令（C），绘制半径为 100mm 的圆，如图 6-28 所示。

2）执行"视图｜平行投影"菜单命令，切换视角。再单击前视图按钮 ⌂，切换到前视图显示。

3）执行矩形命令（R），以圆的外端点绘制一个 50mm×20mm 的矩形，如图 6-29 所示。

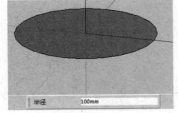
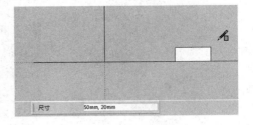

图 6-28   图 6-29

4）执行直线命令（L）和圆弧命令（A），在矩形平面上绘制如图 6-30 所示的轮廓线。

5）执行擦除命令（E），删除多余的面及边线，效果如图 6-31 所示。

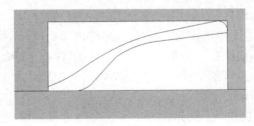
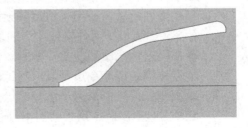

图 6-30   图 6-31

6）使用路径跟随工具 ⬡，将截面以圆平面为路径进行放样，如图 6-32 所示。

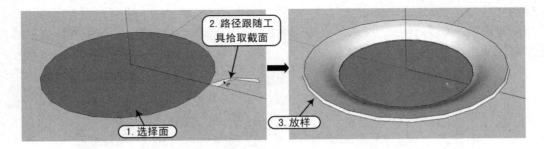

图 6-32

7）执行直线命令（L），捕捉内圆边线上任意两点，如图 6-33 所示。

8）执行擦除命令（E），将绘制的直线删除，如图 6-34 所示。

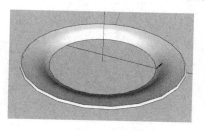

图 6-33　　　　　　　　　　　　　图 6-34

9）按 Ctrl+A 键全选图形，然后右击选择"柔化/平滑法线"命令，弹出"柔化边线"对话框，对图形进行 180°的柔化处理，如图 6-35 所示。

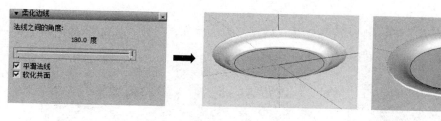

图 6-35

10）执行擦除命令（E），结合 Ctrl 键，将内外两个圆边线柔化，如图 6-36 所示。

11）按 Ctrl+A 键全选图形，然后右击，在弹出的菜单中执行"创建群组"命令，如图 6-37 所示。

12）执行圆命令（C），在外侧绘制一个半径为 45mm 的圆，如图 6-38 所示。

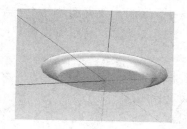

图 6-36

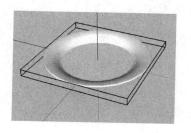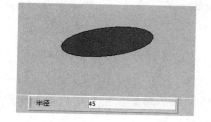

图 6-37　　　　　　　　　　　　　图 6-38

13）执行直线命令（L），由圆心在绿轴上向边线绘制直径线，如图 6-39 所示。

14）按空格键选择半圆，然后执行缩放命令（S），将其向外拉伸为椭圆形状，如图 6-40 所示。

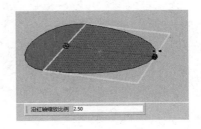

图 6-39   图 6-40

15）旋转视图，执行圆命令（C），以 *YZ* 平面捕捉椭圆外端点随意绘制一个圆，如图 6-41 所示。

16）执行擦除命令（E），将分割圆的直线删除；再执行直线命令（L），由端点绘制直线，将椭圆分隔成两半，如图 6-42 所示。

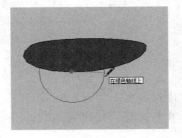
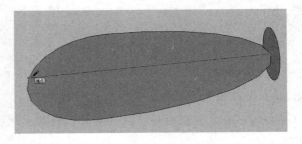

图 6-41   图 6-42

17）执行擦除命令（E），将椭圆的其中一半删除，如图 6-43 所示。

18）使用路径跟随工具，将截面以圆平面为路径进行放样，如图 6-44 所示。

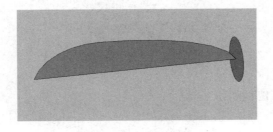
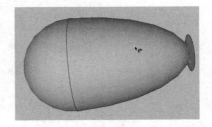

图 6-43   图 6-44

19）将作为路径的小圆删除；然后通过右键快捷菜单，将鸡蛋外表面进行反转平面，如图 6-45 所示。

20）选择整个鸡蛋，在右键快捷菜单中执行"柔化/平滑法线"命令，弹出"柔化边线"对话框，对鸡蛋进行柔化，如图 6-46 所示。

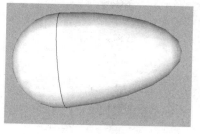
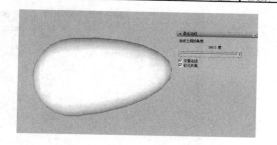

图 6-45　　　　　　　　　　　　　　　图 6-46

21）通过右键菜单将鸡蛋创建群组，然后执行移动命令（M）和旋转命令（Q），将鸡蛋放置到餐盘内，并进行相应调整，如图 6-47 所示。

22）旋转视图到顶视图，执行旋转命令（Q），将鸡蛋锁定在 XY 平面，结合 Ctrl 键捕捉到绿色轴上时单击，旋转复制一份，如图 6-48 所示。

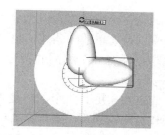

图 6-47　　　　　　　　　　　　　　　图 6-48

23）在此基础上输入"X3"，以此角度为基础阵列复制 3 份，如图 6-49 所示。

24）通过移动、缩放等命令，将鸡蛋图形移动开来，并调整相应的大小，如图 6-50 所示。

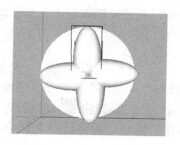
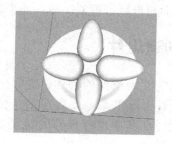

图 6-49　　　　　　　　　　　　　　　图 6-50

　　提　示　　注　意　　技　巧　　专业技能　　软件知识

由于鸡蛋有个体大小的差异，所以对其大小缩放比较随意。

25）单击材质按钮，打开"材料"面板，为各鸡蛋组添加一个"B01"颜色材质，完成的最终效果如图 6-51 所示。

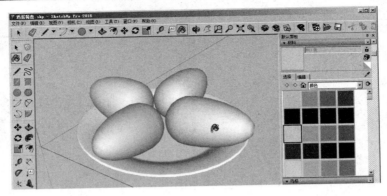

图 6-51

6.3 组件

组件就是将一个或多个几何体的集合定义为一个单位，使之可以像一个物体那样进行操作，组件可以是简单的一条线，也可以是整个模型，尺寸和范围也没有限制。

群组与组件有一个相同的特性，就是将模型的一组元素制作成一个整体，以利于编辑和管理。

群组的主要作用有两个，一是"选择集"，对于一些复杂的模型，选择起来会比较麻烦，计算机荷载也比较繁重，需要隐藏一部分物体以加快操作速度，这时群组的优势就显现了，可以通过群组快速选到所需修改的物体而不必逐一选取；二是"保护罩"，当在群组内编辑时完全不必担心对群组以外的实体产生误操作。

组件则拥有群组的一切功能且能够实现关联修改，是一种更强大的"群组"。一个组件通过复制得到若干关联组件（或称相似组件）后，编辑其中一个组件时，其余关联组件也会一起进行改变；而对群组进行复制后，如果编辑其中一个组，其他复制的组不会发生改变。

6.3.1 创建组件

选择要定义为组件的物体，然后在右键菜单中执行"创建组件"命令（还可以执行"编辑｜创建组件"菜单命令或者在工具栏单击"创建组件"工具按钮），随后弹出"创建组件"对话框，在其中进行相应的设置后，单击"创建"按钮，则将选择物体创建为组件，如图 6-52 所示。

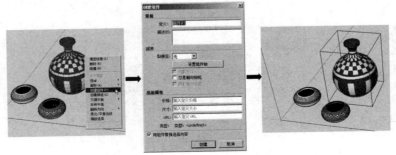

图 6-52

"创建组件"对话框中，各功能介绍如下。

◆　　"定义"和"描述"：在这两个文本框中可以为组件命名以及对组件的重要信息进行注释。

◆　　"黏接至"：该选项用来指定组件插入时所要对齐的面，可以在下拉列表中选择"无""任意""水平""垂直"或"倾斜"。

　　　◇　　若以"任意"方式创建组件，则可以在任何（水平、垂直、倾斜）的平面上插入组件，如图6-53所示。

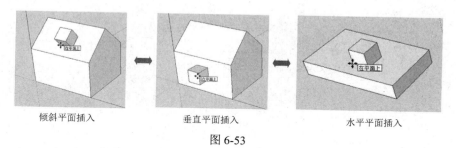

倾斜平面插入　　　　　　　　　垂直平面插入　　　　　　　　　水平平面插入

图 6-53

　　　◇　　若以"水平"方式创建组件，则只可以在水平平面上插入组件，如图6-54所示。

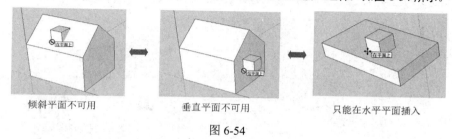

倾斜平面不可用　　　　　　　　垂直平面不可用　　　　　　　只能在水平平面插入

图 6-54

　　　◇　　若以"垂直"方式创建组件，则只可以在垂直平面上插入组件，如图6-55所示。

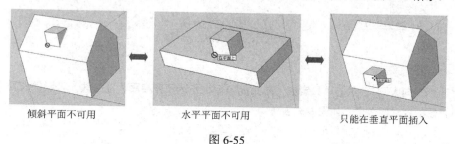

倾斜平面不可用　　　　　　　　水平平面不可用　　　　　　　只能在垂直平面插入

图 6-55

　　　◇　　若以"倾斜"方式创建组件，则只可以在倾斜平面上插入组件，如图6-56所示。

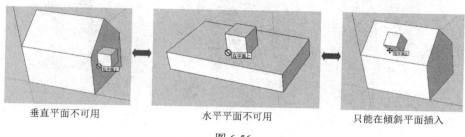

垂直平面不可用　　　　　　　　水平平面不可用　　　　　　　只能在倾斜平面插入

图 6-56

　　　✧　选择"无"的方式，可启用"总是朝向相机"和"阴影朝向太阳"选项，表明物体（和阴影）
　　　　　始终对齐视图。此功能常用于二维组件的创建。

◆　"切割开口"：该选项用于在创建的物体上开洞，例如门窗等。选中此选项后，组件将在与表面相
　　交的位置剪切开口，如图 6-57 所示。

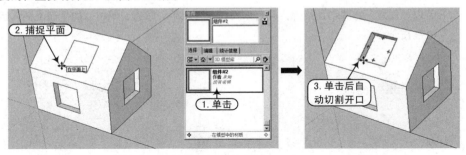

图 6-57

◆　"总是朝向相机"：该选项可以使组件始终对齐视图，并且不受视图变更的影响，如图 6-58 所示。
　　如果定义的组件为二维配景，则需要勾选此选项，这样可以用一些二维物体来代替三维物体。

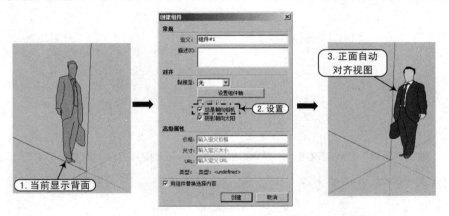

图 6-58

◆　"阴影朝向太阳"：该选项只有在"总是朝向相机"选项开启后才能生效，可以保证物体的阴影随
　　着视图的变动而改变，如图 6-59 所示。

图 6-59

◆ "设置组件轴"按钮：单击该按钮可以在组件内部设置坐标轴，坐标轴原点确定组件插入的基点，如图 6-60 所示。

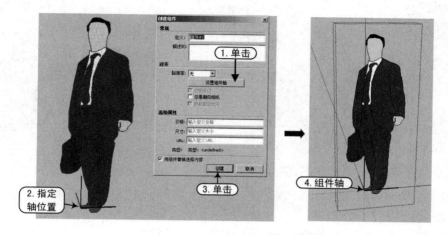

图 6-60

◆ "用组件替换选择内容"：勾选此项可以将制作组件的源物体转换为组件。如果没有选择此选项，原来的几何体将没有任何变化，但是在组件库中可以发现制作的组件已经被添加进去，仅仅是模型中的物体没有变化而已。

6.3.2 插入组件

通过"组件"面板插入创建的组件，还可以插入一些系统预设的组件。

执行"窗口丨默认面板丨组件"菜单命令，会弹出"组件"面板，"选择"选项卡下提供了一些 SketchUp 自带的组件库，单击即可展开和使用这些库内组件，如图 6-61 所示。

若单击"模型中"按钮 🏠，则列出该模型中创建的所有组件。若要使用某个组件，直接在该组件上单击，SketchUp 自动激活移动工具 ，使用鼠标捕捉到相应点单击即可插入，如图 6-62 所示。

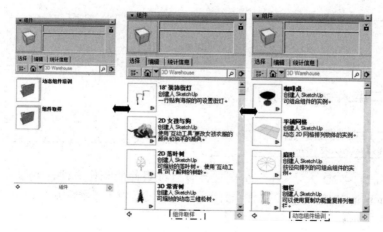

图 6-61

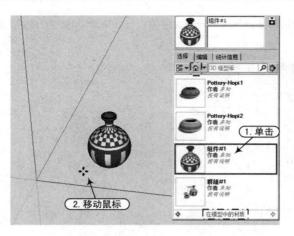
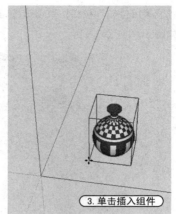

图 6-62

在插入组件的过程中，鼠标的位置即是组件的插入点。组件将其内部坐标原点作为默认的插入点，要改变默认的插入点，要在组件插入之前（或在创建组件时）更改其内部坐标系。

如何显示组件的坐标系呢？可执行"窗口│模型信息"菜单命令打开"模型信息"管理器，在"组件"面板中勾选"显示组件轴线"选项即可，如图 6-63 所示。

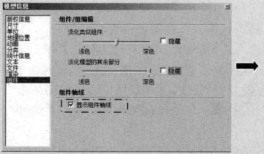

图 6-63

实战训练——二维人物组件的制作

视频\06\二维人物组件的制作.avi
案例\03\最终效果\2D人物.skp

下面以第 3 章的"2D 人物.skp"实例来讲解二维组件的制作方法，其操作步骤如下。

1）运行 SketchUp 2018，执行"文件│打开"菜单命令，打开"案例\03\最终效果\2D 人物.skp"文件，如图 6-64 所示。

2）按 Ctrl+A 键全选图形，然后右击执行"创建组件"命令，如图 6-65 所示。

图 6-64　　　　　　　　　　　　　　　　图 6-65

3）弹出"创建组件"对话框，设置相应的名称，在"黏接至"选项下选择方式为"无"，勾选"总是朝向相机"和"阴影朝向太阳"项，然后单击"设置组件轴"按钮，在人物脚底相应位置指定轴原点及各轴方向，然后单击"创建"按钮，如图 6-66 所示。

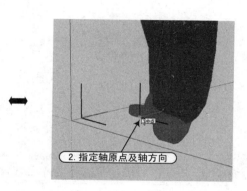

图 6-66

4）创建组件后效果如图 6-67 所示。

5）在阴影工具栏中单击"显示/隐藏阴影"按钮，以显示组件的阴影，如图 6-68 所示。

6）执行"窗口｜默认面板｜组件"菜单命令，打开"组件"面板，单击"在模型中"按钮，即可看到添加的组件，单击即可在图形中使用，如图 6-69 所示。

图 6-67　　　　　　　图 6-68　　　　　　　　　　图 6-69

6.3.3 编辑组件

如果要对组件进行编辑，最直接的方法就是双击组件进入组件内部编辑状态，与"组"的编辑状态是一样的，下面介绍组件的其他编辑方法。

（1）使用"组件"面板

"组件"面板常用于插入预设的组件，它提供了 SketchUp 组件库的目录列表。在"选择"选项卡下单击导航按钮 ，将弹出一个下拉菜单，用户可以通过"模型中" 和"组件"命令切换显示模型目录，还可以在联网的情况下，搜索 SketchUp 官方网提供的相关"模型组件"以供使用，如图 6-70 所示。

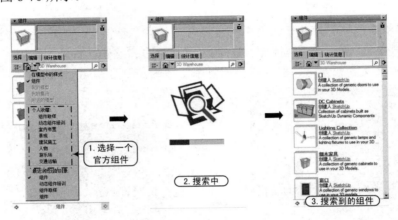

图 6-70

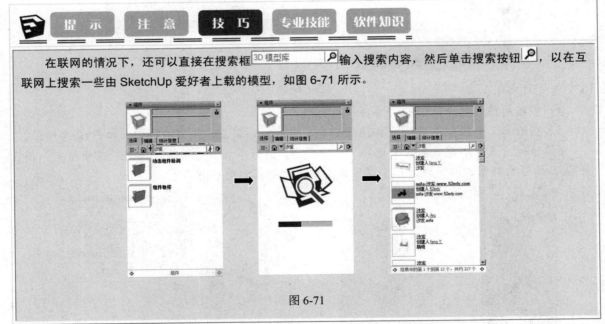

当选择了模型中的组件时，可以在"编辑"选项卡中进行组件的黏接、切割、阴影和朝向的设置，如图 6-72 所示。

当选中了模型中的组件时，切换到"统计信息"选项卡，可以查看该组件中的所有几何体的数量，如图 6-73 所示。

（2）组件的右键关联菜单

由于组件的右键菜单与群组右键菜单中的命令相似，这里只对一些常用的命令进行讲解，组件的右键菜单如图 6-74 所示。

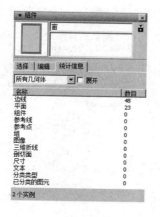

图 6-72　　　　　　　　　　图 6-73　　　　　　　　　图 6-74

◆　设定为唯一：相同的组件具有关联性，但是有时需要对一个或几个组件进行单独编辑，这时就需要使用"设定为唯一"命令。使用该命令后，用户对单独处理的组件进行编辑不会影响其他组件，并重新生成一个新的组件。

◆　炸开模型：该命令用于炸开组件，炸开的组件不再与相同的组件相关联，包含在组件内的物体也会被分离，嵌套在组件中的组件则成为新的独立组件。

◆　另存为：使用该命令可将选中的组件保存为外部组件，以方便其他文件使用，后面将详细介绍。

◆　3D Warehouse（模型库）/共享组件：执行该命令后，在联网的情况下将弹出"3D 模型库"对话框，通过该对话框可以将用户绘制的组件上传到 SketchUp 官方网站，以供分享，如图 6-75 所示。

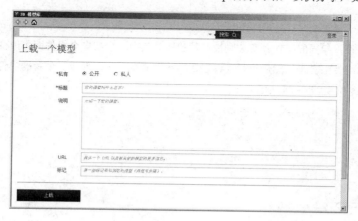

图 6-75

◆　更改坐标轴：该命令用于重新设置组件的坐标轴。

◆　重设比例/重设变形/缩放定义：组件的缩放与普通物体的缩放有所不同。如果直接对一个组件进行缩放，不会影响其他组件的比例大小；而进入组件内部进行缩放，则会改变所有相关联的组件。对组件进行缩放后，组件会变形，此时执行"重设比例"或"重设变形"命令就可以恢复组件原形。

（3）淡化显示相似组件和其余模型

同前面"组"编辑时一样，在对"组件"进行编辑时，若要淡化显示相似的组件和其余模型，可以在"模型信息"管理器的"组件"面板中，通过移动滑块来设置相似组件和其余模型的淡化显示效果，也可以勾选"隐藏"选项来隐藏相似组件或其余模型，如图6-76所示。

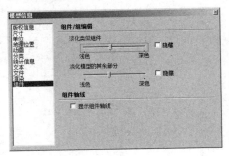

图 6-76

（4）组件的关联属性

◆ 相同的组件具有关联性：修改一个组件时，其他关联组件跟着被修改，如图6-77所示。

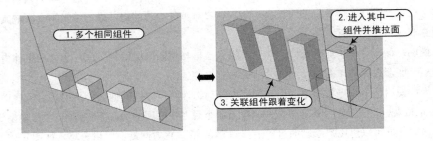

图 6-77

◆ 修改关联组件：相同的组件具有关联性，若想修改其中一个或多个组件而不改变原组件定义，可以在要改变的组件上右击，然后执行"设定为唯一"命令，从而形成一个新的组件，对其进行修改而不改变原组件，如图6-78所示。

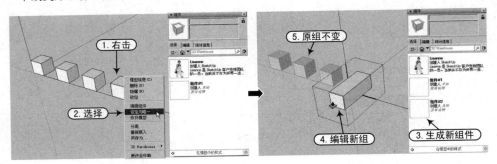

图 6-78

◆ 组件的缩放：组件的缩放与普通物体的缩放有所不同。可以单独对一个组件进行缩放，不会影响其他关联组件的比例大小，也不影响组件的定义；而进入组件内部进行缩放，则会改变所有相关联的组件，如图 6-79 所示。

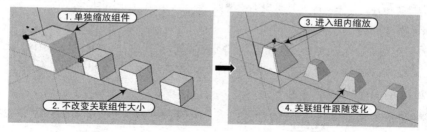

图 6-79

6.3.4　保存组件

为了方便在其他场景或文件中的使用，可对组件进行保存，下面讲解保存组件的两种方法。

（1）保存为单独的.skp 文件

在要保存的组件上右击，执行"另存为"命令，则弹出"另存为"对话框，找到保存的路径，并输入保存的名称，然后单击"保存"按钮即可，如图 6-80 所示。

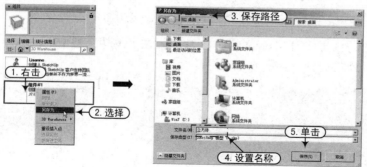

图 6-80

保存组件以后，在其他的.skp 文件中，单击"组件"窗口和详细信息按钮，在弹出的菜单中选择"打开或创建本地集合"项，则弹出"浏览文件夹"对话框，选择保存的路径，然后单击"确定"按钮，即可看到添加的"立方体"组件，以便使用，如图 6-81 所示。

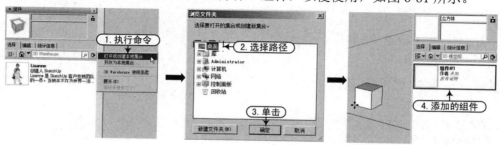

图 6-81

根据上面的操作可知，任何.skp 文件都可以添加成为组件以应用于其他图形。

（2）保存到组件库

同前面保存组件的方法一样，只是在选择保存路径时找到 SketchUp 2018 安装目录下的 Components 文件夹，新建一个文件夹并进行命名，然后单击"打开"和"保存"按钮，即可保存为 SketchUp 的组件库，如图 6-82 所示。

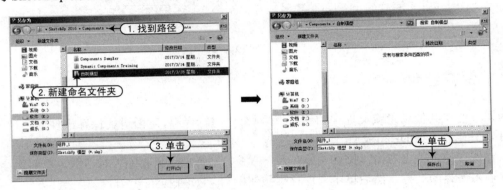

图 6-82

通过以上操作，只要使用 SketchUp 2018 软件，在"组件"类型下，都会看到添加的"自制模型"组件库及库内组件，如图 6-83 所示。

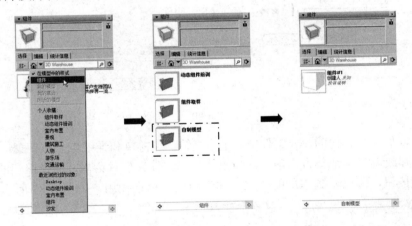

图 6-83

实战训练——窗户组件的制作

视频\06\窗户组件的制作.avi
案例\06\最终效果\添加窗后场景.skp

下面以创建窗户组件实例对组件的各功能进行详细讲解，其操作步骤如下。

1）运行 SketchUp 2018，执行"文件｜打开"菜单命令，打开案例素材文件"场景 1.skp"，如图 6-84 所示。

2）旋转视图到前侧，执行卷尺命令（T），勾画出窗户位置，如图 6-85 所示。

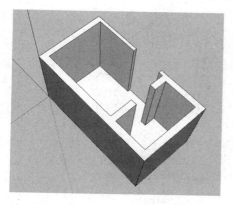

图 6-84

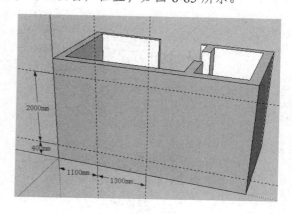

图 6-85

3）执行矩形命令（R），以辅助线交点绘制矩形，再将辅助线删除，如图 6-86 所示。

4）执行推拉命令（P），将矩形面向内推拉掉，如图 6-87 所示。

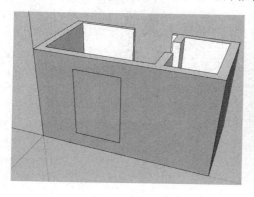

图 6-86

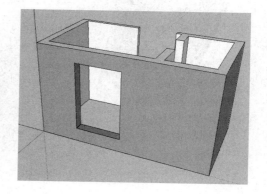

图 6-87

5）执行矩形命令（R），在洞口中间位置绘制一个矩形面，如图 6-88 所示。

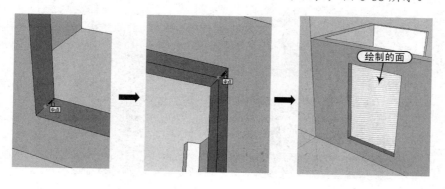

图 6-88

6）执行偏移命令（F），将面向内偏移 50mm，如图 6-89 所示。

7）执行推拉命令（P），结合 Ctrl 键，将偏移的轮廓面向外复制推拉出 50mm 的厚度，如图 6-90 所示。

8）旋转视图到窗内侧，同样将该轮廓面向内推拉 50mm，如图 6-91 所示。

图 6-89

图 6-90

9）单击材质工具按钮，为中间平面添加"蓝色半透明玻璃"材质，如图 6-92 所示。

图 6-91

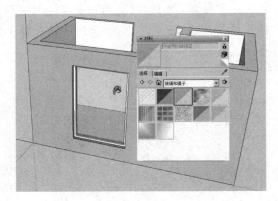

图 6-92

10）空格键切换成"选择"命令，旋转视图到窗内侧，框选整个窗图形，通过右键菜单执行"创建组件"命令，如图 6-93 所示。

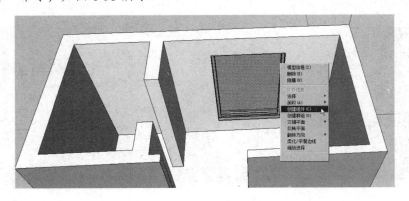

图 6-93

由于墙体外侧没有任何图形，使用这个角度更利于选择整个窗。

11）弹出"创建组件"对话框，设置相应名称，设置黏接方式为"任意"，并勾选"切割开口"和"用组件替换选择内容"项，然后单击"设置组件轴"按钮，来到绘图区，旋转到窗外侧，捕捉外角点为轴原点，在该角点的两条垂直边上分别指定红轴和绿轴方向，以确定组件轴，最后单击"创建"按钮如图 6-94 所示。

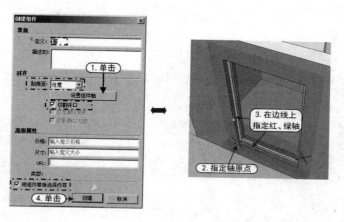

图 6-94

12）执行"窗口｜默认面板｜组件"菜单命令，打开"组件"面板，单击"在模型中"按钮 ，即可看到创建的组件如图 6-95 所示。

13）执行卷尺命令（T），捕捉相应点绘制辅助线，如图 6-96 所示。

图 6-95

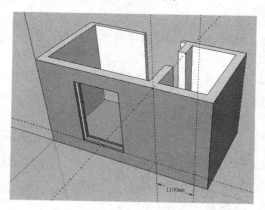

图 6-96

14）在"组件"面板中，单击"窗"组件，然后单击辅助线交点以插入切割窗组件，如图 6-97 所示。

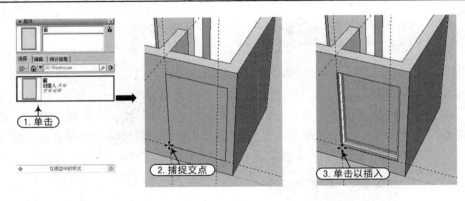

图 6-97

15）执行缩放命令（S），将插入的组件沿红轴进行缩放，并捕捉辅助线为限制缩放的终点，如图 6-98 所示。

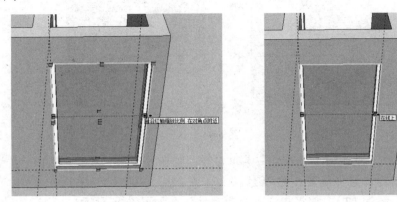

图 6-98

16）执行擦除命令（E），将辅助线删除；再执行卷尺命令（T），旋转视图在另一侧面上绘制辅助线；然后将"窗"组件插入相应位置，如图 6-99 所示。

17）执行缩放命令（S），将刚插入的组件沿红轴进行缩放，并捕捉辅助线为限制缩放的终点，如图 6-100 所示。

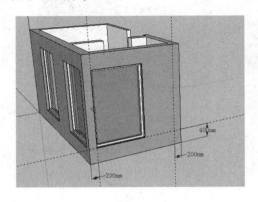

图 6-99

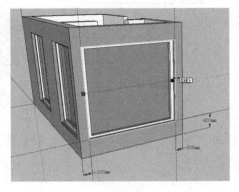

图 6-100

18）右击缩放的组件，执行"设定为唯一"命令，则新生成一个组件，并在"组件"窗口列表中显示名为"窗#1"新组件，如图 6-101 所示。

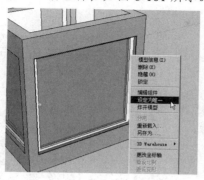

图 6-101

19）双击进入该组件编辑，然后执行"窗口｜模型信息"菜单命令，在"组件"面板中的"淡化模型的其余部分"选项中，勾选"隐藏"复选框，以隐藏组外所有图形，如图 6-102 所示。

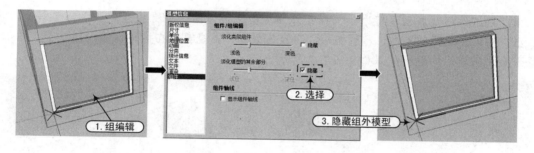

图 6-102

20）双击选择窗框内侧面，然后执行移动命令（M），结合 Ctrl 键将该面复制到中间位置，如图 6-103 所示。

21）执行推拉命令（P），将复制出的面向左推拉 50，如图 6-104 所示。

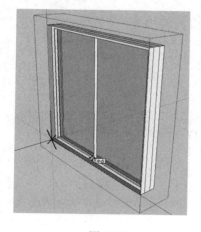

图 6-103

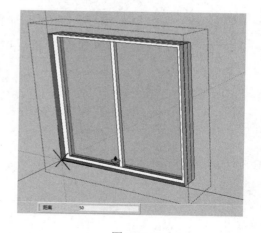

图 6-104

22）同样结合 Ctrl 键，将面向右复制推拉出 50，如图 6-105 所示。

23）执行直线命令（L）和擦除命令（E），在相应位置进行补线，并删除多余的线段，效果如图 6-106 所示。

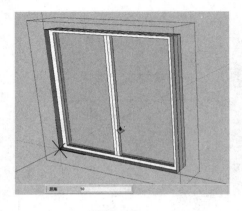 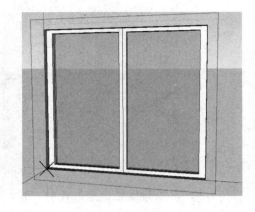

图 6-105 图 6-106

24）将组件修改成双扇窗以后，在组外侧单击，则退出组编辑状态，显示全部图形。

25）再旋转视图到室内，通过矩形、删除等命令，围绕窗框在内墙面绘制矩形面，然后将该面删除，完成后的最终效果如图 6-107 所示。

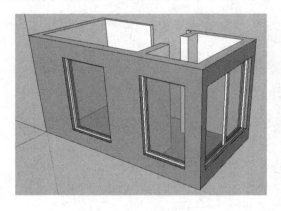 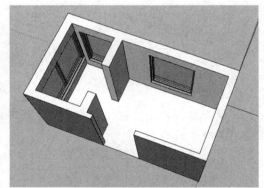

图 6-107

第7章　材质与贴图的应用

本章导读 ┄┄┄┄┄┄┄┄┄┄┄┄┄┄┄┄┄┄┄┄┄┄┄┄┄┄┄┄┄ ┅O

　　既然 SketchUp 软件提供了强大的建模功能，那么它同样就有非常丰富的材质库，以此应用于边线、表面、文字、剖面、组和组件中，并实时显示物体的材质预览效果。还可以在材质被赋予以后，非常方便地修改材质的名称、颜色、透明度、尺寸大小及位置等特性。

　　除了能够赋予模型材质外，还可以对其模型进行贴图应用，使之将现有的效果图通过不同的方式贴在模型表面上，以此达到更加逼真的效果。

主要内容 ┄┄┄┄┄┄┄┄┄┄┄┄┄┄┄┄┄┄┄┄┄┄┄┄┄┄┄┄┄ ┅O

- 📖 默认的材质
- 📖 材料面板介绍
- 📖 填充材质的方法
- 📖 贴图的运用
- 📖 贴图坐标的调整
- 📖 贴图的技巧

效果预览 ┄┄┄┄┄┄┄┄┄┄┄┄┄┄┄┄┄┄┄┄┄┄┄┄┄┄┄┄┄ ┅O

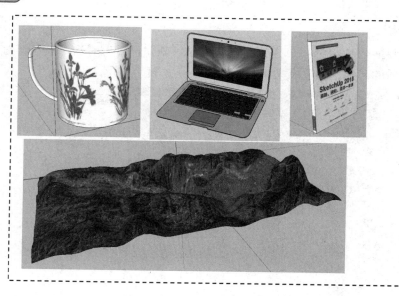

7.1 默认材质

在 SketchUp 中创建几何体时，会被赋予默认的材质。默认材质是正反两面显示且颜色是不同的，这是因为 SketchUp 使用的是双面材质，双面材质的特性可以帮助用户更容易区分表面的正朝向，以方便将模型导入其他软件时调整面的方向。

默认材质正反两面的颜色分别为"白色"和"灰色"，可以在"风格"面板的"编辑"选项板中进行设置，如图 7-1 所示。

7.2 材料面板

执行"窗口 | 默认面板 | 材料"菜单命令，或者单击材质工具按钮🖎（快捷键 B），均可以打开"材料"面板，如图 7-2 所示。在"材料"面板中可以选择和管理材质，也可以浏览当前模型中使用的材质。

- "使用这种颜料绘画"窗口◪：该图标的实质就是用于预览当前材质的窗口，选择或者提取一个材质后，在该窗口中会显示这个材质，同时会自动激活材质工具🖎。
- "名称"文本框：选择一个材质赋予模型以后，在"名称"文本框中将显示材质的名称，用户可以在这里为材质重新命名，如图 7-3 所示。

图 7-1

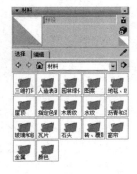

图 7-2

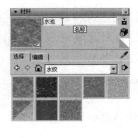

图 7-3

- "创建材质"按钮🖎：单击该按钮将弹出"创建材质"对话框，在该对话框中可以设置材质的名称、颜色及大小等属性信息，如图 7-4 所示。

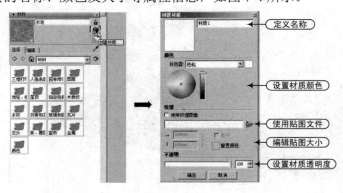

图 7-4

7.2.1　选择选项卡

选择选项卡主要是对场景中的材质进行选择。

- "前进"按钮/"后退"按钮：在浏览材质库时，这两个按钮可以前进或者后退。
- "模型中"按钮 🏠：单击该按钮可以快速返回到"模型中"材质列表，显示出当前场景中使用的所有材质。
- "提取材质"工具 ✏：单击该按钮可以从场景中吸取材质，并将其设置为当前材质。
- "详细信息"按钮 ➡：单击该按钮将弹出一个扩展菜单，通过该菜单下的命令，可调整材质图标的显示大小，或定义材质库，如图 7-5 所示。
- 列表框：在该列表框的下拉列表中可以选择当前显示的材质类型，例如，选择"在模型中的样式"或"材料"选项，如图 7-6 所示。

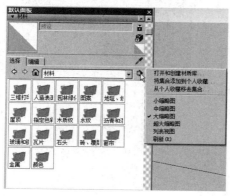
图 7-5

图 7-6

（1）在模型中的材质

通常情况下，应用材质后，材质会被添加到"材料"面板的"模型中"材质列表内，在对文件进行保存时，这个列表中的材质会和模型一起被保存。

在"模型中"材质列表内显示的是当前场景中使用的材质。被赋予模型的材质右下角带有一个小三角符号，没有小三角的材质表示曾经在模型中使用过，但是现在没有使用了。

提示　　注意　　技巧　　专业技能　　软件知识

如果在材质列表中的材质上单击鼠标右键，将弹出一个快捷菜单，如图 7-7 所示，其中相应选项介绍如下：

- 删除：该命令用于将选择的材质从模型中删除，原来赋予该材质的物体被赋予默认材质。
- 另存为：该命令用于将材质存储到其他材质库。
- 输出纹理图像：该命令用于将贴图存储为图片格式。
- 编辑纹理图像：如果在"系统设置"对话框的"应用程序"面板中设置过默认的图像编辑软件，那么在执行"编辑纹理图像"命令的时候会自动打开设置的图像编辑软件来编辑该贴图图片。

图 7-7

● 面积：执行该命令将准确地计算出模型中所有应用此材质表面的表面积之和。

● 选择：该命令用于选中模型中应用此材质的表面。

（2）材质

在"材料"列表中显示的是材质库中的材质，如图 7-8 所示。

在"材料"列表中可以选择需要的材质，如选择"石头"选项，那么在材质列表中会显示预设的石头材质，如图 7-9 所示。

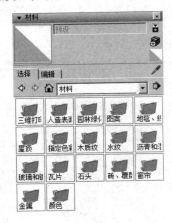

图 7-8

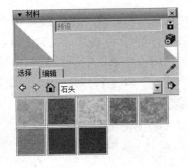

图 7-9

7.2.2 编辑选项卡

编辑选项卡的界面如图 7-10 所示，进入此选项卡可以对材质的属性进行修改，其主要功能介绍如下。

● 拾色器：在该项的下拉列表中可以选择 SketchUp 提供的 4 种颜色体系，如图 7-11 所示。

✓ 色轮：使用这种颜色体系可以从色盘上直接取色。用户可以使用鼠标在色盘内选择需要的颜色，选择的颜色会在"使用这种颜料绘画"窗口 和模型中实时显示以供参考。色盘右侧的滑块可以调节色彩的明度，越向上明亮度越高，越向下越接近于黑色。

✓ HLS：HLS 分别代表色相、亮度和饱和度，这种颜色体系最善于调节灰度值。

✓ HSB：HSB 分别代表色相、饱和度和明度，这种颜色体系最适合于调节非饱和颜色。

✓ RGB：RGB 分别代表红、绿、蓝 3 色，RGB 颜色体系中的 3 个滑块是互相关联的，改变其中一个，其他两个滑块颜色也会改变。用户也可以在右侧的数值输入框中输入数值进行调节。

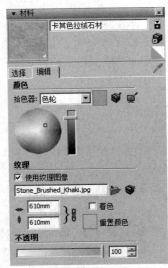

图 7-10

● "匹配模型中对象的颜色"按钮 ：单击该按钮将从模型中取样。

- "匹配屏幕上的颜色"按钮：单击该按钮将从屏幕上取样。
- "宽度和高度"文本框：在该文本框中输入数值可以修改贴图单元的大小。默认的高宽比是锁定的，单击"锁定/解除锁定高宽比"按钮即可解锁，解锁后该图标变为。
- 不透明度：材质的透明度介于 0～100 之间，值越小越透明。对表面应用透明材质可以使其具有透明性。通过"材质"编辑器可以对任何材质设置透明度，而且表面的正反两面都可以使用透明材质，也可以单独一个表面用透明材质，另一面不用。

图 7-11

如果没有为物体赋予材质，那么物体使用的是默认材质，是无法改变透明度的，而且编辑选项卡下的各选项呈灰色，不可设置，如图 7-12 所示。

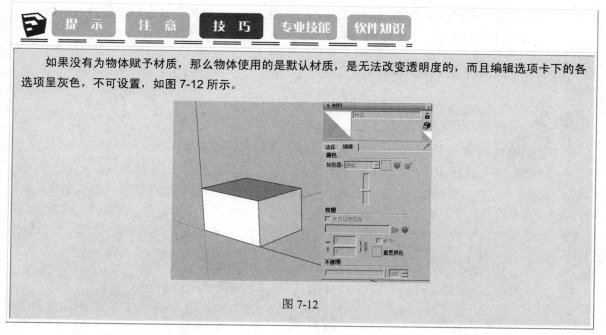

图 7-12

7.3　填充材质

使用材质工具，或在"材料"面板中单击"使用这种颜料绘画"按钮，为模型中的实体赋予材质（包括材质与贴图），既可以为单个元素上色，也可以填充一组组件相连的表面，同时还可以覆盖模型中的某些材质。

使用材质工具时，配合键盘上的按键，可以按不同条件为表面分配材质。下面就对相应的按键功能进行讲解。

- 单个填充（无须配合任何按钮）：激活材质工具，在单个边线或表面上单击鼠标左键即可赋予其材质。如果事先选中了多个物体，则可以同时为选中的物体上色。
- 邻接填充（结合 Ctrl 键）：激活材质工具的同时按住 Ctrl 键，可以同时填充与所选表面相邻接并且使用相同材质的所有表面。在这种情况下，当捕捉到可以填充的表面时，图标右下方会横放 3 个小方块，变为 。如果事先选中了多个物体，那么邻接填充操作会被限制在所选范围之内。

- 替换填充（结合 Shift 键）：激活材质工具 的同时按住 Shift 键，图标右下角会直角排列 3 个小方块，变为 ，可以用当前材质替换所选表面的材质。模型中所有使用该材质的物体都会同时改变材质。

- 邻接替换（结合 Ctrl+Shift 组合键）：激活材质工具 的同时按住 Ctrl+Shift 组合键，可以实现"邻接填充"和"替换填充"的效果。在这种情况下，当捕捉到可以填充的表面时，图标右下角会竖直排列 3 个小方块，变为 ，单击即可替换所选表面的材质，但替换的对象将限制在所选表面有物理连接的几何体中。如果事先选择了多个物体，那么邻接替换操作会被限制在所选范围之内。

- 提取材质（结合 Alt 键）：激活材质工具 的同时按住 Alt 键，图标将变成吸管 ，此时单击模型中的实体，就能提取该实体的材质。提取的材质会被设置为当前材质，用户可以直接用来填充其他物体。

实战训练——为场景填充地面材质

视频\07\为场景填充地面材质.avi
案例\07\素材文件\建筑.skp

下面结合实例来讲解材质的赋予与调整方法，其操作步骤如下。

1）运行 SketchUp 2018，打开案例素材文件"建筑.skp"，如图 7-13 所示。

2）用鼠标中键旋转视图到上侧，激活材质工具 ，打开"材料"面板，在列表框下拉列表中选择"木质纹"类型，单击选择一个木材质，为客厅和房间进行大面积填充，如图 7-14 所示。

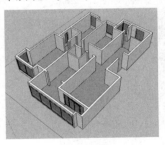
图 7-13

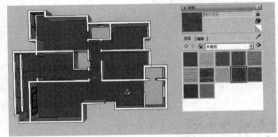
图 7-14

3）单击切换到"编辑"选项卡，在 RGB 颜色输入框中输入相应的数值以调整材质的颜色；然后在宽度框中输入值 1200mm 以更改纹理的大小，效果如图 7-15 所示。

提示　注意　技巧　专业技能　软件知识

在默认情况下，"宽高比"输入框为锁定状态 ，即高与宽之前存在着正比关系，每个材质的高度比是不同的。如在宽度框内输入一个数值（如 1200），高度框内的数值将自动随比例（该材质高宽比为 1:1）被改变（1200）。

若是将"宽高比"输入框解锁 后，可自行在高度和宽度框内输入值。

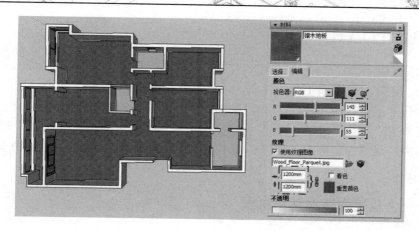

图 7-15

4）单击切换到"选择"选项卡，在材质列表框中选择"瓦片"类型材质，然后选择一个材质对厨房和卫生间进行填充，如图 7-16 所示。

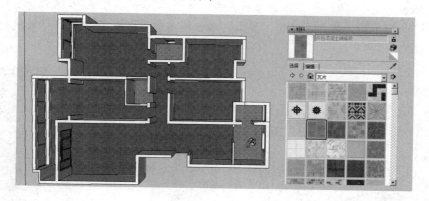

图 7-16

5）切换到"编辑"选项卡下，在宽度框中输入数值 600mm，以调整纹理大小，完成的效果如图 7-17 所示。

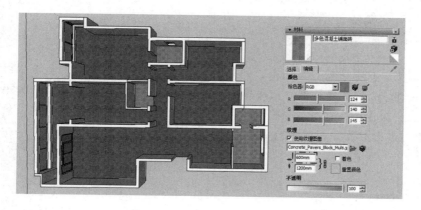

图 7-17

7.4　贴图的运用

在"材料"面板中可以使用 SketchUp 自带的材质库，当然，材质库中只是一些基本贴图，在实际工作中，还需要自己动手添加材质，以供实际需要。

如果需要从外部获得贴图纹理，可以在"材料"面板的"编辑"选项卡中勾选"使用贴图"复选框（或者单击"浏览"按钮），此时将弹出一个对话框用于选择贴图并导入 SketchUp。从外部获得的贴图应尽量控制大小，如有必要可以使用压缩的图像格式来减小文件量，例如 jpg 或 png 格式的贴图。

实战训练——为笔记本添加贴图材质

视频\07\为笔记本添加贴图材质.avi
案例\07\素材文件\笔记本.skp

本案例主要讲解为"笔记本"素材文件添加一个材质贴图，其操作步骤如下。

1）运行 SketchUp 2018，打开案例素材文件"笔记本.skp"，如图 7-18 所示。

2）激活材质工具，打开"材料"面板，单击创建材质按钮，弹出"创建材质"窗口，如图 7-19 所示。

图 7-18

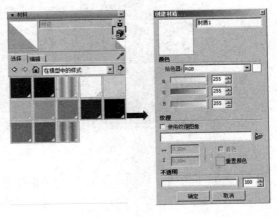

图 7-19

3）勾选"使用纹理图像"复选框，则随即弹出"选择图像"窗口，找到本书路径"案例\07\素材图片\宇宙.jpg"文件，然后依次单击"打开"和"确定"按钮，如图 7-20 所示。

4）根据上步操作，在材质列表将看到添加的贴图材质，在该材质上单击，然后在屏幕面上单击以赋予该贴图材质，如图 7-21 所示。

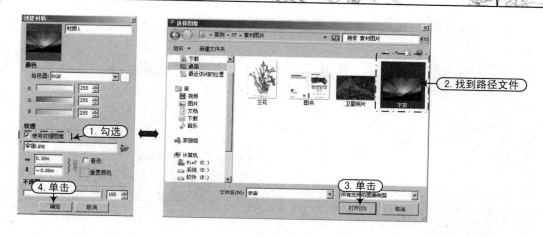

图 7-20

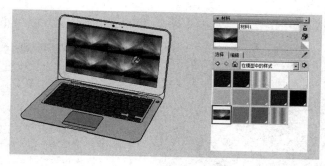

图 7-21

7.5　贴图坐标的调整

SketchUp 的贴图是作为平铺对象应用的，不管表面是垂直、水平还是倾斜，贴图都附着在表面上，不受表面位置的影响。另外，贴图坐标能有效运用于平面，但是不能赋予到曲面。如果要在曲面上显示材质，可以将材质分别赋予组成曲面的面。

SketchUp 的贴图坐标有两种模式，分别为锁定别针模式和自由别针模式。

7.5.1　锁定别针模式

在物体的贴图上右击，在弹出的菜单中执行"纹理｜位置"命令，此时物体的贴图将以透明方式显示，并且在贴图上会出现 4 个彩色别针，每一个别针都有固定的特有功能。下面以实例的方式来讲解这些锁定别针的使用方法。

实战训练——贴图的变形控制

视频\07\贴图变形的控制.avi
案例\无

下面为最常见的 BOX 进行材质贴图，并通过调整别针来改变贴图的形状，操作步骤如下。

1）运行 SketchUp 2018，执行矩形命令（R）和推拉命令（P），随意绘制一个长方体，如图 7-22 所示。

2）执行材质命令（B），打开"材料"面板，为其中一个表面填充一个"蓝色砖块"材质，如图 7-23 所示。

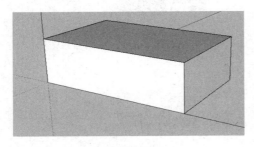

图 7-22   图 7-23

3）切换到"编辑"选项卡，在宽度框中输入 3000mm 来改变纹理大小，如图 7-24 所示。

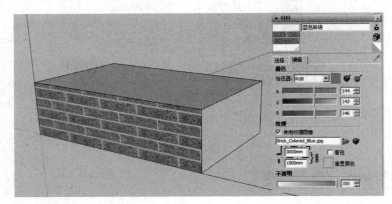

图 7-24

4）右击贴图，然后在弹出的菜单中执行"纹理｜位置"命令，如图 7-25 所示。

5）此时物体的贴图以透明方式显示，并且贴图上会出现 4 个彩色别针，如图 7-26 所示。

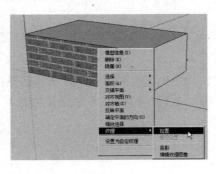

图 7-25   图 7-26

6）拖曳蓝色的"平行四边形变形"别针，可以对贴图进行平行四边形变形操作，在操作中，位于下面的两个别针（"移动"和"缩放旋转"别针）是固定的，调整好后，在外侧单击退出贴图的编辑，如图 7-27 所示。

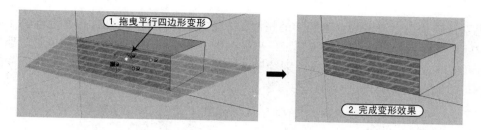

图 7-27

7）拖曳红色的"移动"别针，可以移动贴图，如图 7-28 所示。

8）拖曳黄色的"梯形变形"别针，可以对贴图进行梯形变形操作，也可以形成透视效果，如图 7-29 所示。

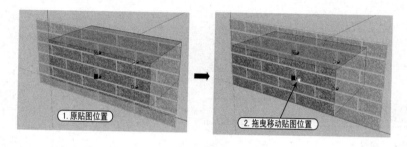

图 7-28

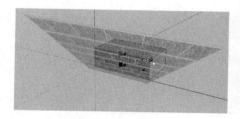

图 7-29

9）拖曳绿色的"缩放旋转"别针，可以对贴图进行缩放和旋转操作。按下鼠标左键时贴图上出现旋转的轮盘，移动鼠标时，从轮盘中心点将放射出两条虚线，分别对应缩放和旋转操作前后比例与角度的变化，如图 7-30 所示。

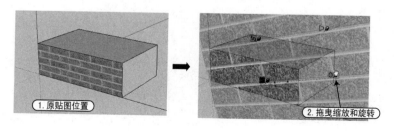

图 7-30

7.5.2 自由别针模式

自由别针模式适合设置和消除照片的扭曲。在自由别针模式下，别针相互之间都不互相限制，这样就可以将别针拖曳到任何位置。只需在贴图的右键菜单中取消"锁定别针"选项前面的钩，即可将锁定别针模式转换为自由别针模式，此时 4 个彩色的别针都会变成相同的黄色别针，用户可以通过拖曳别针进行贴图的调整，如图 7-31 所示。

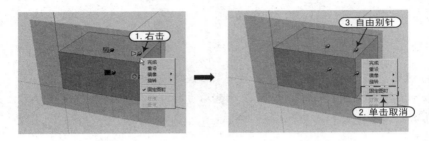

图 7-31

实战训练——调整笔记本的贴图

 视频\07\调整笔记本的贴图.avi
案例\07\素材文件\添加贴图后的笔记本.skp

通过 7.4 节实例的操作，已经为笔记本屏幕添加了贴图材质，但贴图并不合适该屏幕的大小，下面以自由别针模式来调整贴图的位置，其操作步骤如下。

1）运行 SketchUp 2018，打开案例素材文件"添加贴图后的笔记本.skp"；在贴图上右击，在弹出的菜单中执行"纹理|位置"命令，如图 7-32 所示。

2）随后该贴图上出现 4 个彩色别针，再右击贴图，在弹出的菜单中可看见"固定图钉"选项被勾选，单击该选项以取消勾选此项，如图 7-33 所示。

图 7-32　　　　　　　　图 7-33

3）此时 4 个彩色的别针都会变成相同的银色别针，4 个银色别针的位置即为一幅完整图片的 4 个顶角点，如图 7-34 所示。

4）分别拖曳 4 个银色别针到屏幕的 4 个顶角点，则将整个图片调节到与屏幕重合，如图 7-35 所示。

5）按回车键，完成贴图的修改（或在外侧空白处单击），完成的效果如图 7-36 所示。

图 7-34

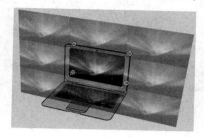

图 7-35

图 7-36

7.6　贴图的技巧

前面介绍了一些常用的贴图方法，在实际操作中，还有一些对不规则图形贴图的方法，下面将详细介绍实际操作中的一些常用贴图技巧。

7.6.1　转角贴图

SketchUp 的贴图可以包裹模型的转角，完成无缝的贴图效果，常用于制作户外广告牌。

实战训练——为书本模型添加贴图材质

视频\07\为书本模型添加贴图材质.avi
案例\07\最终效果\贴图后的书本.skp ————————————————————HHO

下面以"书本"为实例，讲解如何为转角表面添加一幅完整的无缝贴图，其操作步骤如下。

1）运行 SketchUp 2018，打开案例素材文件"书本.skp"，如图 7-37 所示。

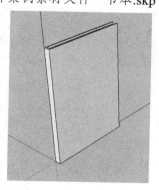

图 7-37

2）执行材质命令（B），打开"材料"面板，单击创建材质按钮，在弹出的"创建材质"窗口勾选"使用纹理图像"，在弹出的"选择图像"对话框添加本案例的"素材图片\图书.BMP"文件，然后依次单击"打开"和"确定"按钮，如图 7-38 所示。

3）由于书本是一个组件，双击进入该组编辑，单击添加的贴图材质，对书本表面进行填充，如图 7-39 所示。

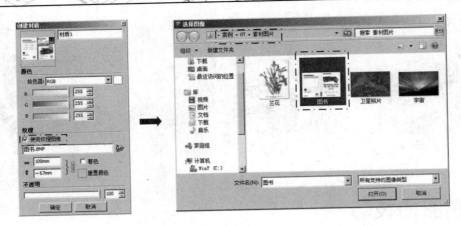

图 7-38

4）在填充的面上右击，在弹出的菜单中执行"纹理｜位置"命令，则进入贴图编辑状态，右击贴图使其上面的图钉显示自由图钉模式，如图 7-40 所示。

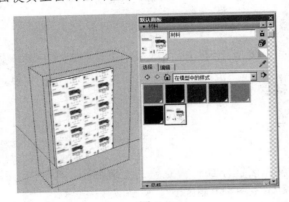

图 7-39

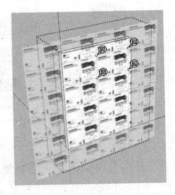

图 7-40

5）首先分别拖曳 4 个图钉到该平面的 4 个顶角点，如图 7-41 所示。

6）由于该图片是三开（正、反面及侧面），再沿着轴拖曳左侧的两个图钉，使平面上显示出整个图书的正面，如图 7-42 所示。

图 7-41

图 7-42

移动一个图钉后，再移动另一个图钉时，会出现一条对齐轴线，以方便对齐捕捉。

7）调整好后，按回车键确定，效果如图 7-43 所示。

8）使用"材料"面板中的"样本原料"工具 ，在调整好的贴图处单击以提取材质为样本，如图 7-44 所示。

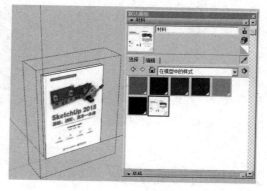

图 7-43

图 7-44

使用"样本原料"（提取材质）工具 ，不仅能提取材质，还能提取材质的大小和坐标。如果不使用"提取材质"工具 ，而是直接从材质库中选择同样的材质贴图，往往会出现坐标轴对不上的情况，还要重新调整坐标和位置。所以建议读者在进行材质填充操作的时候多使用"提取材质"工具 。

9）提取材质后，即刻激活材质工具 ，接着单击与其相邻的侧面，将取样的材质赋予相邻表面，赋予的材质贴图会自动无错位相接，如图 7-45 所示。

10）在材质工具状态下结合 Alt 键，鼠标变成"提取材质" ，再提取侧面上的材质贴图，如图 7-46 所示。

图 7-45

图 7-46

11）提取后激活材质工具，旋转视图到背面，再对背面进行相邻表面无缝贴图，完成的效果如图 7-47 所示。

图 7-47

7.6.2　圆柱体的无缝贴图

在为圆柱体赋予材质时，有时候虽然材质能够完全包裹住物体，但是在连接时还是会出现错位的情况，这种情况就要利用物体的贴图坐标和查看隐藏物体来解决。

实战训练——为杯子模型添加贴图材质

视频\07\为杯子模型添加贴图材质.avi
案例\07\最终效果\贴图后的杯子.skp

下面以"杯子"模型为实例，讲解为其添加无缝贴图的方法，其操作步骤如下。

1）运行 SketchUp 2018，打开本案例素材文件"杯子.skp"，如图 7-48 所示。

2）执行材质命令（B），打开"材料"面板，根据前面添加贴图的方法，将本案例文件夹下的素材图片"兰花.jpg"作为贴图纹理添加到场景中，并赋予杯面。此时会发现贴图存在明显的错位情况，如图 7-49 所示。

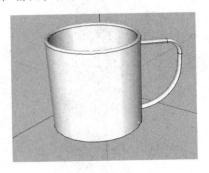

图 7-48　　　　　　　　　　　　　　图 7-49

3）执行"视图|隐藏物体"菜单命令，显示模型被隐藏的法线，如图 7-50 所示。

4）空格键切换成选择命令，在其中一个分面上右击，在弹出的菜单中执行"纹理 | 位置"命令，如图 7-51 所示。

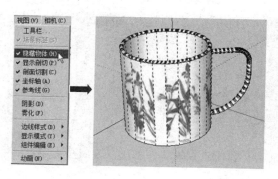
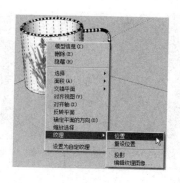

图 7-50 　　　　　　　　　　　　　　　　图 7-51

5）进入贴图坐标编辑状态，可以对贴图的大小及位置进行调整，调整好后右击选择"完成"选项，如图 7-52 所示。

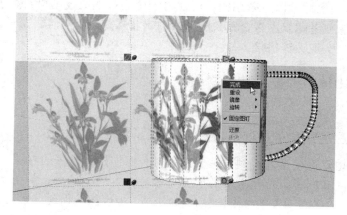

图 7-52

6）退出贴图编辑，然后使用"提取材质"工具，提取上一步调整好的面为样本材质，然后依照相邻顺序依次单击其他分隔面，进行无错位材质贴图，如图 7-53 所示。

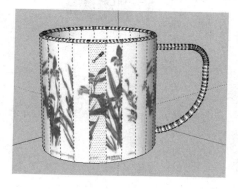
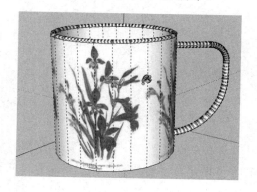

图 7-53

7）执行"视图|隐藏物体"菜单命令，隐藏模型的内部法线，旋转视图全面观察贴图效果，最终效果如图 7-54 所示。

图 7-54

7.6.3 投影贴图

SketchUp 的贴图坐标可以投影贴图，就像将一个幻灯片用投影机投影一样。如果希望在模型上投影地形图像或者建筑图像，那么投影贴图就非常有用。任何曲面不论是否被柔化，都可以使用投影贴图来实现无缝拼接。

实战训练——为山体地形赋予贴图材质

视频\07\为山体地形赋予贴图材质.avi
案例\07\最终效果\贴图后的山体地形.skp

下面以"山体地形"模型为实例，主要讲解对其添加投影贴图的方法，操作步骤如下。

1）运行 SketchUp 2018，打开本案例素材文件"山体地形.skp"，如图 7-55 所示。

2）执行"文件|导入"菜单命令，弹出"导入"对话框，找到本案例素材图片文件"卫星照片.jpg"，然后单击"导入"按钮，如图 7-56 所示。

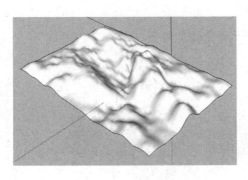

图 7-55   图 7-56

3）在绘图区单击插入点，并拖动指定图片的大小，插入的图片如图 7-57 所示。

4）通过移动和缩放等命令，将图片调整到与山体地形同样的大小，并移动到山体的上方，如图 7-58 所示。

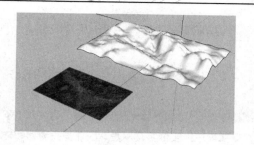
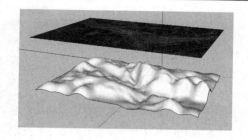

图 7-57　　　　　　　　　　　　　　　　图 7-58

5）在图片上右击，在弹出的菜单中执行"炸开模型"命令，将图片分解成为几何面，如图 7-59 所示。

6）在贴图上右击，在弹出的菜单中执行"纹理｜投影"命令，切换成贴图投影模式，如图 7-60 所示。

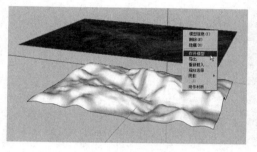
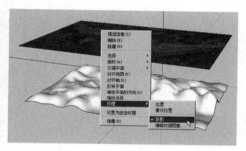

图 7-59　　　　　　　　　　　　　　　　图 7-60

7）执行材质命令（B），按住 Alt 键，激活"提取材质"工具 ，在贴图图像上进行材质取样，然后将提取的材质赋予山体模型，如图 7-61 所示。

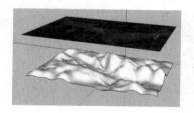
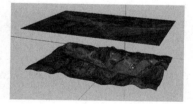

图 7-61

8）将不需要的贴图图像删除，完成山体材质的赋予，效果如图 7-62 所示。

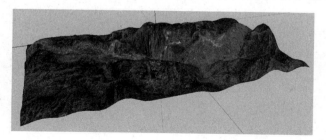

图 7-62

　　这种方法可以构建较为直观的地形地貌特征，对整个城市或某片区进行大区域的环境分析，是比较有现实意义的一种方法。

　　实际上，投影贴图不同于包裹贴图，包裹贴图的花纹是随着物体形状的转折而转折的，花纹大小不会改变；但投影贴图的图像来源于平面，相当于把贴图拉伸，使其与三维实体相交，是贴图正面投影到物体上形成的形状。因此，使用投影贴图会使贴图有一定变形。

第 8 章　场景与动画的应用

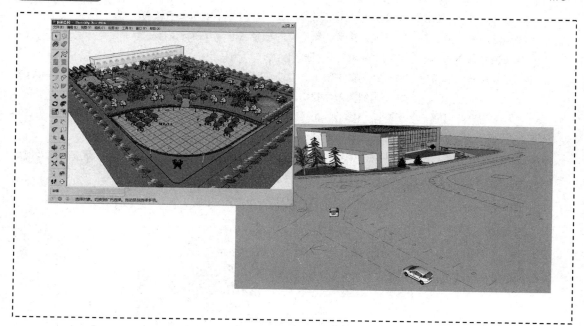

8.1　场景及场景管理器

　　SketchUp 中场景的功能主要用于保存视图和创建动画，场景页面可以存储显示设置、图层设置、阴影和视图等，通过绘图窗口上方的场景标签可以快速切换场景显示。

　　执行"窗口｜默认面板｜场景"菜单命令，即可打开"场景"面板，通过"场景"面板可以添加和删除场景，也可以对场景进行属性修改，如图 8-1 所示。

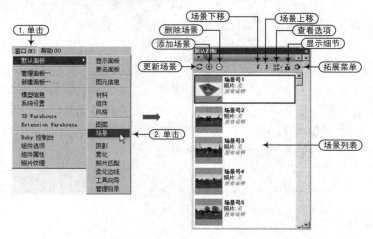

图 8-1

提 示　　注 意　　技 巧　　专业技能　　**软件知识**

　　场景面板中各按钮和选项的功能介绍如下。

　　❖　"添加场景"按钮⊕：单击该按钮将在当前相机镜头设置下添加一个新的场景。

　　❖　"删除场景"按钮⊖：单击该按钮将删除选择的场景。也可以在场景标签上单击鼠标右键，然后在弹出的菜单中执行"删除场景"命令进行删除。

　　❖　"更新场景"按钮🔁：如果对场景进行了改变，则需要单击该按钮进行更新。也可以在场景号标签上单击鼠标右键，然后在弹出的菜单中执行"更新场景"命令。

　　❖　"场景下移"按钮⬇/"场景上移"按钮⬆：这两个按钮用于移动场景的前后位置。对应场景号标签右键菜单中的"左移"和"右移"命令。

　　用户单击绘图窗口左上方的场景号标签，可以快速切换所记录的视图窗口。右击场景号标签也能弹出场景管理命令，可对场景进行更新、添加或删除等操作，如图 8-2 所示。

图 8-2

❖ "查看选项"按钮 ⊞▾：单击该按钮可以改变场景视图的显示方式，如图 8-3 所示。在缩略图右下角有一个铅笔的场景，表示为当前场景。在场景数量多，难以快速准确找到所需场景的情况下，这项新增功能显得非常重要。

从 SketchUp 2013 开始，其"场景"管理器新增加了场景缩略图，可以直观显示场景视图，使查找场景变得更加方便，也可以右击缩略图进行场景的添加和更新等操作，如图 8-4 所示。

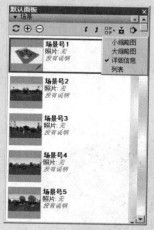

图 8-3

图 8-4

在创建场景时，或者将 SketchUp 低版本中创建的含有场景属性的模型在 SketchUp 2018 中打开生成缩略场景时，可能需要一定的时间进行场景缩略图的渲染，这时候可以选择等待或者取消渲染操作，如图 8-5 所示。

❖ "显示/隐藏详细信息"按钮 ▣/▣：每一个场景都包含了很多属性设置，如图 8-6 所示，单击该按钮即可显示或者隐藏这些属性。

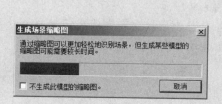

图 8-5

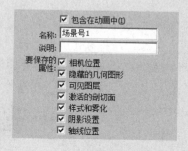

图 8-6

◆ 包含在动画中：当动画被激活以后，选中该选项则场景会连续显示在动画中。如果没有勾选，则播放动画时会自动跳过该场景。

◆ 名称：可以改变场景的名称，也可以使用默认的场景名称。

◆ 说明：可以为场景添加简单的描述。

◆ 要保存的属性：包含了很多属性选项，选中则记录相关属性的变化，不选则不记录。在不选的情况下，当前场景的这个属性会延续上一个场景的特征。例如，取消勾选"阴影设置"复选框，那么从前一个场景切换到当前场景时，阴影将停留在前一个场景的阴影状态下，当前场景的阴影状态将被自动取消；如果需要恢复，就必须再次勾选"阴影设置"复选框，并重新设置阴影，还需要再次刷新。

实战训练——为场景添加多个页面

视频\08\为场景添加多个页面.avi
案例\08\最终效果\场景页面.skp

首先打开场景文件，然后执行相应的命令为场景添加多个场景页面，其操作步骤如下。

1）启动 SketchUp 2018，接着执行"文件|打开"菜单命令，打开案例文件"案例\08\素材文件\休闲公园.skp"，如图 8-7 所示。

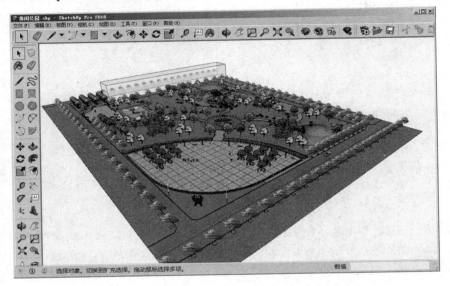

图 8-7

2）执行"窗口|默认面板|场景"菜单命令，接着在弹出的"场景"面板中单击"添加场景"按钮⊕，完成"场景号 1"的添加，如图 8-8 所示。

3）结合环绕观察工具⊕及平移工具⊿调整视图效果，重点表达公园入口的效果，再单击添加场景按钮⊕，完成"场景号 2"的添加，如图 8-9 所示。

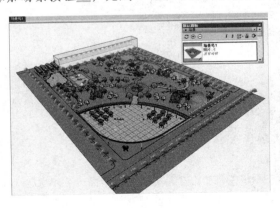

图 8-8

图 8-9

4）采用相同的方法完成其他场景页面的添加，如图 8-10 所示。

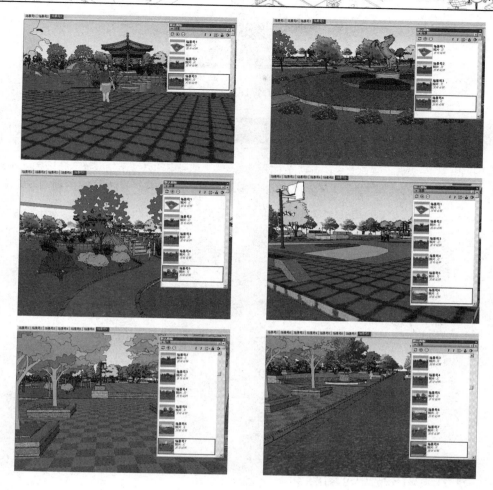

图 8-10

8.2 动画

SketchUp 的动画主要通过场景页面来实现，在不同页面场景之间可以平滑地过渡雾化、阴影、背景和天空等效果。SketchUp 的动画制作过程简单、成本低，被广泛用于概念性设计成果展示。

8.2.1 幻灯片演示

对于设置好页面的场景可以用幻灯片的形式进行演示。首先设定一系列不同视角的页面，并尽量使得相邻页面之间的视角与视距不要相差太远，数量也不宜太多，只需选择能充分表达设计意图的代表性页面即可；然后执行"视图｜动画｜播放"菜单命令打开"动画"对话框，单击"播放"按钮 ▷ 播放 即可播放页面展示的动画，单击"停止"按钮 □ 停止(S) 即可暂停幻灯片播放，如图 8-11 所示。

图 8-11

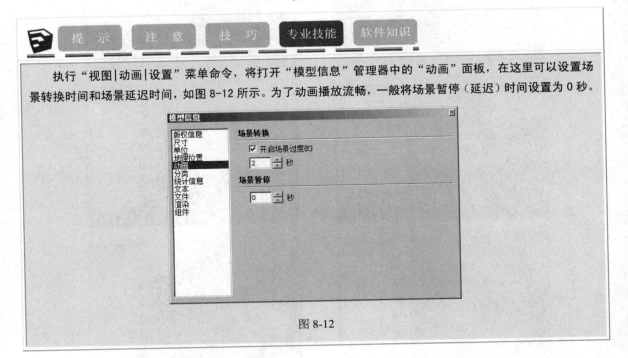

提 示　　注 意　　技 巧　　专业技能　　软件知识

执行"视图|动画|设置"菜单命令，将打开"模型信息"管理器中的"动画"面板，在这里可以设置场景转换时间和场景延迟时间，如图 8-12 所示。为了动画播放流畅，一般将场景暂停（延迟）时间设置为 0 秒。

图 8-12

8.2.2　导出 AVI 格式的动画

对于简单的模型，采用幻灯片播放还能保持平滑动态显示，但在处理复杂模型的时候，如果仍要保持画面流畅就需要导出动画文件了。这里因为采用幻灯片播放时，每秒显示的帧数取决于计算机的即时运算能力，而导出视频文件的话，SketchUp 会使用额外的时间来渲染更多的帧，以保证画面的流畅播放。所以，导出视频文件需要更多的时间。

实战训练——导出场景动画

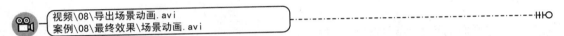

视频\08\导出场景动画.avi
案例\08\最终效果\场景动画.avi

下面以 8.1 节添加场景后的"场景页面"为实例，为该场景导出动画，其操作步骤如下。

1）接着上一实例来讲解，执行"文件｜导出｜动画｜视频"菜单命令，如图 8-13 所示。

2）系统弹出"输出动画"对话框，在这里设置保存的路径（案例\08\最终效果）及名称（场景动画），并选择导出格式为.avi，如图 8-14 所示。

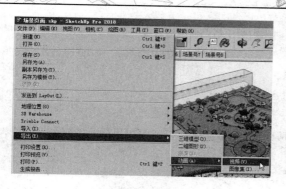
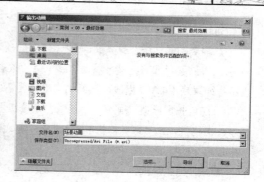

图 8-13　　　　　　　　　　　　　　　　　　图 8-14

3）单击"选项"按钮，打开"动画导出选项"对话框，设置帧速率为 10，勾选"循环至开始场景"和"抗锯齿渲染"选项，并单击"确定"按钮，如图 8-15 所示。再返回到"输出动画"对话框，单击"导出"按钮。

4）动画文件被导出，此时将显示导出进程对话框，如图 8-16 所示。

图 8-15

图 8-16

5）导出动画后，即可在保存的路径文件夹中看到该"场景动画"视频文件，如图 8-17 所示。双击该文件，就可以使用视频播放器播放该视频了。

图 8-17

"动画导出选项"面板中各按钮和选项的功能及相关知识介绍如下。

◇　宽度/高度：这两项的数值用于控制每帧画面的尺寸，以像素为单位。一般情况下，帧画面尺寸设为
400 像素×300 像素或者 320 像素×240 像素即可。如果是 640 像素×480 像素的视频文件，那就

可以全屏播放了。对视频而言，人脑在一定时间内对于信息量的处理能力是有限的，其运动连贯性比静态图像的细节更重要。所以，可以从模型中分别提取高分辨率的图像和较小帧画面尺寸的视频，既可以展示细节，又可以动态展示空间关系。

提示：如果是用 DVD 播放，画面的宽度需要 720 像素。

❖ "切换长宽比锁定/解锁"按钮▯：该按钮用于锁定或者解除锁定画面尺寸的长宽比。

提示：电视机、大多数计算机屏幕和 1950 年之前电影的标准比例是 4:3；宽银幕显示（包括数字电视、等离子电视等）的标准比例是 16:9。

❖ 帧数：帧数是指每秒产生的帧画面数。帧数与渲染时间以及视频文件大小呈正比，帧数值越大，渲染所花费的时间以及输出后的视频文件就越大。帧数设置为 8~10 帧/s 是画面连续的最低要求，12~15 帧/s 既可以控制文件的大小也可以保证流畅播放，24~30 帧/s 的设置就相当于"全速"播放了。当然，用户还可以设置 5 帧/s 渲染一个粗糙的动画来预览效果，这样能节约大量时间，并且发现一些潜在的问题，例如高宽比不对、照相机穿墙等。

提示：一些程序或设备要求特定的帧数。例如，一些国家的电视要求帧数为 29.97 帧/s，欧洲的电视要求为 25 帧/s、电影需要 24 帧/s，我国国内的电视要求为 25 帧/s 等。

❖ 从起始页循环：勾选该复选框可以从最后一个页面倒退到第一个页面，创建无限循环的动画。

❖ 完成后播放：如果勾选该复选框，那么一旦创建出视频文件，将立刻用默认的播放机来播放该文件。

❖ 编码：指定编码器或压缩插件，也可以调整动画质量设置。SketchUp 默认的编码器为 Cinepak Codec by Radius，可以在所有平台上顺利运行，用 CD-ROM 流畅回放，支持固定文件大小的压缩形式。

❖ 抗锯齿：勾选该复选框后，SketchUp 会对导出的图像进行平滑处理。需要更多的导出时间，但是可以减少图像中的线条锯齿。

❖ 始终提示动画选项：在创建视频文件之前总是先显示这个选项对话框。

提示：导出 AVI 文件时，在"动画导出选项"对话框中取消对"循环至开始场景"复选框的勾选就可以让动画停止在最后的位置。SketchUp 无法导出 AVI 文件的时候，建议在建模时材质使用英文名，文件也保存为一个英文名或者拼音，保存路径最好不要设置在中文名称的文件夹内（包括"桌面"），而是新建一个英文名称的文件夹，然后保存在某个盘的根目录下。

8.2.3 批量导出页面图像

当页面设置过多的时候，就需要导出图像，这样可以避免在页面之间进行烦琐的切换，并能节省大量的出图等待时间。

实战训练——导出页面图像

视频\08\导出页面图像.avi
案例\08\最终效果\图像集.jpg

下面还以 8.1 节添加场景后的"场景页面"为实例，为该场景导出页面图像，其操作步骤如下。

1）启动 SketchUp 2018，执行"文件|打开"菜单命令，打开案例文件"案例\08\最终效果\场景页面.skp"，如图 8-18 所示为创建的场景 1~8，多个场景页面。

2）执行"窗口｜模型信息"菜单命令，在弹出的"模型信息"管理器中切换到"动画"面板，接着设置"场景转换"为 1 秒、"场景暂停"为 0 秒，如图 8-19 所示。

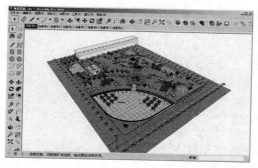
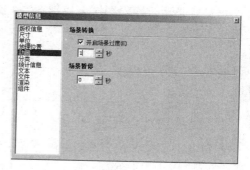

图 8-18 图 8-19

3）执行"文件｜导出｜动画｜图像集"菜单命令，在弹出的"输出动画"对话框中设置保存的路径、名称和类型，接着单击"选项"按钮，如图 8-20 所示。

4）在弹出的"动画导出选项"对话框中设置相关导出参数，导出时不可勾选"循环至开始场景"复选框，否则会将第一张图导出两次，如图 8-21 所示。

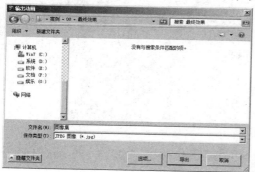
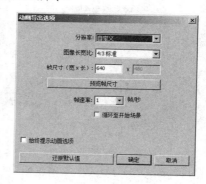

图 8-20 图 8-21

5）完成设置后单击"导出"按钮开始导出动画，弹出导出进程对话框，需要等待一段时间，如图 8-22 所示。

6）导出完成后可在保存的路径下看到批量导出的图片（图像集 0001～0008），如图 8-23 所示。

图 8-22 图 8-23

8.3 图层动画

图层动画是通过隐显图层来控制图层上显示的物体，从而创建不同的场景页面，下面以实战案例进行讲解。

实战训练——制作行驶的汽车

视频\08\制作行驶的汽车.avi
案例\08\最终效果\图层动画.avi

下面以某图书馆建筑为实例，制作图书馆前动态的车行道路场景动画，其操作步骤如下。

1）启动 SketchUp 2018，执行"文件｜打开"菜单命令，打开"案例\08\素材文件\图书馆建筑.skp"文件，如图 8-24 所示。

2）结合移动命令（M）和旋转命令（Q），将汽车模型复制出一份，并调节其方向，如图 8-25 所示。

图 8-24　　　　　　　　　　　　　　　　图 8-25

3）用同样的方法，在馆前的道路上多次添加汽车，并调整方向，效果如图 8-26 所示。

4）打开图层面板，并新建 7 个图层，如图 8-27 所示。

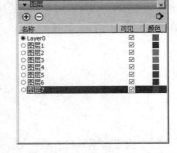

图 8-26　　　　　　　　　　　　　　　　图 8-27

5）然后按照汽车运行的顺序，分别将汽车指定到相应的图层上，如图 8-28 所示。

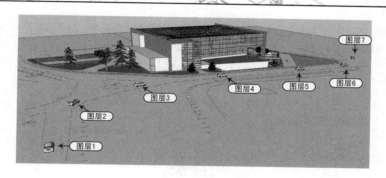

图 8-28

6）将"图层 0"和"图层 1"显示，将其他几个图层隐藏；然后执行"视图｜动画｜添加场景"菜单命令，为当前显示页面添加一个场景，如图 8-29 所示。

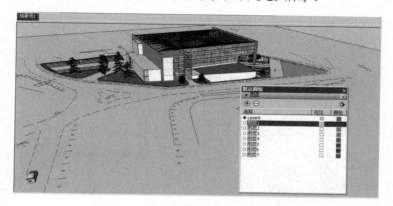

图 8-29

7）然后将"图层 1"隐藏，将"图层 2"显示出来，再执行"视图｜动画｜添加场景"菜单命令，添加场景 2，如图 8-30 所示。

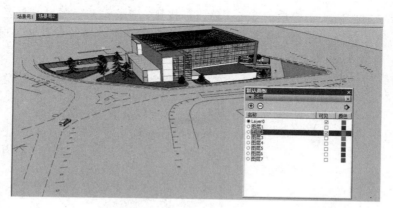

图 8-30

8）同样，将"图层 2"隐藏，将"图层 3"显示出来，添加场景 3，如图 8-31 所示。

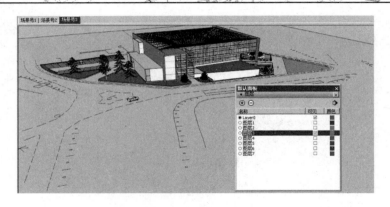

图 8-31

9）以此类推，创建对应图层的场景，如图 8-32 所示。

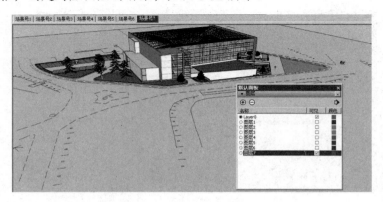

图 8-32

10）幻灯片演示动画。执行"视图｜动画｜播放"菜单命令，打开"动画"对话框，并自动播放当前创建的场景，如图 8-33 所示。

11）由于播放的时间比较缓慢，单击"停止"按钮，停止幻灯片播放；然后执行"视图｜动画｜设置｜"菜单命令，弹出"模型信息"窗口，设置场景转换及场景暂停时间均为 0，并开启场景过度，如图 8-34 所示。

图 8-33

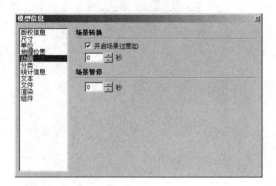

图 8-34

12）再次执行"视图｜动画｜播放"菜单命令，即可演示流畅的动画。

13）创建好动画后，可通过"文件｜导出｜动画｜视频"命令，将场景动画导出为 AVI 格式的视频，导出方法详见 8.2.2 节。

8.4　阴影动画

使用阴影可以使模型更具立体感，并能实时模拟模型的日照效果。

实战训练——制作阴影动画

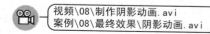

视频\08\制作阴影动画.avi
案例\08\最终效果\阴影动画.avi

下面通过一个阴影动画来表现一天中模型阴影的变化，其操作步骤如下。

1）启动 SketchUp 2018，执行"文件｜打开"菜单命令，打开"案例\08\素材文件\垂花门.skp"文件。

2）执行"窗口｜默认面板｜阴影"菜单命令，打开"阴影"面板。

3）在窗口中单击"显示/隐藏阴影"按钮 ，开启阴影显示；将日期设置为 2018 年 1 月 1 日，将"时间"滑块拖动到最左端，则模型显示 1 月 1 日 07:28 分时的阴影状态。

4）执行"窗口｜默认面板｜场景"菜单命令，打开"场景"面板，单击"添加场景"按钮 ，为当前场景添加一个页面，如图 8-35 所示。

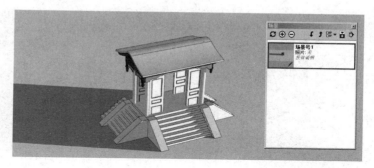

图 8-35

在"阴影"面板中，可通过拖动滑块来调整日期和时间，还可以直接在时间或日期后面的输入框内输入具体的时间和日期，也可以单击 按钮进行详细调整。

5）通过上面的方法，将时间设置为 10:00，并添加一个新的页面，如图 8-36 所示。

图 8-36

6）以此类推，分别在 12:00、14:00、16:41 的时间处添加场景，如图 8-37、图 8-38、图 8-39 所示。

图 8-37

图 8-38

图 8-39

7）然后执行"视图 | 动画 | 设置"菜单命令，弹出"模型信息"窗口，设置场景转换时间为 1 秒，场景暂停时间为 0，并开启场景过渡，如图 8-40 所示。

8）完成以上设置后，可通过"文件｜导出｜动画｜视频"命令，将场景导出为 AVI 格式的阴影动画文件，导出方法详见 8.2.2 节。

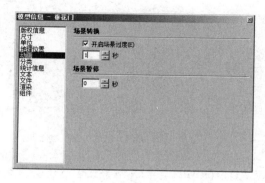

图 8-40

第 9 章　文件的导入与导出操作

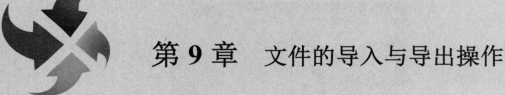

本章导读 ————————————————————————— ⊢⊢○

  SketchUp 可以与 AutoCAD、3ds Max 等相关图形处理软件共享数据成果，以弥补 SketchUp
在精确建模方面的不足。此外，SketchUp 在建模完成之后还可以导出准确的平面图、立面图
和剖面图，为下一步施工图的制作提供基础。本章将详细介绍 SketchUp 与几种常用软件的衔
接，以及不同格式文件的导入与导出操作。

主要内容 ————————————————————————— ⊢⊢○

  📖 AutoCAD 文件的导入与导出
  📖 二维图像的导入与导出
  📖 三维模型的导入与导出

效果预览 ————————————————————————— ⊢⊢○

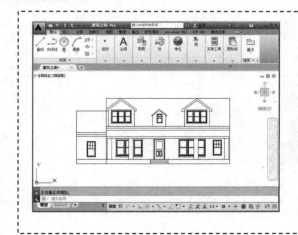

9.1 AutoCAD 文件的导入与导出

作为真正的方案推敲软件，SketchUp 必须支持方案设计的全过程，粗略抽象的概念是重要的，但精确的图纸也同样重要。因此 SketchUp 一开始就支持导入和导出 AutoCAD 的 DWG/DXF 格式的文件。下面以实例的方式进行讲解。

实战训练——导入 DWG 平面图并创建出墙体

视频\09\导入DWG平面图并创建墙体.avi
案例\09\最终效果\建筑墙体.skp

在 SketchUp 2018 中，执行"文件｜导入"菜单命令，可导入 AutoCAD 格式的文件，其操作步骤如下。

1）运行 SketchUp 2018，执行"文件｜导入"菜单命令，弹出"导入"对话框，设置文件类型为"AutoCAD 文件（*.dwg，*.dxf）"，如图 9-1 所示。

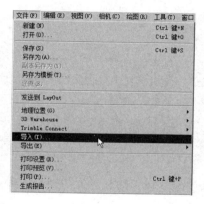
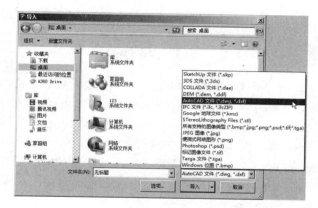

图 9-1

2）然后找到本案例素材文件"平面图纸.dwg"，然后单击"选项"按钮，弹出"导入 AutoCAD DWG/DXF 选项"对话框，选择导入的单位为"毫米"，如图 9-2 所示。

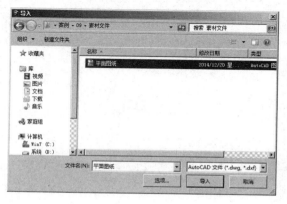

图 9-2

3）完成设置后，依次单击"确定"和"导入"按钮，则开始导入文件，若文件比较大，可能需要几分钟时间，导入完成后，SketchUp 中会显示一个导入结果的报告，如图 9-3 所示。

4）然后单击"关闭"按钮，则将 CAD 图形导入到 SketchUp 中，如图 9-4 所示。

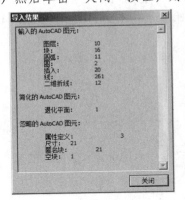

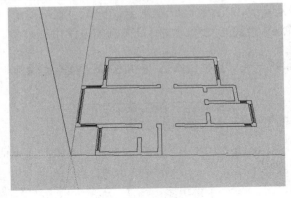

图 9-3   图 9-4

5）按键盘上的 Ctrl+A 组合键全选图形，通过右键快捷菜单将导入的图形编辑成群组。

　　如果在导入 DWG 文件之前，SketchUp 已经存在别的实体，那么导入的几何体会自动成为一个组，以免干扰到已有的几何体；但如果是导入到空白的 SketchUp 文件中，导入的图形为单独的线条。

　　SketchUp 支持导入的 AutoCAD 实体包括线、圆弧、圆、宽度一致的多段线、图块和图层等；不支持导入 AutoCAD 实心体、面域、宽度不一致的多段线、样条曲线、填充图案、文字、尺寸标注等。部分不支持的图形在 AutoCAD 中分解后可被导入（如部分填充图案）。

6）单击俯视图按钮，切换到俯视平面中；执行直线命令（L），捕捉平面图相应的端点勾勒出墙体轮廓形成封面，如图 9-5 所示。

　　在勾勒墙体线时，可忽略窗位置，直接绘制该方向上的一整条线。因为窗也是在墙体上开启窗洞所得。

7）旋转成透视图，执行推拉命令（P），将平面向上推拉为 2800 高的墙体，如图 9-6 所示。

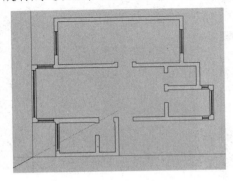

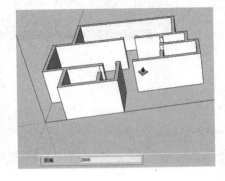

图 9-5   图 9-6

实战训练——将 SketchUp 文件导出为 DWG 二维图形

视频\09\将SketchUp文件导出为DWG二维图形.avi
案例\09\最终效果\建筑立面.dwg

下面学习将.skp 文件导出成为 DWG 格式文件的方法，其操作步骤如下。

1）运行 SketchUp 2018，打开本案例素材文件"建筑.skp"，如图 9-7 所示。

2）执行"相机 | 平行投影"菜单命令，切换至正投影视图；然后单击左视图按钮，将模型切换成正立面显示，如图 9-8 所示。

图 9-7

图 9-8

3）执行"文件 | 导出 | 二维图形"菜单命令，弹出"输出二维图形"对话框，找到保存路径"案例\09\最终效果"文件夹，选择输出类型为"AutoCAD DWG 文件（*.dwg）"格式，再输入名称为"建筑立面"，如图 9-9 所示。

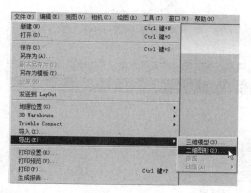

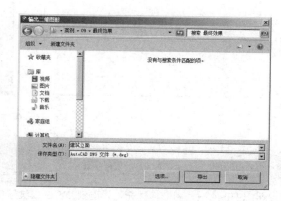

图 9-9

4）然后单击"选项"按钮，弹出"DWG/DXF 消隐选项"对话框，设置保存的 CAD 版本，并勾选"实际尺寸（1:1）"选项，然后单击"确定"按钮，如图 9-10 所示。

5）返回到"输出二维图形"对话框，单击"导出"按钮，经过几秒钟的等待，弹出警告提示，单击"确定"按钮，如图 9-11 所示。

6）在输出的文件夹下即可看到输出的"建筑立面.dwg"文件，双击它以 AutoCAD 软件打开该二维立面图，如图 9-12 所示。

图 9-10

图 9-11

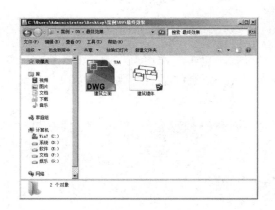

图 9-12

SketchUp 的一些图形特性无法导出到 DWG 二维图中，包括贴图、阴影和透明度。

9.2 二维图像的导入与导出

作为一名设计师，可能经常需要对扫描图、传真、照片等图像进行描绘，SketchUp 允许用户导入与导出 JPEG、PNG、TGA、BMP 和 TIF 等格式的图片。

实战训练——导入选定图片

视频\09\导入选定图片.avi
案例\09\素材文件\图书.bmp

通过前面章节的学习，已经学会了图片的导入方法，下面进行巩固练习，其操作步骤如下。

1）运行 SketchUp 2018，执行"文件 | 导入"菜单命令，则弹出"导入"对话框，在保存路径"案例\09\素材文件"文件夹下，选择类型为"JPEG 图像（*.jpg）"格式，则会出现"图书.bmp"文件，然后在"将图像用作"参数中选择"图像"选项，如图 9-13 所示。

2）然后单击"导入"按钮，则在 SketchUp 中，鼠标上附着该图形，单击指定插入的原点，再移动鼠标确定图片的大小后单击插入，如图 9-14 所示。

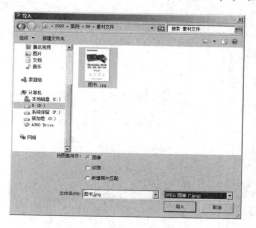

图 9-13

图 9-14

在"导入"对话框的"将图像用作"参数下有单选按钮，相应功能介绍如下：

- 图像：如平面图（DWG）和图片，用作底图，辅助在 SketchUp 中勾画出轮廓。
- 纹理：如贴图、材质功能。
- 新建照片匹配：将图片作为照片建模的基础。

实战训练——导出为图像

视频\09\导出为图像.avi
案例\09\最终效果\山体地形.jpg

下面详细讲解如何将 SketchUp 模型导出为图片的方法，其操作步骤如下。

1）运行 SketchUp 2018，打开"案例\07\最终效果\贴图后的山体地形.skp"文件，如图 9-15 所示。

2）用鼠标中键旋转和放大视图，形成如图 9-16 所示的视图位置。

图 9-15

图 9-16

3）执行"文件 | 导出 | 二维图形"菜单命令，弹出"输出二维图形"对话框，保存路径为本案例的"最终效果"文件夹，选择输出类型为"*.jpg"格式，输入名称为"山体地形"，还可单击"选项"按钮，在弹出的"导出 JPG 选项"对话框中进行设置，然后单击"确定"按钮，如图 9-17 所示。

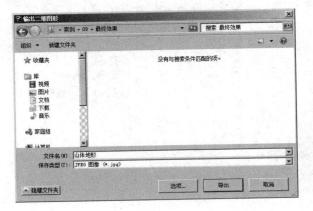

图 9-17

4）最后单击"导出"按钮，在输出的文件夹中即可看到导出的"山体地形.jpg"文件，双击即可查看，如图 9-18 所示。

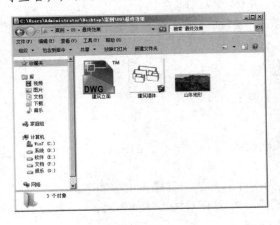

图 9-18

在 SketchUp 中导出的图像都是根据当前的视图显示而确定的。导出之前首先要确定需要导出图片的视图位置，不同的视图位置导出的图片也不同。

9.3 三维模型的导入与导出

前面已经讲解了将 SketchUp 立体模型导出成为二维平面图像的方法，下面学习 SketchUp 模型导出为三维立体模型的方法。

实战训练——导出 3DS 格式的文件

视频\09\导出3DS格式的文件.avi
案例\09\最终效果\山体地形.3ds

本节主要讲解如何将创建好的 SU 模型导出为相应的（*.3ds）格式文件，以便在 3ds Max 软件中进行操作，其操作步骤如下。

1）以上一个实例的山体场景文件为例，执行"文件 | 导出 | 三维模型"菜单命令，如图 9-19 所示。

2）打开"输出模型"对话框，保存到本案例路径下的"最终效果"文件夹，选择格式为"3DS 文件（*.3ds）"，如图 9-20 所示。

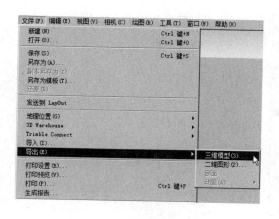

图 9-19

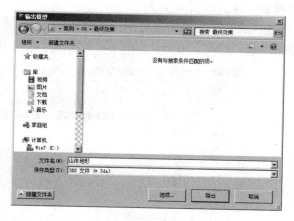

图 9-20

3）然后单击"选项"按钮，弹出"3DS 导出选项"对话框，其中可进行相应的设置，然后单击"确定"按钮，如图 9-21 所示。

4）返回"输出模型"对话框，单击"导出"按钮，则自动弹出"导出进度"对话框，提示导出的进度，如图 9-22 所示。

5）完成后弹出"3DS 导出结果"对话框，提示导出的图元信息，如图 9-23 所示。

图 9-21　　　　　　　图 9-22　　　　　　　　　图 9-23

实战训练——导入 3DS 格式的文件

视频\09\导入3DS格式的文件.avi
案例\09\最终效果\山体地形.skp

前面实例导出了 3DS 格式的"山体地形"文件，下面将该文件导入到 SketchUp 2018 中，其操作步骤如下。

1）执行"文件 | 导入"菜单命令，然后在弹出的"导入"对话框中找到本案例"最终效果"文件夹，选择格式为"3DS 文件（*.3ds）"，则文件夹中出现"山体地形.3ds"文件，单击选择该文件，如图 9-24 所示。

2）然后单击"选项"按钮，则弹出"3DS 导入选项"对话框，在其中设置导入的单位，然后单击"确定"按钮，如图 9-25 所示。

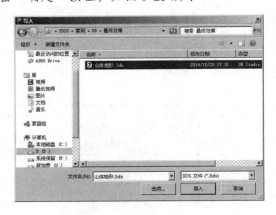

图 9-24　　　　　　　　　　　　　　图 9-25

3）返回"导入"对话框中，单击"导入"按钮，对文件进行导入。经过几秒钟的等待，弹出"导入结果"对话框，提示导入的 3ds 图元，如图 9-26 所示。

4）单击"关闭"按钮后，鼠标上附着该三维模型，在相应位置单击以插入，如图 9-27 所示。

图 9-26

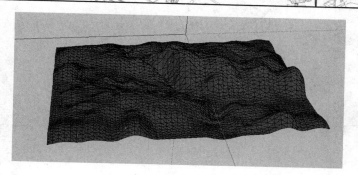

图 9-27

根据导入的 3ds 文件可知，无论在导入或导出三维模型时，贴图纹理是不能被导入或导出的。

第 10 章　制作别墅建筑效果图

本章导读 — — — — — — — — — — — — — — — — — — — ⊢⊩⊙

　　通过 SketchUp 软件制作建筑效果图相当方便，事先在 CAD 软件中要整理好相应建筑施工图纸，且清除不需要的对象；再优化 SketchUp 场景，导入 CAD 图纸并进行调整；然后通过导入的 CAD 图纸对象，创建建筑各楼层的模型；当模型创建好后，赋予模型不同对象的材质，以及进行贴图操作；将其模型输出为图像文件；最后通过 Photoshop 软件进行后期处理，以达到所需的效果图。

主要内容 — — — — — — — — — — — — — — — — — — — ⊢⊩⊙

　　📖 导入 SketchUp 前的准备工作
　　📖 导入 CAD 图纸并进行调整
　　📖 在 SketchUp 中创建别墅模型
　　📖 在 SketchUp 中输出图像
　　📖 在 Photoshop 中后期处理

效果预览 — — — — — — — — — — — — — — — — — — — ⊢⊩⊙

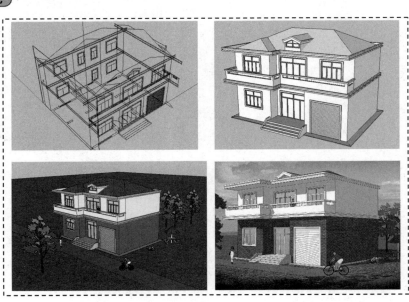

10.1　实例概述及效果预览

　　本章所创建的是室外别墅建筑，该别墅建筑为简欧风格造型，一共两层，大门位置在一层的中间位置，大门的右侧为一车库，二层有一凸出阳台造型，其整体建筑造型大气沉稳，布局合理规范，如图 10-1 所示是绘制完成的别墅效果图。

图 10-1

10.2　导入 SketchUp 前的准备工作

　　视频\10\导入SketchUp前的准备工作.avi
　　案例\10\素材文件\别墅处理图纸.dwg

　　在将图纸导入 SketchUp 软件之前，需要对相关的 CAD 图纸内容进行整理，然后再对 SketchUp 软件进行优化设置，下面将对这些内容进行详细讲解。

实战训练——整理 CAD 图纸及优化 SketchUp 场景

　　在将 CAD 图纸导入 SketchUp 之前，需要在 AutoCAD 软件中对图纸内容进行整理，删除多余的图纸信息，保留对创建模型有用的图纸内容，然后对 SketchUp 软件的场景进行相关的设置，以便于后面的操作，其操作步骤如下。

　　1）运行 AutoCAD 软件，接着执行"文件|打开"菜单命令，打开"案例\10\素材文件\别墅图纸.dwg"文件，如图 10-2 所示。

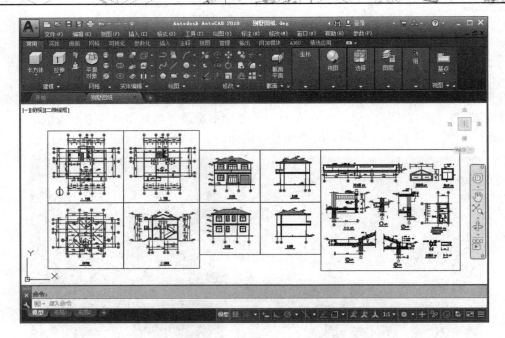

图 10-2

2）将绘图区中多余的图纸内容删除，只保留别墅"一层平面图""二层平面图""屋顶平面图""东立面图""西立面图""南立面图""北立面图"图纸内容即可，如图 10-3 所示。

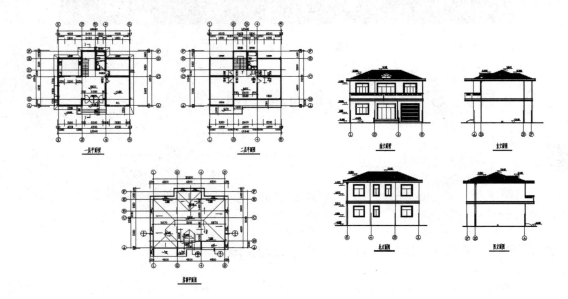

图 10-3

3）接下来对上一步保留的图纸内容进行简化操作，删除一些对建模没有参考意义的尺寸标注和文字信息，其简化后的效果如图 10-4 所示。

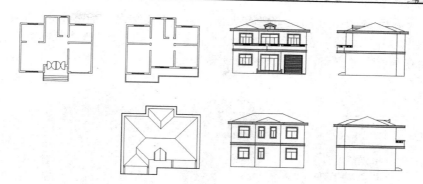

图 10-4

4）执行 Purge 清理命令，弹出"清理"对话框，接着单击 "全部清理"按钮 <u>全部清理(A)</u>，弹出"清理–确认清理"对话框，然后单击 "清理所有项目"选项，从而将多余的内容进行清理操作，如图 10-5 所示。

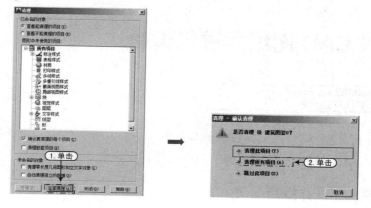

图 10-5

5）执行"文件|另存为"菜单命令，将文件另存为"案例\10\素材文件\别墅处理图纸.dwg"文件，如图 10-6 所示。

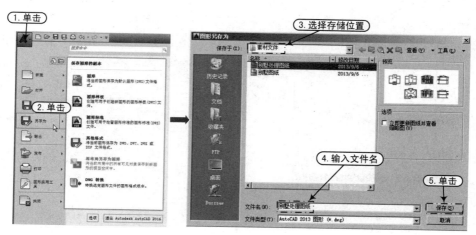

图 10-6

6）接下来运行 SketchUp 2018 软件，执行"窗口|模型信息"菜单命令，在弹出的"模型信息"对话框中选择"单位"选项，设置系统单位参数。在此将"格式"改为十进制、毫米，勾选"启用角度捕捉"复选框，将角度捕捉设置为 5.0，如图 10-7 所示。

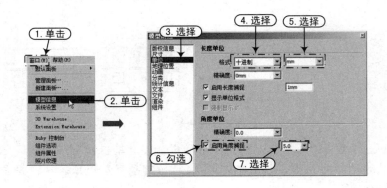

图 10-7

10.3 导入 CAD 图纸并进行调整

视频\10\导入CAD图纸并进行调整.avi
案例\10\最终效果\别墅.skp

本节讲解怎样将前面整理好的 CAD 图纸导入到 SketchuUp 软件中，并对导入后的图纸内容指定相应的图层及位置等，下面将对这些内容进行详细讲解。

实战训练——导入图纸并指定图层

下面主要讲解怎样将 CAD 的建筑平面图以及立面图导入到 SketchUp 中，并为导入的图纸指定相应的图层，具体操作步骤如下。

1）执行"文件|导入"菜单命令，选择要导入的"案例\10\素材文件\别墅处理图纸.dwg"文件，然后单击"选项"按钮，在弹出的导入选项对话框中将单位设为"毫米"，然后单击"确定"按钮，返回"打开"对话框，单击"导入"按钮，完成 CAD 图形的导入操作，如图 10-8 所示。

图 10-8

2）CAD 图形导入 SketchUp 后的效果如图 10-9 所示。

3）分别选择导入的各个图纸内容，将其分别创建为组，如图 10-10 所示。

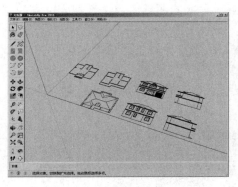
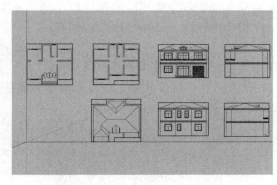

图 10-9　　　　　　　　　　　　　　　　　　图 10-10

4）执行"视图|工具栏"菜单命令，打开"工具栏"面板，然后切换到"工具栏"选项卡，勾选其中的"图层"选项，打开"图层"工具栏，然后分别新建"一层平面图""二层平面图""屋顶平面图""南立面图""北立面图""东立面图""西立面图"7 个图层，如图 10-11 所示。

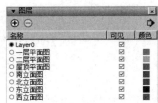

图 10-11

5）将图中的平面图及立面图置于相应的图层之下，如图 10-12 所示。

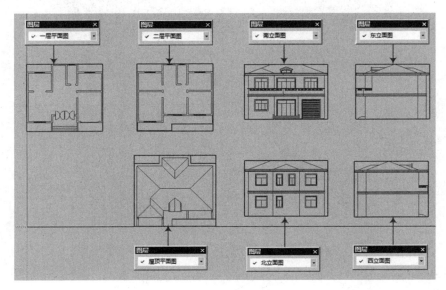

图 10-12

实战训练——调整图纸的位置

在对导入的图纸指定相应的图层后，接下来讲解对导入的图纸内容进行相应位置的调整，以便后面模型的创建，具体操作步骤如下。

1）选择"别墅一层平面图"，使用移动工具💠，捕捉平面图上的相应端点并将其移动到绘图区中的坐标原点位置，如图 10-13 所示。

2）使用环绕观察工具✥，将视图调整到相应的视角，然后使用旋转工具🔄，将别墅"南立面图"旋转 90°，如图 10-14 所示。

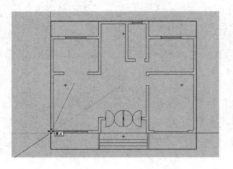
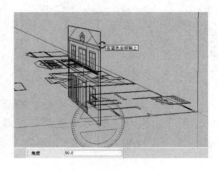

图 10-13　　　　　　　　　　　　　图 10-14

3）捕捉别墅南立面图上相应的端点，接着使用移动工具💠，将其移动到别墅一层平面图上相应的端点位置，然后使用相同的方法，将别墅的其他立面图移动对齐到平面图上相应位置处，如图 10-15 所示。

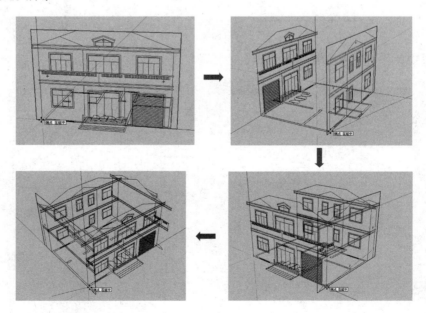

图 10-15

4）首先选择前面对齐的各个立面图，然后右键选择"隐藏"选项将其暂时隐藏起来，接着使用移动工具 ✛，将别墅二层平面图与别墅一层平面图进行对齐，然后将别墅二层平面图垂直向上移动 4400mm 的高度，如图 10-16 所示。

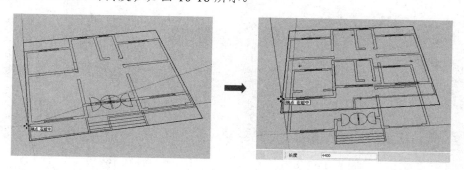

图 10-16

5）使用移动工具 ✛，将别墅屋顶平面图与别墅二层平面图进行对齐，然后将别墅屋顶平面图垂直向上移动 3400mm 的高度，如图 10-17 所示。

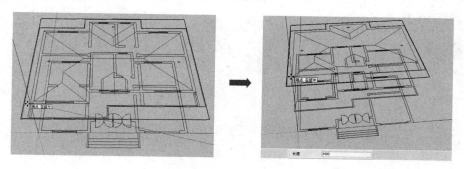

图 10-17

10.4　在 SketchUp 中创建别墅模型

视频\10\在SketchUp中创建别墅模型.avi
案例\10\最终效果\别墅.skp

本节开始讲解在 SketchUp 软件中参考导入的 CAD 图纸创建该别墅的模型，其中包括创建别墅一层模型、别墅二层模型、别墅坡屋顶等内容。

实战训练——创建别墅一层模型

在对图纸内容进行位置调整以后，接下来开始创建模型，首先创建别墅一层的相关模型，具体操作步骤如下。

1）使用直线工具 ✏，捕捉别墅一层平面图相应轮廓上的端点，绘制如图 10-18 所示的造型面。

2）使用推拉工具 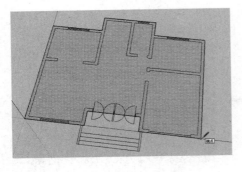，将上一步绘制的造型面向上推拉 4400mm 的高度，作为别墅一层的墙体，如图 10-19 所示。

图 10-18 图 10-19

3）使用卷尺工具 ，捕捉图中相应墙面上的边线向上绘制一条与其距离为 600mm 的辅助参考线，如图 10-20 所示。

4）继续使用卷尺工具 ，捕捉图中相应的边线向上绘制一条与其距离为 600mm 的辅助参考线，如图 10-21 所示。

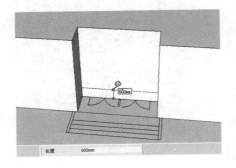 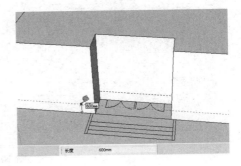

图 10-20 图 10-21

5）使用矩形工具 ，借助前面绘制的两条辅助参考线，在图中相应位置绘制一个 3960mm×1200mm 的矩形面，如图 10-22 所示。

6）继续使用矩形工具 ，捕捉图中相应的端点为起点，绘制一个 1500mm×600mm 的立面矩形，如图 10-23 所示。

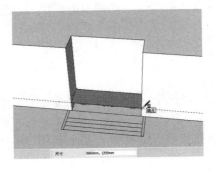 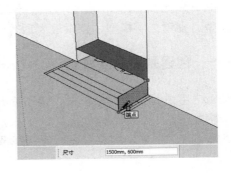

图 10-22 图 10-23

7）使用直线工具 ✐，在上一步绘制的立面矩形内部绘制出别墅入口位置的台阶造型截面，如图 10-24 所示。

8）使用橡皮擦工具 ✐，删除立面矩形上多余的边线，从而形成入口处的台阶截面造型，如图 10-25 所示。

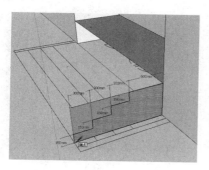 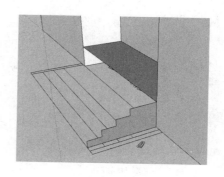

图 10-24　　　　　　　　　　　　　　　　图 10-25

9）使用推拉工具 ✦，将台阶截面向右推拉至别墅一层平面图相应的边线上，如图 10-26 所示。

10）继续使用推拉工具 ✦，将台阶截面向左推拉至别墅一层平面图相应的边线上，如图 10-27 所示。

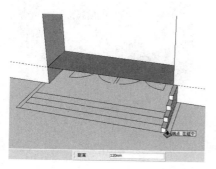 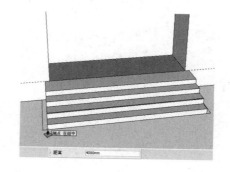

图 10-26　　　　　　　　　　　　　　　　图 10-27

11）使用选择工具 ▸，单击选择图中相应的矩形面，接着右键选择"反转平面"选项，将其进行平面反转操作，然后将创建的台阶创建为群组，如图 10-28 所示。

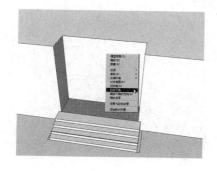 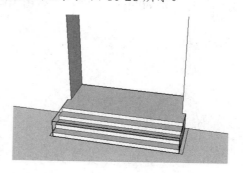

图 10-28

12）使用矩形工具 ▨，在台阶的侧面绘制一个 1500mm×850mm 的立面矩形，如图 10-29 所示。

13）使用直线工具 ✏️，在上一步绘制的立面矩形内部绘制出台阶护栏的截面造型，如图 10-30 所示。

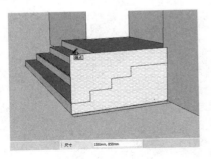

图 10-29

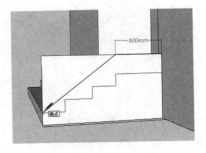

图 10-30

14）使用橡皮擦工具 ✐，删除立面矩形上多余的线面，保留台阶护栏的截面，然后将该截面创建为群组，如图 10-31 所示。

15）双击上一步创建的群组，进入组的内部编辑状态，然后使用推拉工具 ◈，将该截面向右推拉 120mm 的厚度，如图 10-32 所示。

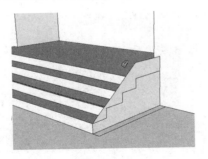

图 10-31

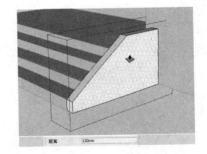

图 10-32

16）使用移动工具 ◈ 并配合 Ctrl 键，将上一步推拉的台阶护栏向左复制一份，如图 10-33 所示。

17）使用选择工具 ▸ 并配合 Ctrl 键，选择图中相应的边线，然后使用偏移工具 ◢，将选择的边线向外偏移复制 600mm 的距离，如图 10-34 所示。

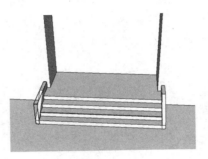

图 10-33

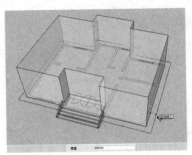

图 10-34

18）使用直线工具 ✏，对上一步选择的边线及偏移的边线进行封面，如图 10-35 所示。

19）使用推拉工具 ◈，将上一步封闭的造型面向上推拉 50mm 的高度，如图 10-36 所示。

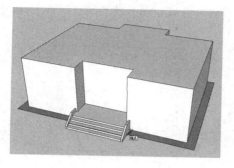

图 10-35

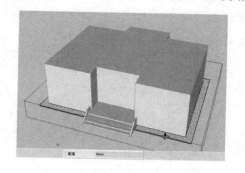

图 10-36

20）使用矩形工具 ▱，捕捉别墅南立面图上相应的端点绘制一个矩形面，如图 10-37 所示。

21）双击矩形，以选择矩形边与表面，然后右键选择"创建组件"选项，如图 10-38 所示。

图 10-37

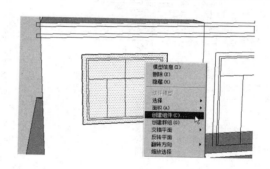

图 10-38

22）在弹出的"创建组件"对话框中，进行相关参数的设置，从而将该矩形面创建为一个组件，如图 10-39 所示。

23）使用偏移工具 ⤵，将矩形向内偏移 120mm 的距离，如图 10-40 所示。

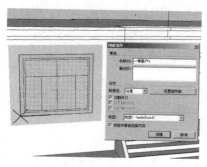

图 10-39

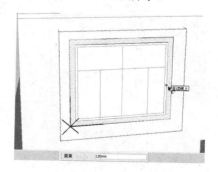

图 10-40

24）使用推拉工具 ◈，将图中相应的造型面向外推拉 100mm 的厚度，以形成窗框的效果，如图 10-41 所示。

25）使用偏移工具 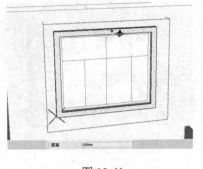，将窗框内的矩形向内偏移 50mm 的距离，如图 10-42 所示。

26）使用直线工具 ，捕捉图纸上的相应轮廓绘制如图 10-43 所示的几条线条。

27）使用偏移工具 ，将图中相应的几个矩形面向内偏移 50mm 的距离，如图 10-44 所示。

图 10-41

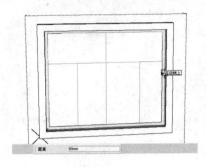

图 10-42

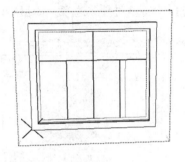

图 10-43

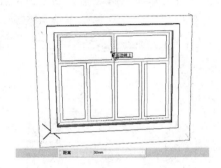

图 10-44

28）使用推拉工具 ，将图中相应的几个矩形面向内推拉 25mm 的距离，如图 10-45 所示。

29）使用材质工具 ，为图中相应的几个矩形面赋予一种透明玻璃材质，如图 10-46 所示。

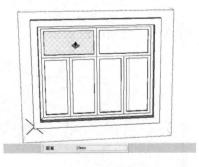

图 10-45

图 10-46

30）使用直线工具 ，捕捉别墅南立面图纸上的相应轮廓绘制如图 10-47 所示的几条线条。

31）使用偏移工具 ，将上一步绘制的几条线段向内偏移 110mm 的距离，如图 10-48 所示。

32）使用直线工具 ，在图中相应的位置补上一条线段，如图 10-49 所示。

33）使用推拉工具 ，将图中相应的造型面向外推拉 100mm 的厚度，得到车库门框的效果，如图 10-50 所示。

34）使用移动工具✤，并按住 Ctrl 键，选择车库门框内的相应边线向下移动复制 100mm 的距离，然后在命令行中输入 33X，将其垂直向下复制 33 份，如图 10-51 所示。

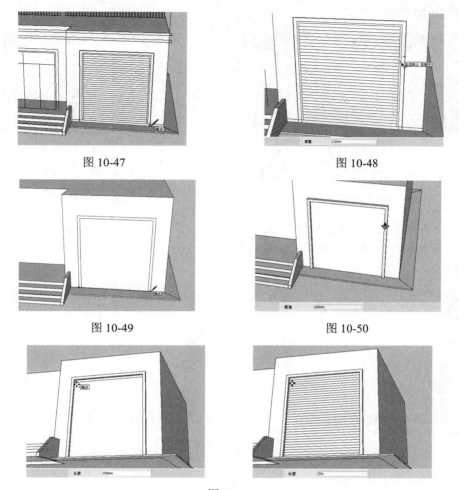

图 10-47　　　　　　　　　　　　　　图 10-48

图 10-49　　　　　　　　　　　　　　图 10-50

图 10-51

35）使用移动工具✤，对别墅的南立面图进行位置调整，如图 10-52 所示。

36）使用矩形工具▱，捕捉别墅南立面图上相应的端点绘制一个矩形面，如图 10-53 所示。

图 10-52

图 10-53

37）选择上一步绘制的矩形面，然后右键选择"创建组件"选项，如图 10-54 所示。

38）在弹出的"创建组件"对话框中，进行相关参数设置，从而将该矩形面创建为一个组件，如图 10-55 所示。

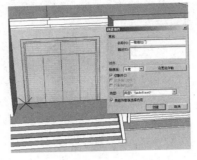

| 图 10-54 | 图 10-55 |

39）使用偏移工具，将图中相应的几条线段向内偏移 120mm 的距离，如图 10-56 所示。

40）使用推拉工具，将图中相应的造型面向外推拉 100mm 的厚度，形成门框的效果，如图 10-57 所示。

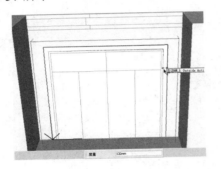
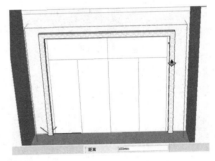

| 图 10-56 | 图 10-57 |

41）使用偏移工具，将门框内的相应几条线段向内偏移 50mm 的距离，如图 10-58 所示。

42）使用直线工具，捕捉图纸上的相应轮廓绘制如图 10-59 所示的几条线段。

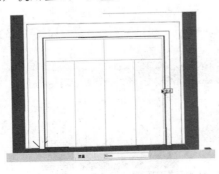
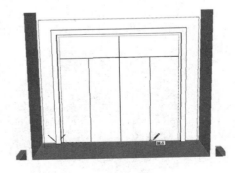

| 图 10-58 | 图 10-59 |

43）使用偏移工具，将图中相应的几个矩形面向内偏移 50mm 的距离，如图 10-60 所示。

44）使用推拉工具 ，将图中相应的几个矩形面向内推拉 25mm 的距离，如图 10-61 所示。

45）使用材质工具 ，为图中相应的几个矩形面赋予一种透明玻璃材质，以完成别墅大门位置推拉门造型的创建，如图 10-62 所示。

46）使用相同的方法，创建别墅一层北立面上的几个玻璃窗造型，如图 10-63 所示。

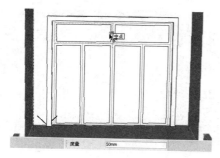

图 10-60

图 10-61

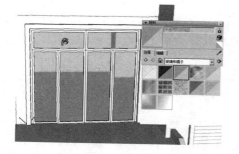

图 10-62

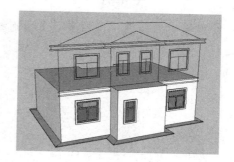

图 10-63

实战训练——创建别墅二层模型

在上一节中已经创建好了别墅一层的相关模型，接下来创建别墅的二层模型，具体操作步骤如下。

1）使用直线工具 ，捕捉别墅二层平面图上的相应轮廓，绘制如图 10-64 所示的造型面。

2）使用推拉工具 ，将上一步绘制的造型面向上推拉 3400mm 的高度，如图 10-65 所示。

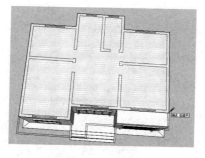

图 10-64

图 10-65

3）使用卷尺工具 ![卷尺工具图标]，捕捉别墅南立面上相应的轮廓，绘制如图 10-66 所示的几条辅助参考线。

4）继续使用卷尺工具 ![卷尺工具图标]，在上一步绘制的水平辅助参考线的下侧绘制一条与其距离为 2040mm 的水平辅助参考线，如图 10-67 所示。

图 10-66

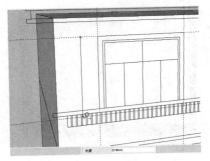

图 10-67

5）使用矩形工具 ![矩形工具图标]，借助上一步绘制的辅助参考线绘制一个矩形面，然后按键盘上的 Delete 键将绘制的矩形面删除掉，从而形成一个窗洞口，如图 10-68 所示。

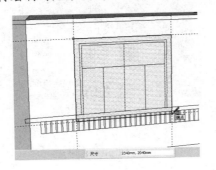

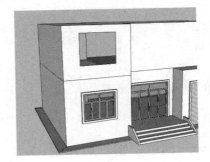

图 10-68

6）使用移动工具 ![移动工具图标] 并按住 Ctrl 键，将下侧的窗户垂直向上移动复制一份到上侧的窗洞口位置，如图 10-69 所示。

7）使用卷尺工具 ![卷尺工具图标]，捕捉别墅南立面上的门窗轮廓，绘制如图 10-70 所示的几条辅助参考线。

图 10-69

图 10-70

8）使用矩形工具 ▨，借助上一步绘制的辅助参考线绘制两个矩形面，然后按键盘上的 Delete 键将绘制的矩形面删除，从而形成一个门洞口及一个窗洞口造型，如图 10-71 所示。

图 10-71

9）使用移动工具 ✛ 并按住 Ctrl 键，将下侧的推拉门及窗户垂直向上移动复制到上侧的门窗洞口位置，如图 10-72 所示。

10）使用相同的方法，创建别墅二层北立面上的几个玻璃窗造型，如图 10-73 所示。

图 10-72

图 10-73

11）使用直线工具 ✎，捕捉别墅二层平面图上的相应轮廓，绘制如图 10-74 所示的造型面。

12）使用推拉工具 ◈，将上一步绘制的造型面向上推拉 100mm 的高度，如图 10-75 所示。

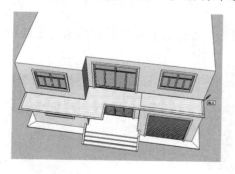

图 10-74

图 10-75

13）使用偏移工具 ⟲，将图中的相应几条边线向内偏移 120mm 的距离，如图 10-76 所示。

14）使用推拉工具 ✥，将上一步绘制的造型面向上推拉 1200mm 的高度，以形成阳台的护栏效果，如图 10-77 所示。

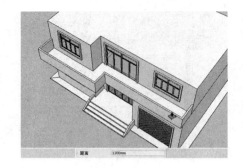

图 10-76　　　　　　　　　　　　　　　图 10-77

15）使用卷尺工具 🖉，捕捉阳台上的相应垂直边线向右绘制一条与其距离为 240mm 的辅助参考线，如图 10-78 所示。

16）使用卷尺工具 🖉，捕捉阳台上的相应垂直边线向左绘制一条与其距离为 240mm 的辅助参考线，如图 10-79 所示。

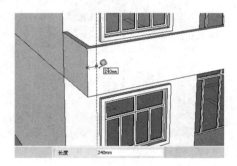
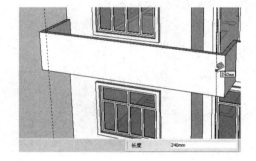

图 10-78　　　　　　　　　　　　　　　图 10-79

17）使用卷尺工具 🖉，捕捉阳台上的相应水平边线向下绘制一条与其距离为 300mm 的辅助参考线，如图 10-80 所示。

18）使用矩形工具 ▨，借助上一步绘制的辅助参考线，在图中相应的表面上绘制一个矩形面，如图 10-81 所示。

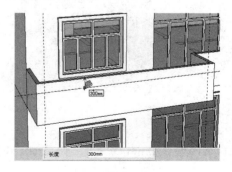
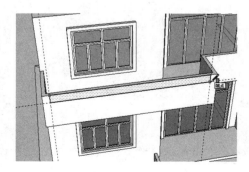

图 10-80　　　　　　　　　　　　　　　图 10-81

19）使用推拉工具 ，将上一步绘制的矩形面向内进行推拉，使其成为阳台上的一个缺口造型，如图 10-82 所示。

20）使用相同的方法，创建阳台上的其他几个缺口造型，如图 10-83 所示。

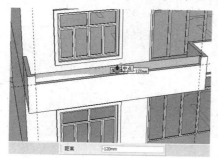

图 10-82

图 10-83

21）使用直线工具 ✏️，在绘制的阳台护栏上绘制如图 10-84 所示的造型面。

22）使用推拉工具 ✦，将上一步绘制的造型面向上推拉 100mm 的高度，如图 10-85 所示。

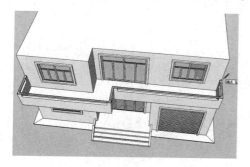

图 10-84

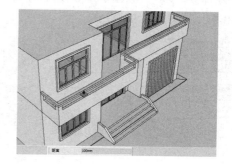

图 10-85

23）继续使用推拉工具 ✦，将上一步推拉后模型的外侧边面向外进行推拉 100mm 的距离，如图 10-86 所示。

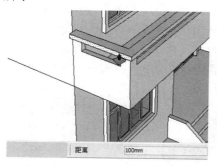

图 10-86

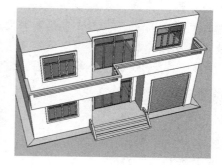

24）使用矩形工具 ▨，绘制一个 300mm×40mm 的立面矩形，如图 10-87 所示。

25）使用直线工具 ✏️，在上一步绘制的面上绘制如图 10-88 所示的造型。

26）使用橡皮擦工具 ✐，删除立面矩形上的相应线面，然后使用圆工具 ◷，在截面的下侧绘制一个半径为 40mm 的圆，如图 10-89 所示。

27）选择上一步绘制的圆面，然后使用跟随路径工具，再单击圆上的放样截面，对其进行放样操作，如图 10-90 所示。

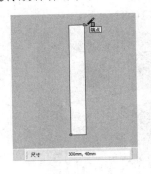
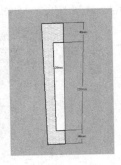
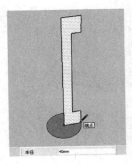
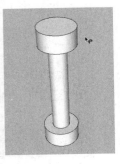

图 10-87　　　　　图 10-88　　　　　图 10-89　　　　　图 10-90

28）将上一步放样后的圆柱创建为群组，然后将其移动到阳台护栏上的相应位置处，如图 10-91 所示。

29）使用移动工具，并配合 Ctrl 键，将圆柱复制多个并放置到护栏上的相应位置处，如图 10-92 所示。

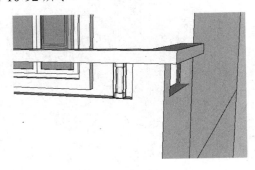

图 10-91　　　　　　　　　　　　　图 10-92

30）使用矩形工具，绘制一个 350mm×180mm 的立面矩形，如图 10-93 所示。

31）使用直线工具，在上一步绘制的立面矩形上绘制如图 10-94 所示的造型。

32）使用橡皮擦工具，删除立面矩形上的相应线面，如图 10-95 所示。

33）使用移动工具，将上一步的截面造型移动到阳台下侧的相应位置处，如图 10-96 所示。

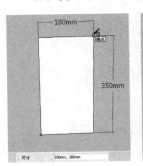
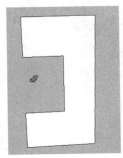

图 10-93　　　　　图 10-94　　　　　图 10-95　　　　　图 10-96

34）使用选择工具 ⬚，并配合 Ctrl 键，选择图中相应的边线，再使用跟随路径工具 ⬚，单击上一步放置的截面造型对其进行放样操作，如图 10-97 所示。

图 10-97

实战训练——创建别墅坡屋顶

本例主要讲解创建别墅的坡屋顶造型及屋顶上的老虎窗造型，其具体操作步骤如下。

1）使用偏移工具 ⬚，将建筑顶部的造型面向外偏移 1500mm 的距离，如图 10-98 所示。

2）使用直线工具 ⬚，在图中的相应位置补上几条线段，如图 10-99 所示。

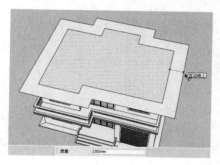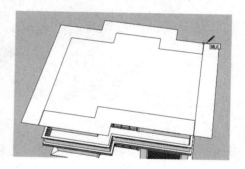

图 10-98   图 10-99

3）使用橡皮擦工具 ⬚，删除建筑顶部的相应线面，如图 10-100 所示。

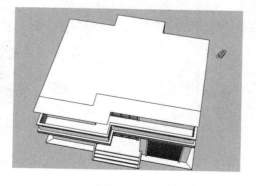

图 10-100

4）使用矩形工具 ⬚，绘制一个 350mm×180mm 的立面矩形，如图 10-101 所示。

5）使用直线工具 ✏，在上一步绘制的立面矩形上绘制如图 10-102 所示的造型。

6）使用橡皮擦工具 ◪，删除立面矩形上的相应线面，如图 10-103 所示。

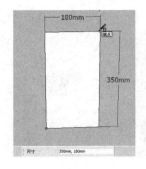
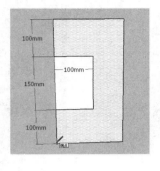

图 10-101　　　　　　　　　图 10-102　　　　　　　　　图 10-103

7）使用移动工具 ✥，将上一步的截面造型移动到屋顶边缘的相应位置处，如图 10-104 所示。

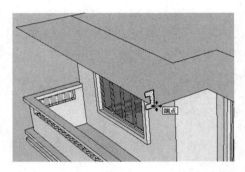

图 10-104

8）使用选择工具 ▶，并配合 Ctrl 键，选择图中相应的边线，再使用跟随路径工具 ♊，单击上一步放置的截面造型对其进行放样操作，如图 10-105 所示。

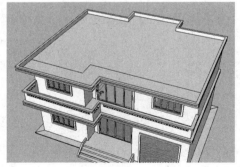

图 10-105

9）使用直线工具 ✏，在图中的相应位置补上几条线段，如图 10-106 所示。

10）使用卷尺工具 ◪，捕捉图中相应的边线，分别向内绘制两条辅助参考线，如图 10-107 所示。

11）使用直线工具 ✏，借助上一步绘制的辅助参考线，在图中相应的位置绘制几条斜线段，如图 10-108 所示。

12）使用橡皮擦工具 ✐，将图中多余的两条线段删除掉，如图 10-109 所示。

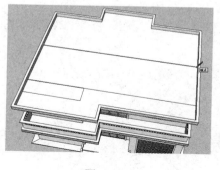

图 10-106

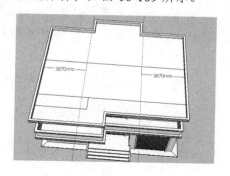

图 10-107

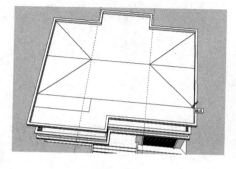

图 10-108

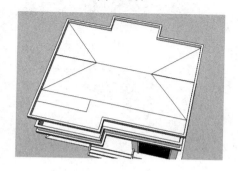

图 10-109

13）使用直线工具 ✏，在图中相应位置补上一条线段，如图 10-110 所示。

14）选择屋顶上的相应边线，然后使用移动工具 ✥ 并按住 Shift 键（锁定蓝色轴），将其垂直向上移动 1950mm 的距离，如图 10-111 所示。

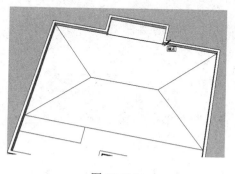

图 10-110

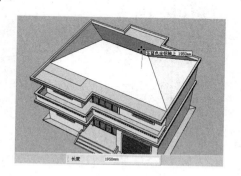

图 10-111

15）使用直线工具 ✏，捕捉图中相应边线的中点为起点绘制一条斜线段，如图 10-112 所示。

16）使用移动工具 ✥，并按住 Ctrl 键，将上一步绘制的斜线段向外移动复制一份，如图 10-113 所示。

17）使用直线工具 ✎，对图中相应的造型进行封面，如图 10-114 所示。

18）使用橡皮擦工具 ◿，删除图中的相应线面，如图 10-115 所示。

19）使用直线工具 ✎，捕捉图中相应的边线中点为起点绘制一条斜线段，如图 10-116 所示。

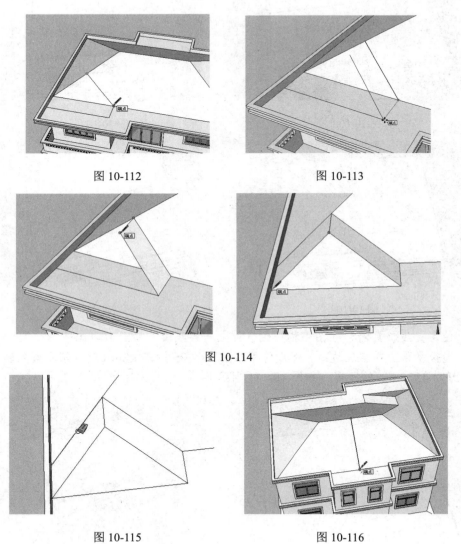

图 10-112　　　　　　　　　　　　　　图 10-113

图 10-114

图 10-115　　　　　　　　　　　　　　图 10-116

20）使用直线工具 ✎，捕捉图中相应的边线中点为起点绘制一条斜线段，如图 10-117 所示。

21）使用移动工具 ✥ 并按住 Ctrl 键，将上一步绘制的斜线段向外移动复制一份，如图 10-118 所示。

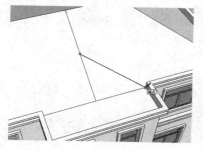

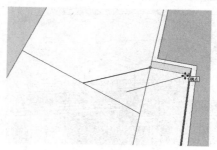

图 10-117　　　　　　　　　　　图 10-118

22）使用直线工具 ✐，对图中相应的造型进行封面，如图 10-119 所示。

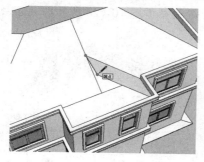
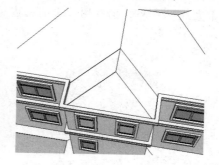

图 10-119

23）使用橡皮擦工具 ✐，删除图中的相应线面，如图 10-120 所示。

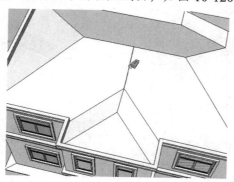

图 10-120

24）使用直线工具 ✐，捕捉别墅南立面图上的相应轮廓，绘制如图 10-121 所示的造型面。

25）使用推拉工具 ✥，将上一步绘制的造型面推拉至屋顶的内部，如图 10-122 所示。

26）使用直线工具 ✐，捕捉窗户上的相应图纸轮廓，绘制如图 10-123 所示的几条线段。

27）使用偏移工具 ⬧，将图中相应的几条边线向内偏移 50mm 的距离，如图 10-124 所示。

28）使用直线工具 ✐，捕捉窗户上的相应图纸轮廓，绘制如图 10-125 所示的几条线段。

29）使用偏移工具 ⬧，将图中相应的两个矩形面向内偏移 50mm 的距离，以形成窗框的造型效果，如图 10-126 所示。

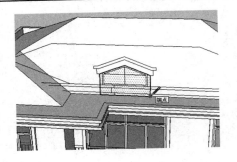

图 10-121 图 10-122

30）使用推拉工具 ，将图中相应的几个面向内推拉 25mm 的距离，如图 10-127 所示。

31）使用直线工具 ，捕捉图纸上的相应轮廓绘制如图 10-128 所示的几条线段。

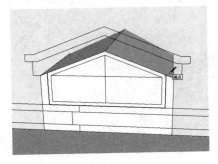

图 10-123 图 10-124

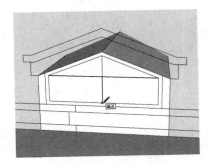

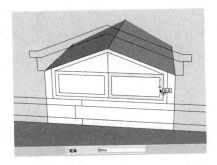

图 10-125 图 10-126

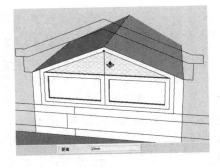

图 10-127 图 10-128

32）使用推拉工具 ，将上一步绘制的造型面向外推拉 150mm 的距离，如图 10-129 所示。

33）继续使用推拉工具 ，将造型推拉至屋顶的内部，如图 10-130 所示。

34）使用直线工具 ，捕捉图纸上的相应轮廓，绘制如图 10-131 所示的造型面。

35）使用推拉工具 ，将上一步绘制的造型面向外推拉 150mm 的距离，如图 10-132 所示。

图 10-129

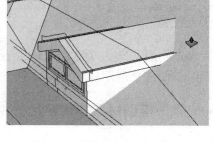

图 10-130

图 10-131

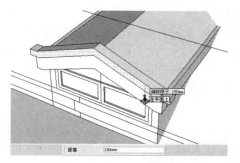

图 10-132

36）继续使用推拉工具 ，将造型推拉至屋顶的内部，如图 10-133 所示。

37）至此，该两层别墅的模型已经创建完成，如图 10-134 所示。

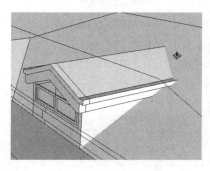

图 10-133

图 10-134

10.5 在 SketchUp 中输出图像

视频\10\在SketchUp中输出图像.avi
案例\10\最终效果\别墅01 或 别墅02.jpeg

在创建完模型之后，需要对模型赋予相应的材质，指定相应的视角，然后将场景输出为相应的图像文件，以便进行后期处理。

实战训练——赋予模型材质并调整场景视角

本实战训练主要讲解怎样为别墅模型赋予相应的材质，并调整场景的视角，其操作步骤如下。

1）使用材质工具 ，打开"材料"面板，为创建好的台阶赋予一种石材材质，如图 10-135 所示。

2）为别墅的一层墙体赋予一种墙砖材质，如图 10-136 所示。

3）为别墅的屋顶赋予一种瓦片材质，如图 10-137 所示。

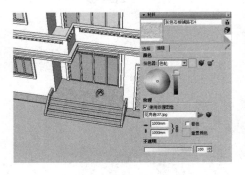

图 10-135

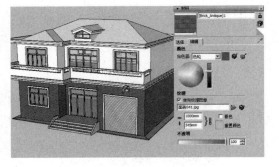

图 10-136

4）使用矩形工具 ，在别墅模型的下侧绘制几个适当大小的矩形，作为草地及路面，并为其赋予相应的草地及路面材质，如图 10-138 所示。

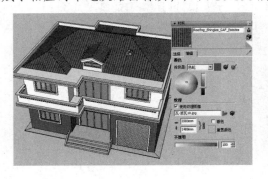

图 10-137

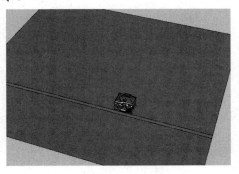

图 10-138

5）执行"窗口|组件"菜单命令，为场景添加一些树木、人物、动物等配景组件，如图 10-139 所示。

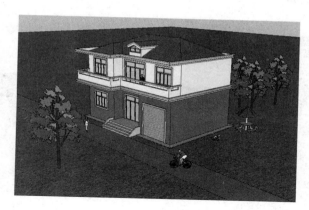

图 10-139

6）调整场景的视角，接下来执行"相机|两点透视图"菜单命令，将视图的视角改为两点透视图效果，然后执行"视图|动画|添加场景"菜单命令，为场景添加一个场景页面，用来固定视角，如图 10-140 所示。

图 10-140

实战训练——输出图像文件

本实战训练主要讲解怎样在 SketchUp 软件中输出相应的图像文件，其操作步骤如下。

1）执行"窗口|风格"菜单命令，打开"风格"面板，接下来切换到"编辑"选项卡下的"背景设置"选项，在其中取消"天空"选项的勾选，并设置"背景"的颜色为纯黑色，如图 10-141 所示。

2）接下来切换到"编辑"选项卡下的"边线设置"选项，在其中取消"显示边线"选项的勾选，如图 10-142 所示。

图 10-141　　　　　　　　　　　　　　图 10-142

3）执行"视图|工具栏|阴影"菜单命令，打开"阴影"工具栏，接下来单击"显示/隐藏阴影"按钮 ，将阴影在视图中显示出来，然后打开"阴影"面板，在其中设置相关的参数，如图 10-143 所示。

4）执行"文件|导出|二维图形"菜单命令，弹出"输出二维图形"对话框，在其中输入文件名"别墅 01"，文件格式为"JPEG 图像（*.jpg）"，接着单击"选项"按钮，弹出"导出 JPG 选项"对话框，在其中输入输出文件的图像大小，再单击下侧的"确定"按钮，返回"输出二维图形"对话框，然后单击"导出"按钮，将文件输出到相应的存储位置，如图 10-144 所示。

图 10-143

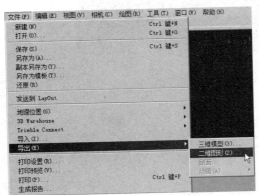

图 10-144

5）单击"风格"工具上的消隐按钮 ，将视图的显示模式切换为消隐显示模式，然后单击"阴影"工具栏上的"显示/隐藏阴影"按钮 ，将阴影的显示关闭，如图 10-145 所示。

6）执行"文件|导出|二维图形"菜单命令，将图像文件输出到相应的存储位置，如图 10-146 所示。

图 10-145

图 10-146

10.6 在 Photoshop 中后期处理

视频\10\在Photoshop中后期处理.avi
案例\10\素材文件\别墅效果图.jpeg

在上一节已经将文件导出了相应的图像文件，接下来需要在 Photoshop 软件中对导出的图像进行后期处理，使其符合我们的要求。

实战训练——在 Photoshop 中后期处理

本实战训练讲解怎样在 Photoshop 软件中对导出的图像进行后期处理，使其符合我们的要求，其操作步骤如下。

1）启动 Photoshop 软件，接着执行"文件|打开"菜单命令，打开配套资源中的"案例\10\最终效果\别墅 01.jpg""别墅 02.jpg"文件，如图 10-147 所示。

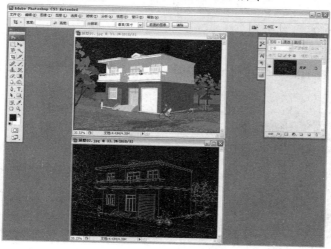

图 10-147

2）使用绘图工具面板中的移动工具 ，将下侧的"别墅02.jpg"图像文件拖动到上侧的"别墅01.jpg"图像文件中，然后再将下侧的"别墅02.jpg"图像文件关闭，如图10-148所示。

3）在图层面板中，选择上侧的黑白线稿图层，然后按键盘上的Ctrl+I组合键将其进行反相（即前景色与背景色的转换），如图10-149所示。

图10-148 图10-149

4）将上一步进行反相后的黑白线稿图层选中，设置图层的混合模式为"正片叠底"，不透明度为50%，如图10-150所示。

图10-150

5）用鼠标双击图层面板中的"背景"图层将其解锁，然后使用绘图工具面板中的魔棒工具 ，选择图像中的背景黑色区域，如图10-151所示。

6）按键盘上的Delete键，将上一步选择的背景黑色区域删除，如图10-152所示。

图10-151 图10-152

7）执行"文件|打开"菜单命令，打开本书配套资源中的"案例\10\素材文件\天空.jpg"图像文件，如图 10-153 所示。

8）使用绘图工具面板上的移动工具 ，将打开的"天空.jpg"图像文件拖动到"别墅 01.jpg"图像文件中，并对拖入的图像文件进行大小及图层前后位置的修改，如图 10-154 所示。

图 10-153

图 10-154

9）执行"滤镜|艺术效果|干画笔"菜单命令，然后在弹出的"干画笔"对话框中，单击"确定"按钮 确定 ，如图 10-155 所示。

图 10-155

10）单击图层面板中的创建新图层按钮 ，新建一个图层为"图层 3"，如图 10-156 所示。

11）单击绘图工具面板上的渐变工具按钮 ，弹出"渐变编辑器"对话框，然后设置一个从蓝色到白色的颜色渐变，如图 10-157 所示。

图 10-156

图 10-157

12）设置好颜色渐变后，按住鼠标左键在图像上从上往下拖动，从而形成一个从上往下的蓝白的渐变效果，然后设置渐变的不透明度为 50%，如图 10-158 所示。

图 10-158

13）按键盘上的 Shift+Ctrl+E 组合键，将图层面板中的可见图层合并为一个图层，如图 10-159 所示。

14）拖动图层面板中的"图层 3"到下侧创建新图层按钮 上，将其复制一个图层为"图层 3 副本"图层，然后设置图层的混合模式为"柔光"，不透明度为 50%，如图 10-160 所示。

图 10-159   图 10-160

15）使用绘图工具面板中的裁剪工具 ，对图像文件进行裁剪操作，使其符合要求，如图 10-161 所示。

16）使用绘图工具面板中的魔棒工具 ，选择图像中的玻璃区域，如图 10-162 所示。

图 10-161   图 10-162

17）在绘图工具栏中将图像的前景色设置为一种蓝颜色，然后按键盘上的 Alt+Delete 组合键对图中的玻璃区域进行填充，然后将图像的不透明度设置为 40%，如图 10-163 所示。

18）执行"文件|打开"菜单命令，打开本书配套资源中的"案例\10\素材文件\天空.jpg"图像文件，使用绘图工具面板上的移动工具，将打开的"天空.jpg"图像文件拖动到"别墅01.jpg"图像文件中，如图 10-164 所示。

图 10-163

图 10-164

19）按键盘上的 Delete 键，将玻璃选取以外的天空图像区域删除，如图 10-165 所示。

20）按键盘上的 Shift+Ctrl+E 组合键，将图层面板中的可见图层合并为一个图层，如图 10-166 所示。

图 10-165

图 10-166

21）使用绘图工具面板中的加深工具，对图像的上下左右相应位置进行加深操作，使其图像效果更加真实自然，如图 10-167 所示。

图 10-167

271

22）至此，该别墅的效果图制作完成，其最终的效果如图 10-168 所示。

图 10-168

第 11 章　创建室内各功能间的模型

本章导读 ─────────────────────────────────── ─HHO

本章主要通过某一家居室内空间为例，详细讲解该室内各功能间模型的创建，其中包括创建室内墙体及门窗洞口、创建客厅模型、创建厨房模型、创建书房模型、创建儿童房模型、创建卫生间模型、创建主卧室模型等相关内容。

主要内容 ─────────────────────────────────── ─HHO

📖创建墙体及门窗洞口
📖创建客厅模型
📖创建厨房模型
📖创建书房模型
📖创建儿童房模型
📖创建卫生间模型
📖创建主卧室模型

效果预览 ─────────────────────────────────── ─HHO

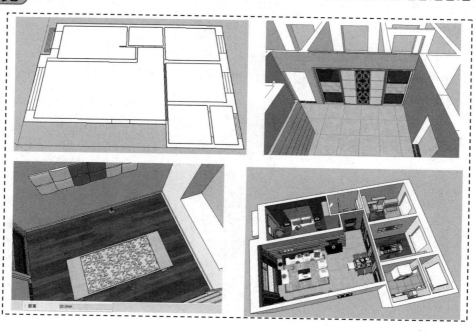

11.1　创建墙体及门窗洞口

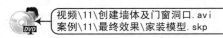

视频\11\创建墙体及门窗洞口.avi
案例\11\最终效果\家装模型.skp

本节主要讲解在 SketchUp 软件中创建该套家装模型的室内墙体，以及在创建的墙体上开启门窗洞口的方法和操作技巧。

实战训练——创建室内墙体

本实战训练主要针对该家装模型墙体的创建方法进行详细讲解，其操作步骤如下。

1）启动 SketchUp 2018 软件，新建一个空白的场景文件。

2）执行"文件|导入"菜单命令，在弹出的"导入"对话框中选择导入文件"案例\11\素材文件\墙体线.dwg"，然后单击右侧的"选项"按钮，在弹出的对话框中将单位改成"毫米"，再单击"确定"按钮，返回"导入"对话框，再单击"导入"按钮，如图 11-1 所示。

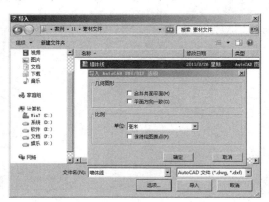

图 11-1

3）将 CAD 图像导入 SketchUp 软件中，如图 11-2 所示。

4）使用直线工具 ，捕捉导入 CAD 图像中的相应端点，绘制出室内平面图的墙体线，如图 11-3 所示。

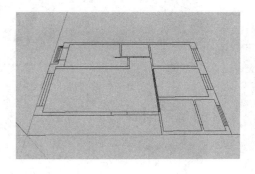
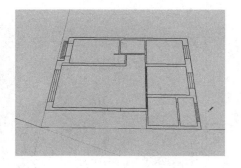

图 11-2　　　　　　　　　　　　　　　　图 11-3

5）全选上一步绘制的墙体线，接着执行"扩展程序 | 线面工具 | 生成面域"菜单命令，如图 11-4 所示。

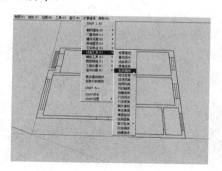
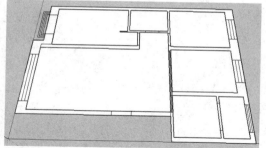

图 11-4

6）使用推拉工具 ◈，将图中的墙体面域向上推拉 2900mm 的高度，如图 11-5 所示。

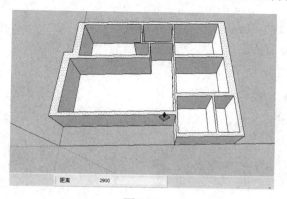

图 11-5

实战训练——开启门窗洞口

下面主要讲解怎样在创建的墙体上开启室内的门窗洞口，其操作步骤如下。

1）使用移动工具 ✥，将推拉墙体下侧的 CAD 平面图垂直移动到墙体的上方，如图 11-6 所示。

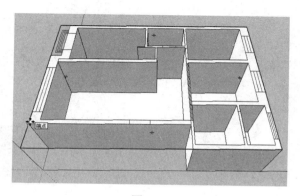

图 11-6

2）使用卷尺工具 ，捕捉 CAD 平面图上相应门洞口线上的端点，绘制两条垂直的辅助参考线，然后捕捉墙体上侧的相应边线，向下绘制一条与其距离为 900mm 的辅助参考线，如图 11-7 所示。

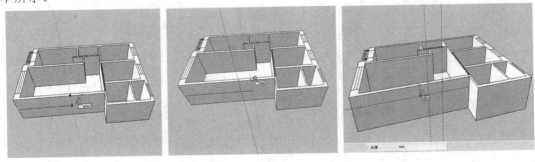

图 11-7

3）使用矩形工具 ，借助上一步绘制的辅助参考线，在相应的墙体表面上绘制一个矩形，如图 11-8 所示。

4）使用推拉工具 ，将上一步绘制的矩形面向内进行推拉，从而开启一个门洞口，如图 11-9 所示。

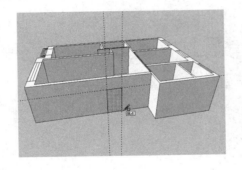

图 11-8   图 11-9

5）使用矩形工具 ，在前面开启的门洞口下侧绘制一个矩形面作为门槛石，如图 11-10 所示。

6）使用卷尺工具 ，捕捉客厅位置 CAD 平面图相应窗洞口线上的端点，绘制两条垂直的辅助参考线，如图 11-11 所示。

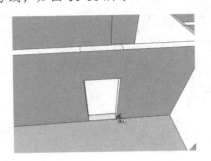   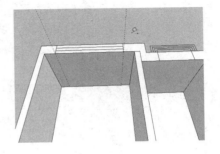

图 11-10   图 11-11

7）继续使用卷尺工具 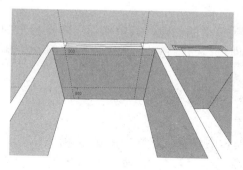，捕捉墙体上侧的相应边线，向下绘制两条水平辅助参考线，如图 11-12 所示。

8）使用矩形工具 ，借助上一步绘制的辅助参考线，在相应的墙体表面上绘制一个矩形，如图 11-13 所示。

图 11-12

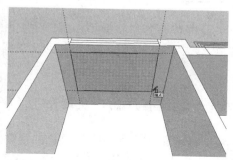

图 11-13

9）使用推拉工具 ，将上一步绘制的矩形面向外进行推拉，从而开启一个窗洞口，如图 11-14 所示。

10）使用相同的方法，完成其他房间的门窗洞口开启，如图 11-15 所示。

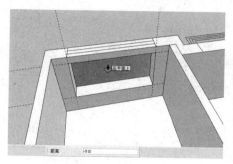

图 11-14

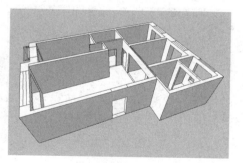

图 11-15

11）使用材质工具 ，打开"材料"面板，为客厅的墙面赋予一种墙纸材质，为客厅地面赋予一种地砖材质，然后为门洞下侧的门槛石赋予一种石材材质，如图 11-16 所示。

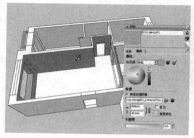
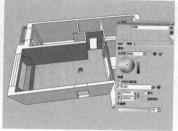
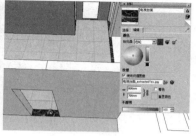

图 11-16

11.2　创建客厅模型

视频\11\客厅模型的创建.avi
案例\11\最终效果\家装模型.skp

本节主要讲解该套家装模型中客厅内部相关模型的创建，其中包括窗户及窗帘的创建，客厅电视墙及沙发背景墙的创建，厨房及书房推拉门的创建，插入室内门及创建踢脚线等相关内容。

实战训练——创建客厅窗户及窗帘

本例主要讲解创建客厅窗洞口位置的窗户及窗帘模型，其操作步骤如下。

1）使用矩形工具 ▱，在客厅的窗洞口位置绘制一个矩形面，并将其创建为组，如图 11-17 所示。

2）双击上一步创建的组，进入组的内部编辑状态，然后使用推拉工具 ♦，将上一步的矩形面向上推拉 40mm 的厚度，如图 11-18 所示。

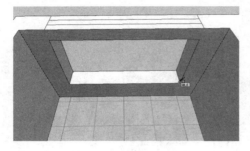

图 11-17　　　　　　　　　　图 11-18

3）使用推拉工具 ♦，并按住 Ctrl 键，将上一步推拉立方体的外侧面向外推拉复制 40mm 的距离，如图 11-19 所示。

4）继续使用推拉工具 ♦，将左侧的相应面向外推拉 100mm 的距离，如图 11-20 所示。

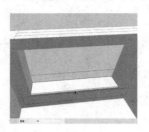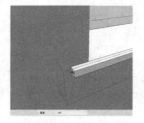

图 11-19　　　　　　　　　　图 11-20

5）继续使用推拉工具 ♦，将右侧的相应面向外推拉 100mm 的距离，如图 11-21 所示。

6）使用材质工具 ⋗，打开"材料"面板，为创建的窗台石赋予一种石材材质，如图 11-22 所示。

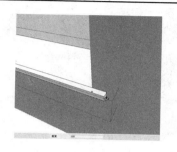
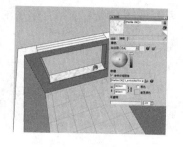

<table>
<tr><td>图 11-21</td><td>图 11-22</td></tr>
</table>

7）使用矩形工具 ，绘制一个 3000mm×1800mm 的立面矩形，如图 11-23 所示。

8）结合偏移工具 及移动工具 ，在上一步创建矩形的内部绘制出窗框的轮廓，如图 11-24 所示。

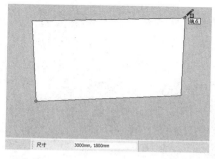
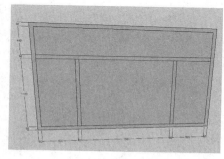

图 11-23　　　　　　　　　　　图 11-24

9）首先删除窗框内部多余的面，然后使用推拉工具 ，将窗框推拉 40mm 的厚度，如图 11-25 所示。

10）使用矩形工具 ，捕捉窗框上的相应端点绘制一个矩形面，并将绘制的矩形面创建为组，如图 11-26 所示。

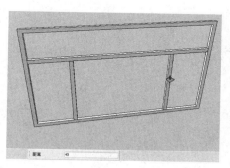
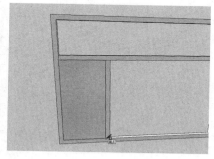

图 11-25　　　　　　　　　　　图 11-26

11）双击上一步创建的组，进入组的内部编辑状态，然后使用偏移工具 ，将矩形面向内偏移 60mm 的距离，如图 11-27 所示。

12）首先将内侧的矩形面删除掉，然后使用推拉工具 ，将窗框推拉 80mm 的厚度，如图 11-28 所示。

279

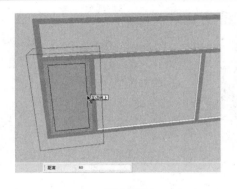

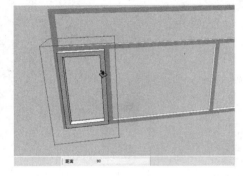

图 11-27　　　　　　　　　　　　　　　图 11-28

13）使用移动工具 ✥，并配合 Ctrl 键，将上一步推拉的窗框向右复制一份，如图 11-29 所示。

14）使用矩形工具 ▨ 及推拉工具 ◈，在创建的窗框内部创建窗玻璃，并为创建的窗玻璃赋予玻璃材质，然后将创建的窗户移动到客厅的窗洞口位置，如图 11-30 所示。

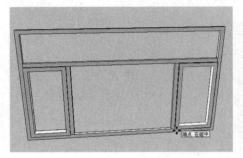

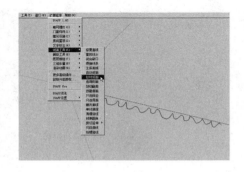

图 11-29　　　　　　　　　　　　　　　图 11-30

15）使用徒手画工具 ৶，绘制出窗帘的截面轮廓曲线，如图 11-31 所示。

16）全选上一步绘制的窗帘截面轮廓曲线，然后执行"扩展程序|线面工具|拉线成面"菜单命令，如图 11-32 所示。

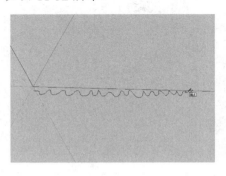

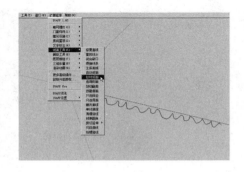

图 11-31　　　　　　　　　　　　　　　图 11-32

17）单击线上某一点，向上移动鼠标，然后输入高度 2700mm，如图 11-33 所示。完成后弹出 SketchUp 对话框，在其中选择是否需要翻转面的方向以及生成群组，如图 11-34 所示。

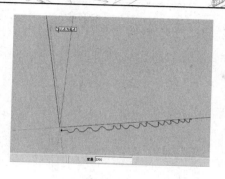

图 11-33

图 11-34

18）生成的曲面窗帘造型如图 11-35 所示。

19）使用移动工具 ✥ 并结合 Ctrl 键，将创建的窗帘移动到客厅的窗户位置，并将其复制一份到窗户的另一侧，再结合矩形工具 ▱ 及推拉工具 ✦，在窗帘的上侧创建出窗帘盒的效果，如图 11-36 所示。

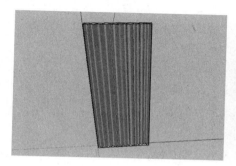

图 11-35

图 11-36

实战训练——创建客厅电视墙及沙发背景墙

本例主要讲解创建客厅电视背景墙及沙发背景墙的模型效果，其操作步骤如下。

1）使用矩形工具 ▱，创建一个 3000mm×2900mm 的立面矩形，如图 11-37 所示。

2）使用推拉工具 ✦，将上一步绘制的立面矩形推拉 50mm 的厚度，如图 11-38 所示。

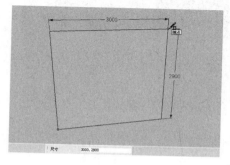

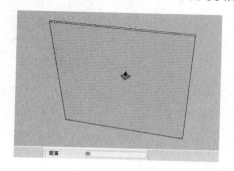

图 11-37

图 11-38

3）使用圆弧工具 ◠，在上一步推拉的表面上绘制出如图 11-39 所示的花纹图案。

4）使用推拉工具 ⬦，将上一步绘制的花纹图案向内推拉 10mm 的距离，如图 11-40 所示。

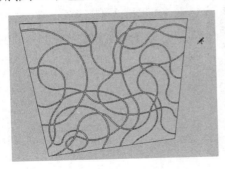

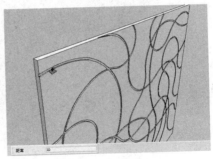

图 11-39   图 11-40

5）使用材质工具 🎨，打开"材料"面板，为创建的电视墙赋予一种颜色材质，如图 11-41 所示。

6）使用直线工具 ✏，在客厅沙发背景墙的下侧绘制如图 11-42 所示的线段。

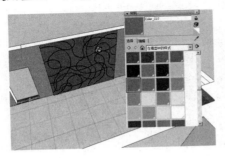

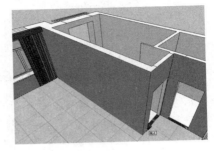

图 11-41   图 11-42

7）使用偏移工具 ⬸，将上一步绘制的线段向外偏移复制一份，其偏移复制的距离为 80mm，如图 11-43 所示。

8）使用直线工具 ✏，对前面绘制线段的末端进行封闭，如图 11-44 所示。

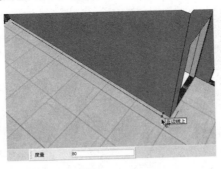

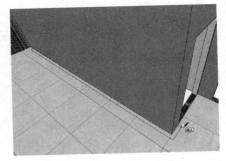

图 11-43   图 11-44

9）使用推拉工具 ⬦，将前面封闭的造型面向上推拉 2100mm 的高度，如图 11-45 所示。

10）使用卷尺工具 📏，在上一步推拉模型的外表面上绘制如图 11-46 所示的几条辅助参考线。

11）使用矩形工具 ▨，借助上一步绘制的辅助参考线，在相应的模型表面上绘制一个矩形面，如图 11-47 所示。

12）使用推拉工具 ◈，将上一步绘制的矩形面向内推拉 150mm 的距离，如图 11-48 所示。

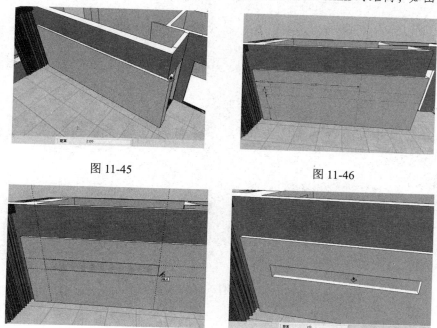

图 11-45　　　　　　　　　　　　　　　　　图 11-46

图 11-47

图 11-48

13）使用矩形工具 ▨，在上一步推拉的表面上绘制一个 3000mm×40mm 的矩形面，如图 11-49 所示。

14）使用推拉工具 ◈，将上一步绘制的矩形面向外推拉 190mm 的厚度，如图 11-50 所示。

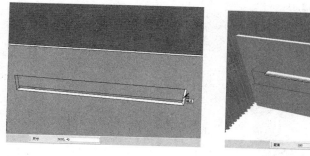
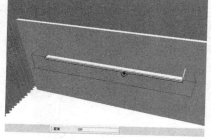

图 11-49　　　　　　　　　　　　　　　　图 11-50

15）使用选择工具 ▶，选择模型下侧相应的两条边线，然后使用移动工具 ✥ 并配合 Ctrl 键，将其垂直向上复制 6 份，如图 11-51 所示。

16）使用材质工具 ◈，打开"材料"面板，为创建的沙发背景墙赋予相应的材质，如图 11-52 所示。

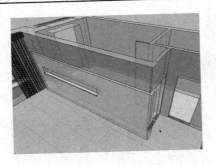 

图 11-51

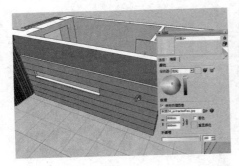 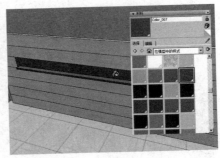

图 11-52

实战训练——创建厨房及书房推拉门

本例主要讲解创建厨房及书房推拉门的模型，其操作步骤如下。

1）使用矩形工具 ▨，捕捉厨房门洞口位置模型上的相应端点，绘制一个立面矩形，并将其创建为群组，如图 11-53 所示。

2）双击上一步创建的群组，进入组的内部编辑状态，然后使用偏移工具 ⤵，将矩形面向内偏移 40mm 的距离，如图 11-54 所示。

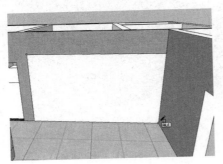 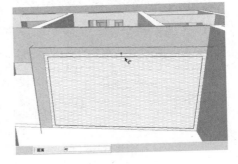

图 11-53   图 11-54

3）使用直线工具 ✎，在立面矩形的下侧相应位置补上两条垂线段，如图 11-55 所示。

4）首先删除立面矩形上多余的线面，然后使用推拉工具 ◈，将造型面推拉 160mm 的厚度，从而形成厨房门框的效果，如图 11-56 所示。

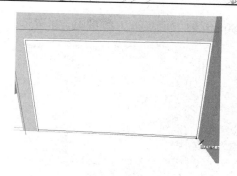

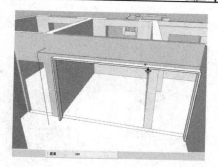

图 11-55　　　　　　　　　　　　　　　图 11-56

5）使用矩形工具▨，绘制一个 1000mm×2200mm 的立面矩形，如图 11-57 所示。

6）使用偏移工具🐑，将矩形面向内偏移 60mm 的距离，如图 11-58 所示。

7）使用偏移工具🐑，将矩形面内的相应边线向上进行偏移复制，如图 11-59 所示。

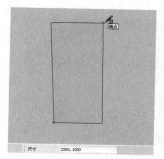

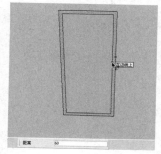

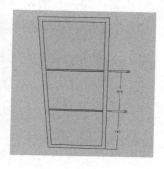

图 11-57　　　　　　　　　　图 11-58　　　　　　　　　　图 11-59

8）首先删除矩形内的相应线面，然后使用推拉工具🔷，将剩余的面推拉 60mm 的厚度，如图 11-60 所示。

9）结合矩形▨及推拉工具🔷，在门框内部创建几个立方体，如图 11-61 所示。

10）使用材质工具🅱，打开"材料"面板，为创建完成的推拉门赋予相应的材质，并将其创建为群组，如图 11-62 所示。

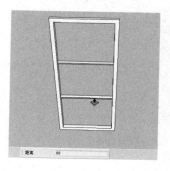

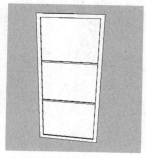

图 11-60　　　　　　　　　　图 11-61　　　　　　　　　　图 11-62

11）使用移动工具✥，将创建的推拉门布置到相应的门洞口位置，并将其复制一个到门洞口的右侧，如图 11-63 所示。

12）使用矩形工具 ▧，绘制一个 70mm×80mm 的立面矩形，如图 11-64 所示。

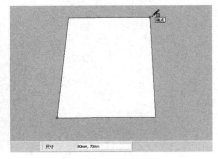

图 11-63　　　　　　　　　　　　　　　图 11-64

13）使用直线工具 ✏ 及圆弧工具 ◌，在上一步绘制的矩形面上绘制如图 11-65 所示的轮廓。

14）使用橡皮擦工具 ◍，将矩形面上多余的线面删除掉，如图 11-66 所示。

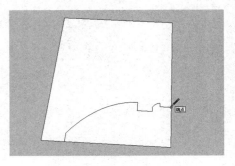

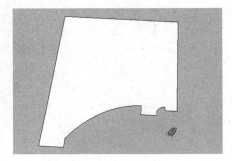

图 11-65　　　　　　　　　　　　　　　图 11-66

15）使用矩形工具 ▧，绘制一个 1880mm×2200mm 的立面矩形，如图 11-67 所示。

16）使用橡皮擦工具 ◍，将立面矩形上多余的线面删除掉，然后结合直线工具 ✏ 及圆弧工具 ◌，在轮廓线的下侧绘制一个放样截面，如图 11-68 所示。

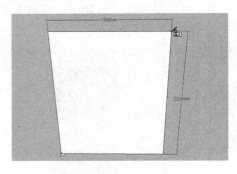

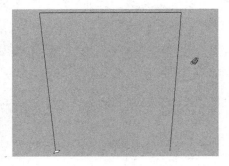

图 11-67　　　　　　　　　　　　　　　图 11-68

17）使用跟随路径工具 ⟲，对上一步的路径及截面进行放样，从而形成门框的效果，如图 11-69 所示。

18）使用矩形工具 ▧，捕捉门框上的相应轮廓，绘制一个 2130mm×1740mm 的立面矩形，如图 11-70 所示。

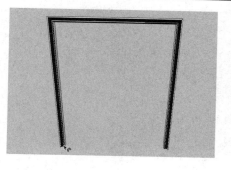

图 11-69　　　　　　　　　　　　　　　　图 11-70

19）使用推拉工具 🔧，将绘制的立面矩形向外推拉出 30mm 的厚度，如图 11-71 所示。

20）使用相应的绘图工具，创建出矩形面上的细节造型效果，如图 11-72 所示。

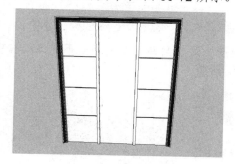

图 11-71　　　　　　　　　　　　　　　　图 11-72

21）使用材质工具 🔧，打开"材料"面板，为创建完成的餐厅装饰墙赋予相应的材质，并将其创建为群组，如图 11-73 所示。

22）使用移动工具 ✥，将创建的装饰造型布置到厨房相应的门洞口位置，如图 11-74 所示。

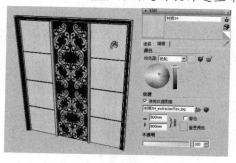

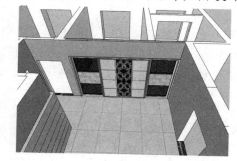

图 11-73　　　　　　　　　　　　　　　　图 11-74

实战训练——插入室内门及创建踢脚线

本例主要讲解怎样插入室内门及创建踢脚线模型，其操作步骤如下。

1）执行"文件|导入"菜单命令，弹出"导入"对话框，然后将本书配套资源中的"案例\11\素材文件\室内门.3ds"文件进行导入，如图 11-75 所示。

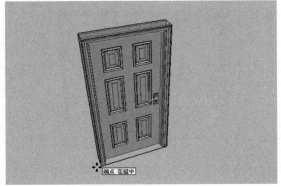

图 11-75

2）结合移动工具 ✛ 及旋转工具 ⟳，将上一步插入的室内门布置到图中相应的门洞口位置，如图 11-76 所示。

3）使用矩形工具 ▨，捕捉墙体下侧的相应轮廓，绘制一个立面矩形，并将其创建为群组，如图 11-77 所示。

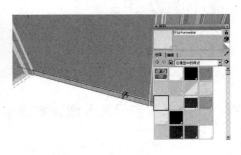

图 11-76　　　　　　　　　　　　　　　　图 11-77

4）双击上一步创建的群组，进入组的内部编辑状态，然后使用推拉工具 ◆，将上一步绘制的立面矩形向外推拉出 20mm 的厚度，如图 11-78 所示。

5）使用材质工具 ⌗，打开"材料"面板，为创建完成的踢脚线模型赋予一种白颜色材质，如图 11-79 所示。

图 11-78　　　　　　　　　　　　　　　　图 11-79

6）使用相同的方法，创建出墙体下侧的踢脚线效果，如图 11-80 所示。

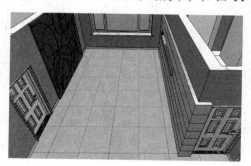

图 11-80

7）执行"文件｜导入"菜单命令，将本书配套资源相关章节中的模型布置到客厅的相应位置，其导入模型后的效果，如图 11-81 所示。

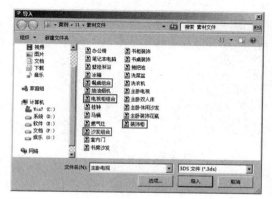
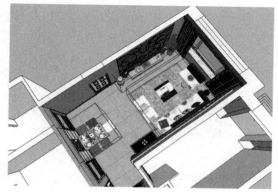

图 11-81

11.3　创建厨房模型

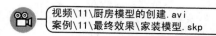
视频\11\厨房模型的创建.avi
案例\11\最终效果\家装模型.skp

本节主要讲解该套家装模型中厨房内部相关模型的创建，其中包括创建厨房门框、橱柜，以及导入相关厨房电器设备等。

实战训练——创建厨房门框及橱柜

本例主要讲解创建厨房门框及橱柜的模型效果，其操作步骤如下。

1）使用矩形工具，在厨房内部相应的门洞口位置绘制一个矩形面，并将其创建为群组，如图 11-82 所示。

2）双击上一步创建的矩形面，进入组的内部编辑状态，然后使用偏移工具，将矩形面向内偏移 100mm 的距离，如图 11-83 所示。

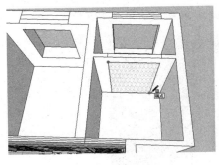
图 11-82

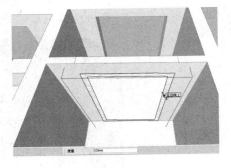
图 11-83

3）使用直线工具 ✏，在模型表面的相应位置补上几条线段，如图 11-84 所示。

4）首先删除立面矩形上的相应线面，然后使用推拉工具 ◆，将其向外推拉出 160mm 的厚度，从而形成门框的效果，如图 11-85 所示。

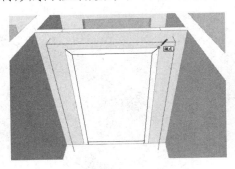
图 11-84

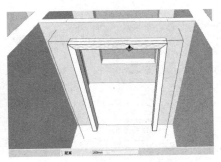
图 11-85

5）使用移动工具 ✦，将创建的门框布置到厨房内部相应的门洞口位置，如图 11-86 所示。

6）使用材质工具 ⊘，打开"材料"面板，为厨房地面赋予一种地砖材质，如图 11-87 所示。

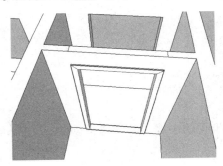
图 11-86

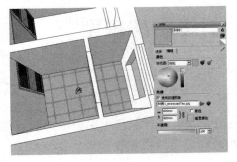
图 11-87

7）继续使用材质工具 ⊘，为厨房墙面赋予一种墙砖材质，如图 11-88 所示。

8）继续使用材质工具 ⊘，为前面创建的厨房门框赋予一种颜色材质，如图 11-89 所示。

9）使用矩形工具 ▱，在厨房内部相应的墙面上绘制一个 2280mm×870mm 的立面矩形，并将其创建为群组，如图 11-90 所示。

10）双击上一步创建的立面矩形，进入组的内部编辑状态，然后使用推拉工具 ◆，将立面矩形向外推拉 500mm 的厚度，如图 11-91 所示。

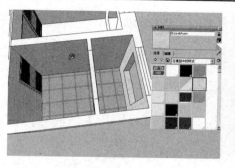 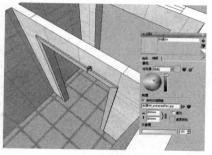

图 11-88   图 11-89

11）结合直线工具 🖊 及偏移工具 🕲，在推拉的立方体上绘制多条轮廓线，如图 11-92 所示。

12）使用推拉工具 ✦，将图中相应的造型面向内推拉 480mm 距离，如图 11-93 所示。

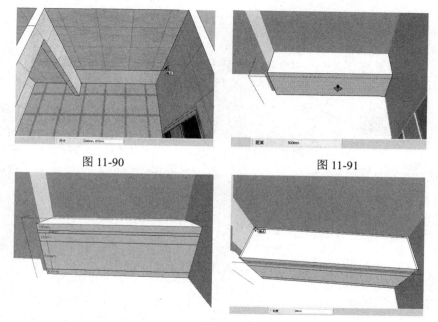

图 11-90   图 11-91

图 11-92

13）使用移动工具 ✤，并配合 Ctrl 键，将图中相应的边线向下移动复制一份，其移动复制的距离为 5mm，如图 11-94 所示。

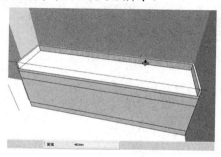 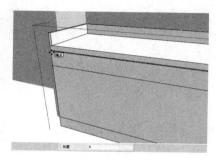

图 11-93   图 11-94

14）使用推拉工具![icon]，将图中相应的造型面向内推拉 20mm 的距离，以形成橱柜凹槽的效果，如图 11-95 所示。

15）选择橱柜下侧的相应边线，然后右键选择"拆分"选项，如图 11-96 所示。

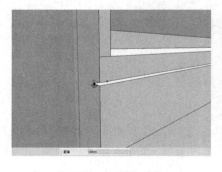

图 11-95   图 11-96

16）在数值输入框中输入 5，将线段拆分为 5 条等长的线段，如图 11-97 所示。

17）使用直线工具![icon]，捕捉上一步拆分线段上的拆分点，向上绘制多条垂线段，如图 11-98 所示。

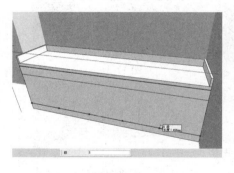
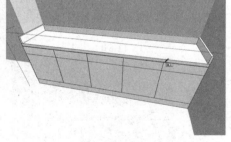

图 11-97   图 11-98

18）使用推拉工具![icon]，将橱柜下侧相应造型面向内推拉 25mm 的距离，如图 11-99 所示。

19）使用矩形工具![icon]，绘制一个 20mm×20mm 的立面矩形，然后使用直线工具![icon]，在绘制的立面矩形上绘制几条线段，如图 11-100 所示。

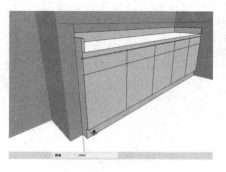
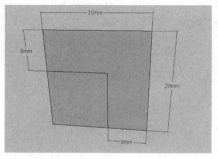

图 11-99   图 11-100

20）使用橡皮擦工具 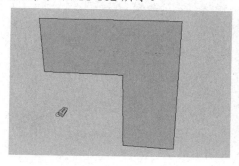，将立面矩形上多余的线面删除掉，如图 11-101 所示。

21）使用推拉工具 ，将造型面推拉出 140mm 的厚度，从而形成橱柜拉手的造型，并将其创建为群组，如图 11-102 所示。

图 11-101

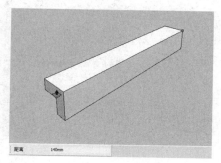

图 11-102

22）使用移动工具 ，并配合 Ctrl 键，将创建的拉手复制几个，并将其布置到橱柜上的相应位置处，如图 11-103 所示。

23）使用矩形工具 ，在橱柜地柜上侧的相应墙面上绘制一个 1200mm×600mm 的立面矩形，并将其创建为群组，如图 11-104 所示。

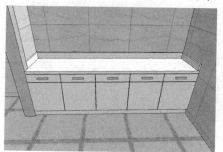

图 11-103

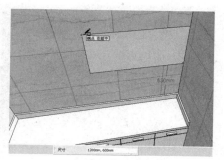

图 11-104

24）双击上一步创建的立面矩形，进入组的内部编辑状态，然后使用推拉工具 ，将立面矩形向外推拉 300mm 的厚度，如图 11-105 所示。

25）继续使用推拉工具 ，并按住 Ctrl 键，将立方体的外侧矩形面向外推拉复制一份，其推拉复制的距离为 20mm，如图 11-106 所示。

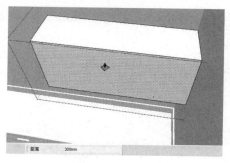

图 11-105

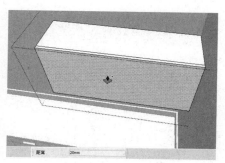

图 11-106

26）选择橱柜模型上的相应边线，右键选择"拆分"选项，然后在数值输入框中输入 3，将其拆分为 3 条等长的线段，如图 11-107 所示。

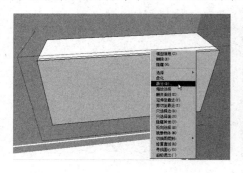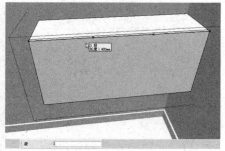

图 11-107

27）使用直线工具 ✎，捕捉上一步拆分线段上的拆分点，向下绘制两条垂线段，如图 11-108 所示。

28）使用卷尺工具 🔍，在上一步绘制的两条垂线段的左右两侧分别绘制一条与其距离为 2.5mm 的辅助参考线，如图 11-109 所示。

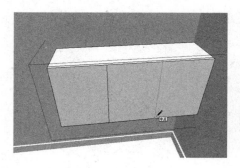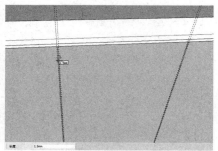

图 11-108   图 11-109

29）使用直线工具 ✎，借助上一步绘制的辅助参考线，在模型表面上绘制 4 条垂线段，并将中间的那条垂直线段删除掉，如图 11-110 所示。

30）使用推拉工具 ◈，将图中相应的面向内推拉 20mm 的距离，从而形成吊柜凹槽的效果，如图 11-111 所示。

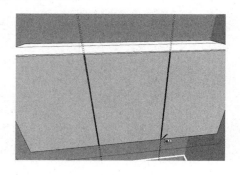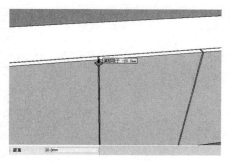

图 11-110   图 11-111

31）使用移动工具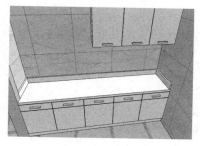，并配合 **Ctrl** 键，将前面创建的橱柜拉手复制几个到吊柜上的相应位置处，如图 11-112 所示。

32）使用材质工具，打开"材料"面板，为创建的厨房橱柜赋予相应的材质，如图 11-113 所示。

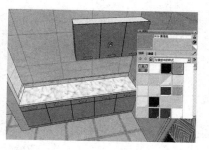

图 11-112　　　　　　　　　　　　图 11-113

实战训练——导入相关厨房电器设备

本例主要讲解将相关的厨房电器设备导入到厨房空间中，其操作步骤如下。

1）执行"文件|导入"菜单命令，将本书相关章节中配套资源的模型布置到客厅的相应位置，如图 11-114 所示。

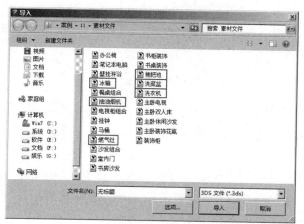

图 11-114

2）其导入模型后的效果，如图 11-115 所示。

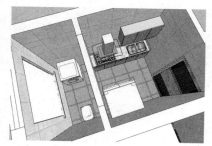

图 11-115

11.4　创建书房模型

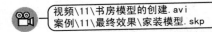

视频\11\书房模型的创建.avi
案例\11\最终效果\家装模型.skp

本节主要讲解该套家装模型中书房内部相关模型的创建，其中包括创建书柜、书桌以及书房其他装饰物等。

实战训练——创建书房书柜

本例主要讲解创建书房中的书柜模型，其操作步骤如下。

1）使用矩形工具⬛，绘制一个 320mm×150mm 的矩形，如图 11-116 所示。

2）使用推拉工具◆，将上一步绘制的矩形面向上推拉出 2200mm 的高度，如图 11-117 所示。

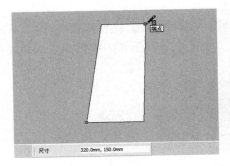
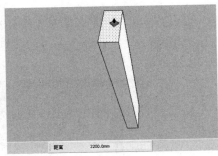

图 11-116　　　　　　　　　　　　　　　　图 11-117

3）使用矩形工具⬛，捕捉模型上的相应轮廓，绘制一个 3120mm×300mm 的矩形面，如图 11-118 所示。

4）使用推拉工具◆，将上一步绘制的矩形面向上推拉出 100mm 的高度，并将推拉后的立方体创建为群组，如图 11-119 所示。

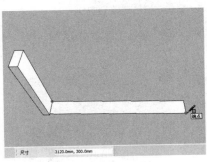
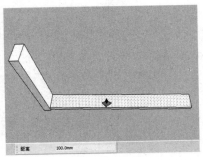

图 11-118　　　　　　　　　　　　　　　　图 11-119

5）使用移动工具✛，并配合 Ctrl 键，将上一步推拉后的立方体垂直向上复制 4 份，如图 11-120 所示。

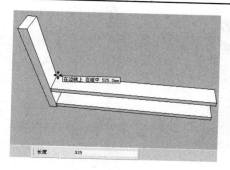
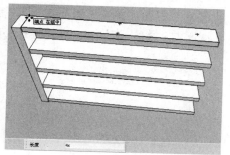

图 11-120

6）使用移动工具✛，并配合 Ctrl 键，将书柜左侧的挡板将其复制一份到书柜的右侧，如图 11-121 所示。

7）使用材质工具❀，打开"材料"面板，为创建的书柜赋予一种木纹材质，如图 11-122 所示。

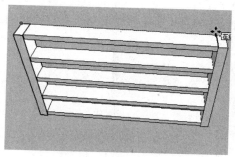

图 11-121

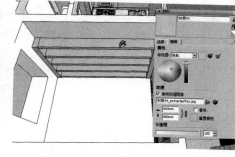

图 11-122

实战训练——创建书房书桌

本例主要讲解创建书房中的书桌模型，其操作步骤如下。

1）使用矩形工具▨，绘制一个 700mm×60mm 的矩形面，如图 11-123 所示。

2）使用推拉工具✛，将上一步绘制的矩形面向上推拉 690mm 的高度，并将推拉后的立方体创建为群组，如图 11-124 所示。

3）使用移动工具✛，并配合 Ctrl 键，将创建的立方体水平向右复制一份，其移动复制的距离为 1740mm，如图 11-125 所示。

图 11-123

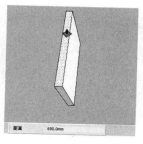

图 11-124

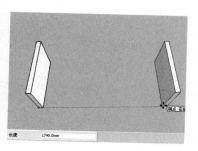

图 11-125

4）使用矩形工具 ▨，捕捉模型上的相应轮廓，绘制一个矩形面，如图 11-126 所示。

5）使用推拉工具 ◈，将上一步绘制的矩形面向上推拉 60mm 的高度，如图 11-127 所示。

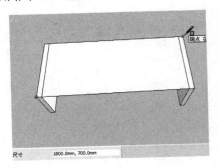
图 11-126

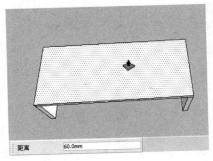
图 11-127

6）使用移动工具 ✣，并配合 Ctrl 键，将上侧矩形面的左右两侧垂直边分别向内移动复制一份，其移动复制的距离为 250mm，如图 11-128 所示。

7）使用移动工具 ✣，并配合 Ctrl 键，将上侧矩形面的上下两侧水平边分别向内移动复制一份，其移动复制的距离为 25mm，如图 11-129 所示。

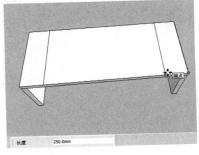
图 11-128

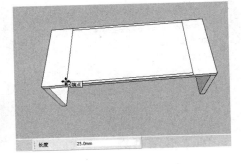
图 11-129

8）使用橡皮擦工具 ✐，将矩形面上的多余线段删除掉，如图 11-130 所示。

9）使用推拉工具 ◈，将图中相应矩形面向下推拉 25mm 的距离，如图 11-131 所示。

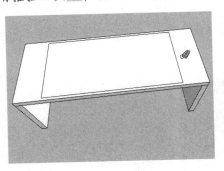
图 11-130

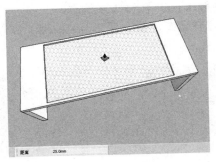
图 11-131

10）使用圆弧工具 ⊘ 及推拉工具 ◈，在书桌上侧的凹槽内创建出雕花的效果，如图 11-132 所示。

11）使用矩形工具 ▨，绘制一个 1300mm×650mm 的矩形面，然后使用推拉工具 ◈，将上一步绘制的矩形面向上推拉 8mm 的高度，并将推拉后的立方体创建为群组，如图 11-133 所示。

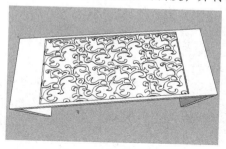
图 11-132

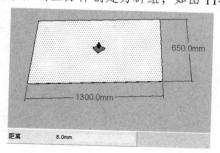
图 11-133

12）使用移动工具 ✥，将上一步创建的立方体移动到书桌上侧相应位置，如图 11-134 所示。

13）使用材质工具 ⊗，打开"材料"面板，为创建的书桌赋予相应的材质，并将其移动到书房内相应位置处，如图 11-135 所示。

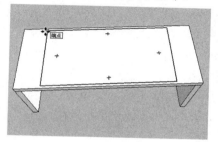
图 11-134

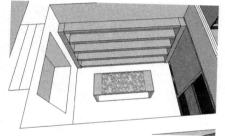
图 11-135

实战训练——创建书房装饰物

本例主要讲解创建书房内的装饰物模型，其操作步骤如下。

1）使用矩形工具 ▨，绘制一个 300mm×40mm 的矩形面，如图 11-136 所示。

2）使用移动工具 ✥，并配合 Ctrl 键，将上一步绘制矩形的下侧边线向上移动复制一份，其移动复制的距离为 20mm，如图 11-137 所示。

3）使用圆弧工具 ⊘，捕捉相应线段上的端点及中点绘制一条圆弧，如图 11-138 所示。

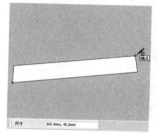
图 11-136

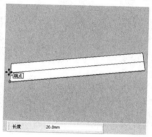
图 11-137

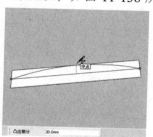
图 11-138

4）使用橡皮擦工具 ✎，将矩形面上的多余线面删除掉，如图 11-139 所示。

5）使用推拉工具 ♦，将造型面向上推拉 300mm 的高度，并将创建的装饰块创建为群组，如图 11-140 所示。

6）结合移动工具 ✥ 及旋转工具 ↻，将创建的装饰块复制几个，并对其进行组合，如图 11-141 所示。

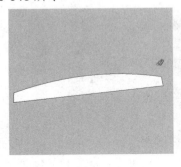
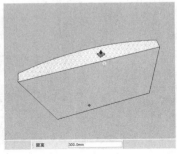
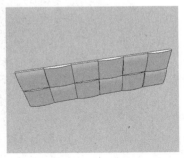

图 11-139　　　　　　　　　　图 11-140　　　　　　　　　　图 11-141

7）使用材质工具 ⮿，打开"材料"面板，为创建的装饰造型赋予相应的材质，并将其移动到书房内相应的位置处，如图 11-142 所示。

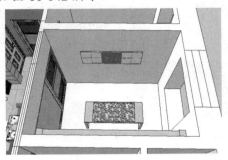

图 11-142

8）使用矩形工具 ▨，绘制一个 640mm×860mm 的立面矩形，如图 11-143 所示。

9）使用推拉工具 ♦，将上一步绘制的矩形面向外推拉 5mm 的厚度，如图 11-144 所示。

10）使用推拉工具 ♦，并按住 Ctrl 键，将立方体的外侧矩形面向外推拉复制 15mm 的距离，如图 11-145 所示。

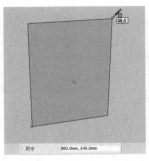
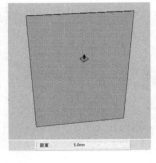
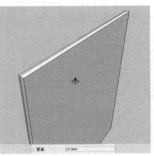

图 11-143　　　　　　　　　　图 11-144　　　　　　　　　　图 11-145

11）使用缩放工具 ，对推拉后的外侧矩形面进行缩放，如图 11-146 所示。

12）结合偏移工具 及推拉工具 ，制作出画框内部的细节造型，如图 11-147 所示。

13）使用材质工具 ，打开"材料"面板，为创建的装饰画赋予相应的材质，如图 11-148 所示。

图 11-146　　　　　　　　　　图 11-147　　　　　　　　　　图 11-148

14）使用移动工具 ，将创建完成的装饰画模型布置到书房内相应位置处，如图 11-149 所示。

15）使用材质工具 ，打开"材料"面板，为书房的地面赋予一种地板材质，如图 11-150 所示。

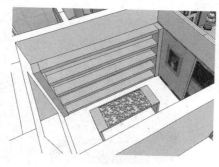
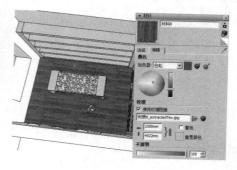

图 11-149　　　　　　　　　　　　　　图 11-150

16）继续使用材质工具 ，为书房的墙面赋予一种黄色乳胶漆材质，如图 11-151 所示。

17）使用选择工具 ，并配合 Ctrl 键，选择书房墙体下侧相应的两条边线，如图 11-152 所示。

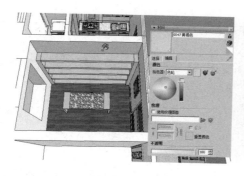

图 11-151　　　　　　　　　　　　　图 11-152

18）使用移动工具 ✥，并按住 Ctrl 键，将上一步选择的两条边线垂直向上移动复制一份，其移动复制的距离为 100mm，如图 11-153 所示。

19）使用推拉工具 ◈，将复制边线后所产生的下侧面向外推拉 20mm 的距离，从而形成书房踢脚线的效果，如图 11-154 所示。

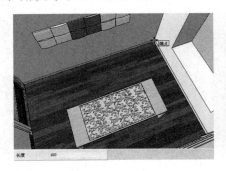
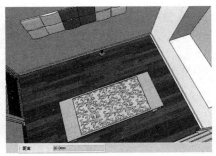

图 11-153   图 11-154

20）执行"文件|导入"菜单命令，将本书相关章节中配套资源的模型布置到书房的相应位置，如图 11-155 所示。其导入模型后的效果，如图 11-156 所示。

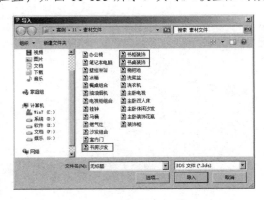
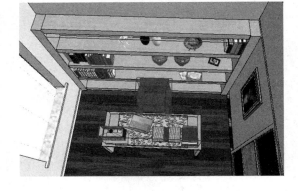

图 11-155   图 11-156

11.5 创建儿童房模型

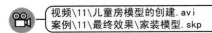

视频\11\儿童房模型的创建.avi
案例\11\最终效果\家装模型.skp

本节主要讲解该套家装模型中儿童房内部相关模型的创建，其中包括创建儿童房单人床、儿童房电脑桌、儿童房衣柜等。

实战训练——创建儿童房单人床

本例主要讲解创建儿童房的单人床模型，其操作步骤如下。

1）使用矩形工具 ▨，绘制一个 2760mm×1200mm 的矩形面，如图 11-157 所示。

2）使用推拉工具 ◈，将上一步绘制的矩形面向上推拉 400mm 的高度，如图 11-158 所示。

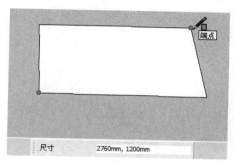
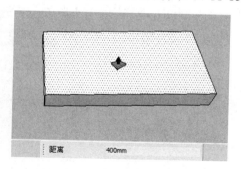

图 11-157

图 11-158

3）使用移动工具 ✥，并按住 Ctrl 键，将立方体上相应的边线垂直向上移动复制一份，其移动复制的距离为 320mm，如图 11-159 所示。

4）使用推拉工具 ◈，将图中相应的面向内推拉 40mm 的距离，如图 11-160 所示。

5）使用移动工具 ✥，并按住 Ctrl 键，将立方体上相应的边线垂直向上移动复制一份，其移动复制的距离为 80mm，如图 11-161 所示。

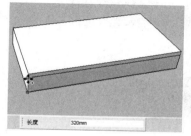
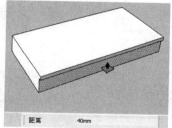
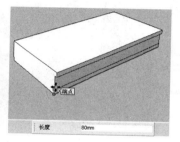

图 11-159

图 11-160

图 11-161

6）使用移动工具 ✥，并按住 Ctrl 键，将立方体上相应的边线水平向左移动复制 5 份，如图 11-162 所示。

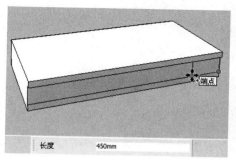
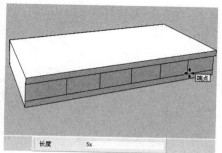

图 11-162

7）结合矩形工具 ▨ 及推拉工具 ◈，在床上的相应位置创建几个立方体作为抽屉上的拉手，如图 11-163 所示。

8）使用移动工具 ✛，并按住 Ctrl 键，将图中相应的边线水平向右移动复制一份，其移动复制的距离为 400mm，如图 11-164 所示。

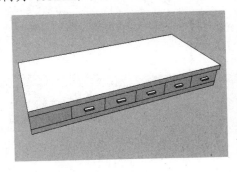

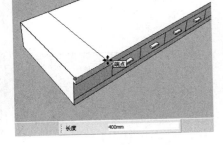

图 11-163   图 11-164

9）使用推拉工具 ♦，将图中相应的面向上推拉 700mm 的高度，如图 11-165 所示。

10）使用矩形工具 ▨，捕捉图中相应的轮廓，绘制一个 1200mm×85mm 的矩形面，并将绘制的矩形面创建为群组，如图 11-166 所示。

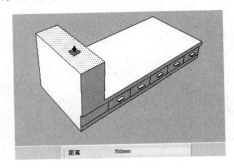

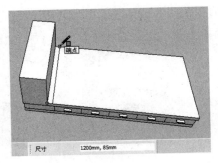

图 11-165   图 11-166

11）双击上一步绘制的矩形面，进入组的内部编辑状态，然后使用推拉工具 ♦，将上一步绘制的矩形面向上推拉 700mm 的高度，如图 11-167 所示。

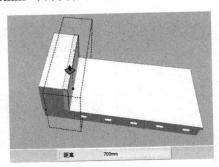

图 11-167

12）双击上一步推拉后的立方体，然后单击插件 Round Corner 工具栏中的倒圆角按钮 🌐，设置偏移参数为 15，段数为 6，单击"确定"按钮，再按回车键，完成床头模型的倒角操作，如图 2-168 所示。

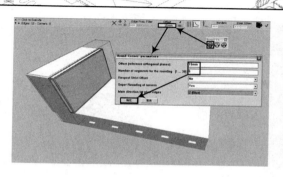
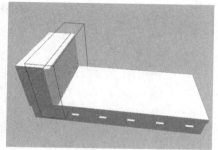

图 11-168

13）使用矩形工具 ▨，捕捉图中相应的轮廓，绘制一个 2000mm×1200mm 的矩形面，并将绘制的矩形面创建为群组，如图 11-169 所示。

14）双击上一步绘制的矩形面，进入组的内部编辑状态，然后使用推拉工具 ♦，将上一步绘制的矩形面向上推拉 160mm 的高度，如图 11-170 所示。

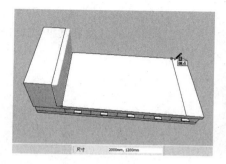

图 11-169　　　　　　　　　　　　　　　图 11-170

15）双击上一步推拉后的立方体，然后单击插件 Round Corner 工具栏中的倒圆角按钮 ⊛，设置偏移参数为 45，段数为 6，单击"确定"按钮，再按回车键，完成床垫模型的倒角操作，如图 11-171 所示。

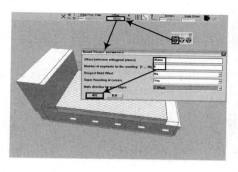
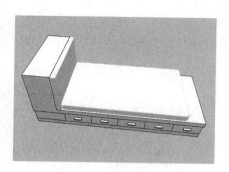

图 11-171

16）使用材质工具 ⊗，为创建的单人床模型赋予相应的材质，并将其创建为群组，如图 11-172 所示。

17）使用移动工具 ✥，将创建的单人床布置到儿童房内的相应位置处，如图 11-173 所示。

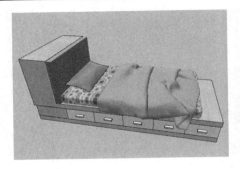
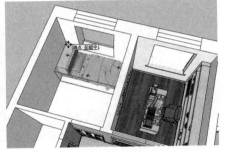

图 11-172   图 11-173

实战训练——创建儿童房电脑桌

本例主要讲解创建儿童房的电脑桌模型，其操作步骤如下。

1）使用矩形工具 ▨ ，绘制一个 1700mm×500mm 的矩形面，如图 11-174 所示。

2）使用推拉工具 ◈ ，将上一步绘制的矩形面向上推拉 700mm 的高度，如图 11-175 所示。

3）使用移动工具 ✥ ，并按住 Ctrl 键，将图中相应的边线水平向右移动复制一份，其移动复制的距离为 1130mm，如图 11-176 所示。

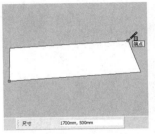
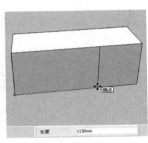

图 11-174   图 11-175   图 11-176

4）使用移动工具 ✥ ，并按住 Ctrl 键，将图中相应的边线垂直向下移动复制一份，其移动复制的距离为 150mm，如图 11-177 所示。

5）使用推拉工具 ◈ ，将图中相应的矩形面向内推拉 500mm 的距离，如图 11-178 所示。

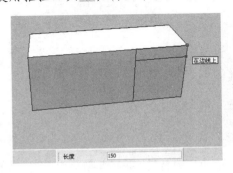

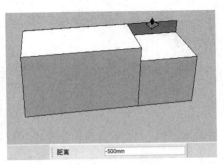

图 11-177   图 11-178

6）结合偏移工具 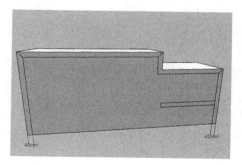 及直线工具 ✏，在相应的表面上绘制出电脑桌的轮廓，如图 11-179 所示。

7）使用推拉工具 ◆，将图中相应的造型面向内推拉 500mm 的距离，如图 11-180 所示。

图 11-179

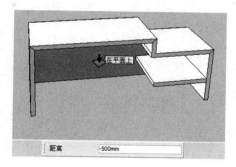

图 11-180

8）使用矩形工具 ▨，捕捉模型上的轮廓，绘制一个的矩形面，如图 11-181 所示。

9）使用推拉工具 ◆，将上一步绘制的矩形面推拉捕捉至相应的边线上，如图 11-182 所示。

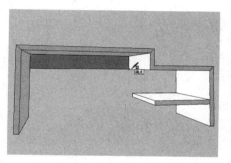

图 11-181

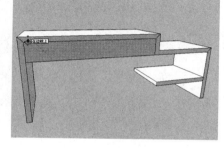

图 11-182

10）使用移动工具 ✥，并按住 Ctrl 键，将模型上相应的边线水平向右移动复制 2 份，如图 11-183 所示。

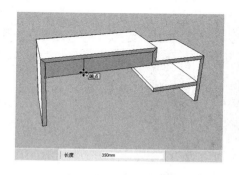

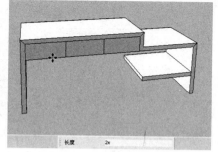

图 11-183

11）使用矩形工具 ▨，捕捉图中相应的轮廓绘制一个 1700mm×460mm 的立面矩形，并将其创建为群组，如图 11-184 所示。

12）双击上一步创建的群组，进入组的内部编辑状态，然后结合偏移工具 及直线工具 ，在上一步绘制的立面矩形内部绘制出书架的轮廓造型，如图 11-185 所示。

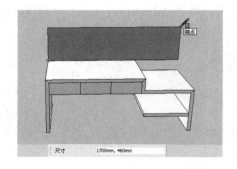 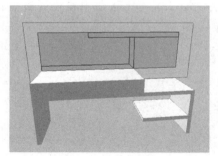

图 11-184 图 11-185

13）使用橡皮擦工具 ，删除立面矩形上的多余线面，如图 11-186 所示。

14）使用推拉工具 ，将造型面推拉出 250mm 的厚度，以形成书架的造型，如图 11-187 所示。

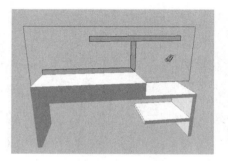 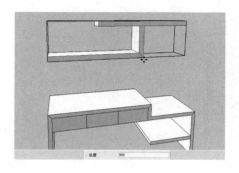

图 11-186 图 11-187

15）使用移动工具 ，将创建的书架模型垂直向上移动 500mm 的距离，如图 11-188 所示。

16）使用移动工具 ，将创建的书架移动到儿童房中的相应位置处，并为其赋予相应的材质，如图 11-189 所示。

 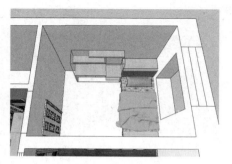

图 11-188 图 11-189

实战训练——创建儿童房衣柜

本例主要讲解创建儿童房的衣柜模型，其操作步骤如下。

1）使用矩形工具 ▣，绘制一个 1700mm×500mm 的矩形面，如图 11-190 所示。

2）使用推拉工具 ◈，将矩形面向上推拉 2200mm 的高度，如图 11-191 所示。

3）使用移动工具 ✛，并按住 Ctrl 键，将图中相应的两条水平边线向内移动复制一份，其移动复制的距离为 100mm，如图 11-192 所示。

　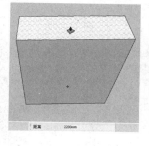　

图 11-190　　　　　　　图 11-191　　　　　　　图 11-192

4）使用推拉工具 ◈，将图中相应的矩形面向内推拉 20mm 的距离，如图 11-193 所示。

5）使用移动工具 ✛，并按住 Ctrl 键，将图中相应的两条垂直边线分别向内移动复制一份，其移动复制的距离为 20mm，如图 11-194 所示。

6）使用推拉工具 ◈，将图中相应的矩形面向内推拉 30mm 的距离，如图 11-195 所示。

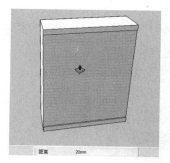　　　　　　　　　　　　　　　　　　　　　　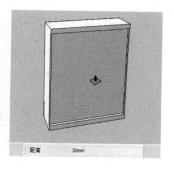

图 11-193　　　　　　　　图 11-194　　　　　　　　图 11-195

7）使用移动工具 ✛，并按住 Ctrl 键，将图中相应的两条垂直边线分别向内移动复制一份，其移动复制的距离为 553mm，如图 11-196 所示。

8）使用推拉工具 ◈，将图中相应的矩形面向外推拉 30mm 的距离，如图 11-197 所示。

9）使用材质工具 ◈，为创建的儿童房衣柜模型赋予相应的材质，并将其创建为群组，如图 11-198 所示。

10）使用移动工具 ✛，将创建的衣柜模型移动到儿童房中的相应位置处，如图 11-199 所示。

11）使用材质工具 ◈，为儿童房的地面赋予一种地板材质，如图 11-200 所示。

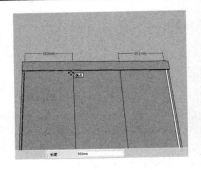
图 11-196

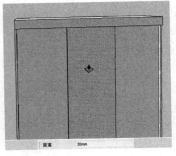
图 11-197

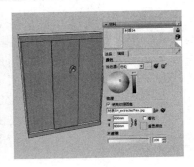
图 11-198

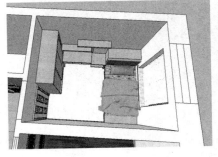

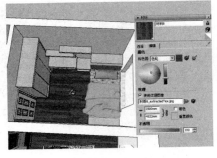

图 11-199

图 11-200

12）使用材质工具 ，为儿童房的相应几个墙面赋予一种黄色乳胶漆材质，如图 11-201 所示。

13）使用材质工具 ，为儿童房的相应墙面赋予一幅装饰画材质，如图 11-202 所示。

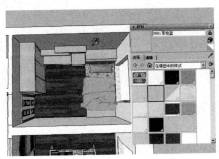

图 11-201

图 11-202

14）执行"文件|导入"菜单命令，将本书相关章节中配套资源的模型布置到儿童房的相应位置，如图 11-203 所示。其导入模型后的效果，如图 11-204 所示。

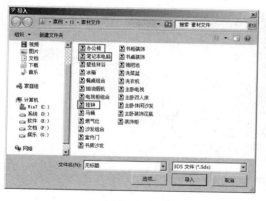

图 11-203

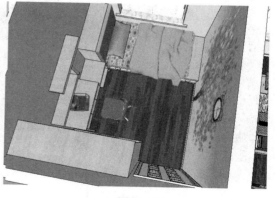

图 11-204

11.6　创建卫生间模型

视频\11\卫生间模型的创建.avi
案例\11\最终效果\家装模型.skp

本节主要讲解该套家装模型中卫生间内部相关模型的创建，其中包括创建卫生间玻璃隔断、浴缸、卫生间洗脸盆及装饰柜等。

实战训练——创建卫生间玻璃隔断及浴缸

本例主要讲解创建卫生间的玻璃隔断及浴缸模型，其操作步骤如下。

1）使用矩形工具 ，捕捉卫生间内的相应轮廓，绘制一个 1620mm×720mm 的矩形面，并将绘制的矩形面创建为群组，如图 11-205 所示。

2）使用偏移工具 ，将上一步绘制的矩形面向内偏移 80mm 的距离，如图 11-206 所示。

3）使用推拉工具 ，将图中相应的造型面向上推拉 100mm 的高度，如图 11-207 所示。

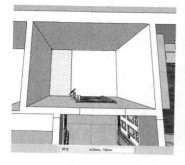

图 11-205

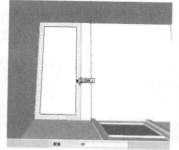

图 11-206

图 11-207

4）使用推拉工具 ，将图中相应的矩形面向上推拉 20mm 的高度，如图 11-208 所示。

5）使用材质工具 ，为图中相应的表面赋予一种马赛克材质，如图 11-209 所示。

6）使用矩形工具 ，捕捉图中的相应轮廓，绘制一个 1620mm×80mm 的矩形面，并将其创建为群组，如图 11-210 所示。

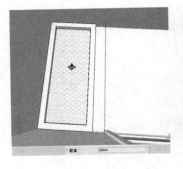

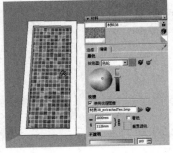

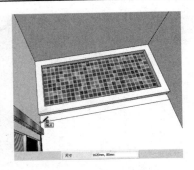

图 11-208　　　　　　　　　　图 11-209　　　　　　　　　　图 11-210

7）双击上一步创建的矩形面，进入组的内部编辑状态，然后使用推拉工具 ，将矩形面向上推拉 100mm 的高度，如图 11-211 所示。

8）使用矩形工具 ，捕捉图中的相应轮廓，绘制一个 700mm×20mm 的矩形面，并将其创建为群组，如图 11-212 所示。

9）双击上一步创建的矩形面，进入组的内部编辑状态，然后使用推拉工具 ，将矩形面向上推拉 2200mm 的高度，如图 11-213 所示。

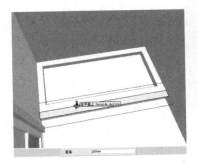

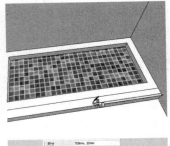

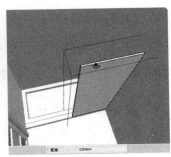

图 11-211　　　　　　　　　图 11-212　　　　　　　　　图 11-213

10）使用移动工具 及缩放工具 ，将上一步推拉后的立方体向左复制两份，并对其进行缩放，从而形成隔断玻璃的效果，如图 11-214 所示。

11）使用材质工具 ，为创建的隔断玻璃赋予一种透明玻璃材质，如图 11-215 所示。

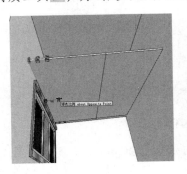

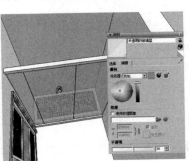

图 11-214　　　　　　　　图 11-215

实战训练——创建卫生间洗脸盆及装饰柜

本例主要讲解创建卫生间洗脸盆及装饰柜模型，其操作步骤如下。

1）使用矩形工具▨，在卫生间内的相应墙面上绘制一个 1620mm×110mm 的矩形面，并将绘制的矩形面创建为群组，如图 11-216 所示。

2）使用移动工具✥，将上一步绘制的矩形面垂直向上移动 440mm 的距离，如图 11-217 所示。

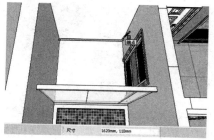
图 11-216

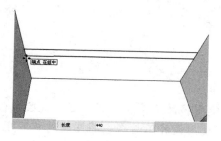
图 11-217

3）双击上一步创建的矩形面，进入组的内部编辑状态，然后使用推拉工具✥，将其向外推拉 400mm 的距离，如图 11-218 所示。

4）使用矩形工具▨，捕捉图中相应的轮廓，绘制一个 650mm×180mm 的矩形面，并将其创建为群组，如图 11-219 所示。

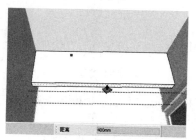
图 11-218

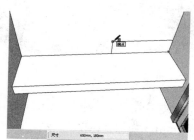
图 11-219

5）双击上一步创建的群组，进入组的内部编辑状态，然后使用移动工具✥，并按住 Ctrl 键，将矩形面的上侧水平边垂直向下移动复制一份，其移动复制的距离为 160mm，如图 11-220 所示。

6）使用圆弧工具◌，捕捉矩形面相应边线上的端点及中点绘制一段圆弧，如图 11-221 所示。

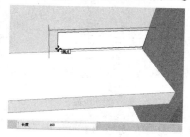
图 11-220

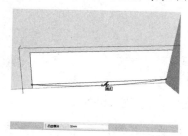
图 11-221

7）使用橡皮擦工具 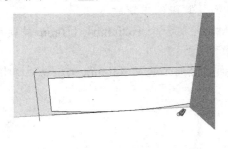，删除图中多余的线面，如图 11-222 所示。

8）使用推拉工具 ，将造型面向外推拉出 500mm 的厚度，如图 11-223 所示。

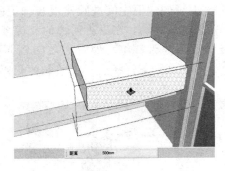

图 11-222　　　　　　　　　　　　　　　　图 11-223

9）使用移动工具 ，将创建的洗脸盆模型向左移动 360mm 的距离，如图 11-224 所示。

10）使用偏移工具 ，将图中的相应矩形面向内偏移 20mm 的距离，如图 11-225 所示。

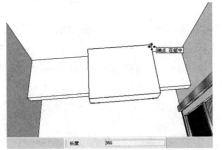
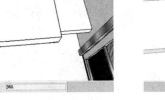
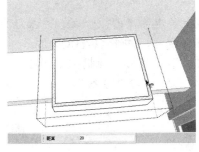

图 11-224　　　　　　　　　　　　　　　　图 11-225

11）使用移动工具 ，并按住 Ctrl 键，将图中相应的边线向下移动复制一份，其移动复制的距离为 140mm，如图 11-226 所示。

12）删除图中多余的边线，然后使用推拉工具 ，将图中相应的造型面向下推拉 140mm 的距离，如图 11-227 所示。

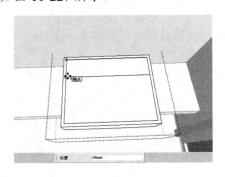

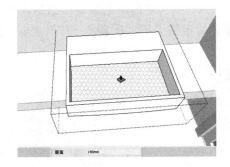

图 11-226　　　　　　　　　　　　　　　　图 11-227

13）使用缩放工具 ，对洗脸盆内相应的面进行缩放，如图 11-228 所示。

14）使用材质工具 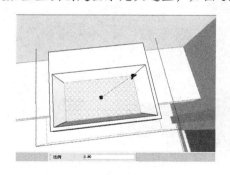，为创建完成的洗脸盆模型赋予相应的材质，并结合相应的绘图工具，在洗脸盆上侧创建出水龙头造型，如图 11-229 所示。

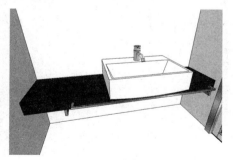

图 11-228　　　　　　　　　　　　　　图 11-229

15）使用矩形工具，在洗脸盆上的相应位置绘制一个 1620mm×800mm 的矩形面，并将其创建为群组，如图 11-230 所示。

16）双击上一步创建的群组，进入组的内部编辑状态，然后使用推拉工具，将矩形面向外推拉 150mm 的距离，如图 11-231 所示。

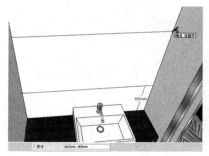
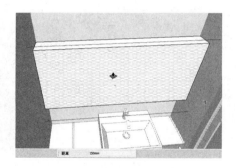

图 11-230　　　　　　　　　　　　　　图 11-231

17）选择模型上的相应边线，右键选择"拆分"选项，然后在数值输入框中输入 3，将其拆分为 3 条等长的线段，如图 11-232 所示。

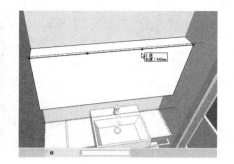

图 11-232

18）使用直线工具，捕捉上一步的拆分点向下绘制两条垂线段，如图 11-233 所示。

19）使用材质工具 🎨，为制作的洗脸盆吊柜赋予相应的材质，如图 11-234 所示。

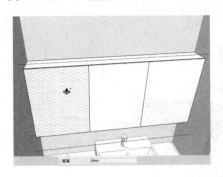
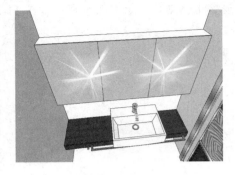

图 11-233　　　　　　　　　　　　　图 11-234

20）使用材质工具 🎨，为卫生间的地面赋予一种地砖材质，如图 11-235 所示。

21）使用材质工具 🎨，为卫生间的墙面赋予一种墙砖材质，如图 11-236 所示。

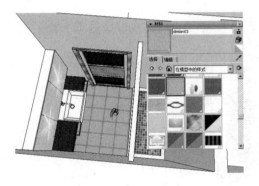
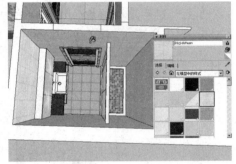

图 11-235　　　　　　　　　　　　　图 11-236

22）执行“文件|导入”菜单命令，将本书相关章节中配套资源的模型布置到卫生间的相应位置，如图 11-237 所示。其导入模型后的效果，如图 11-238 所示。

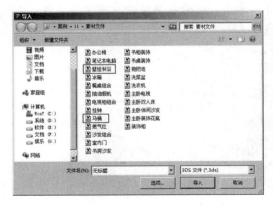

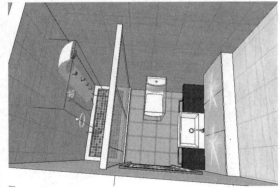

图 11-237　　　　　　　　　　　　　图 11-238

11.7　创建主卧室模型

视频\11\主卧室模型的创建.avi
案例\11\最终效果\家装模型.skp

本节主要讲解该套家装模型中主卧室内部相关模型的创建,其中包括创建主卧室凸窗及门框造型、主卧室电视柜和床头软包以及主卧大衣柜等。

实战训练——创建主卧室凸窗及门框造型

本例主要讲解创建主卧室的凸窗以及门框造型,其操作步骤如下。

1)使用矩形工具,捕捉主卧室窗户上侧相应的图纸内容绘制一个矩形面,并将其创建为群组,如图 11-239 所示。

2)双击上一步创建的组,进入组的内部编辑状态,然后使用推拉工具,将上一步绘制的矩形面向下推拉 300mm 的厚度,如图 11-240 所示。

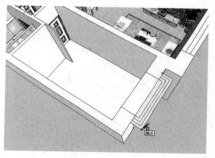

图 11-239

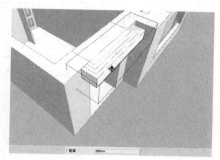

图 11-240

3)使用移动工具,并配合 Ctrl 键,将上一步推拉后的立方体向下复制一份,如图 11-241 所示。

4)双击上一步复制的立方体,进入组的内部编辑状态,然后使用推拉工具,将立方体的上侧矩形面向上推拉 500mm 的高度,如图 11-242 所示。

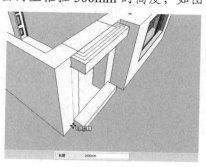

图 11-241

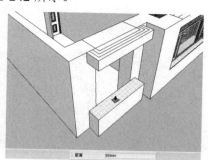

图 11-242

5)使用推拉工具,将上一步推拉立方体的内侧矩形面向外推拉 140mm 的距离,如图 11-243 所示。

6）结合矩形工具 ▨、偏移工具 ⥁、推拉工具 ◈ 等，创建出窗户的窗框和窗玻璃造型，如图 11-244 所示。

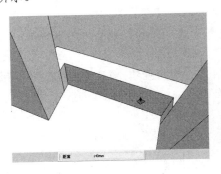

图 11-243

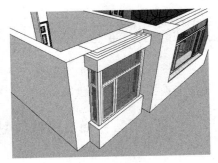

图 11-244

7）结合矩形工具 ▨ 及推拉工具 ◈，创建出窗户上侧的窗台造型，并将其赋予一种石材材质，如图 11-245 所示。

8）使用选择工具 ▶，选择门框上的相应边线，然后使用偏移工具 ⥁，将选择的边线向外偏移 40mm 的距离，如图 11-246 所示。

图 11-245

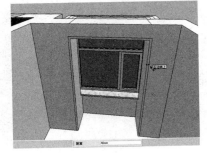

图 11-246

9）使用直线工具 ✎，在上一步偏移线段的上侧补上两条垂线段，如图 11-247 所示。

10）使用推拉工具 ◈，将绘制的门框造型面向外推拉 20mm 的厚度，如图 11-248 所示。

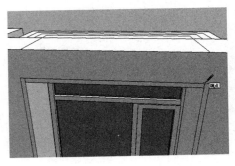

图 11-247

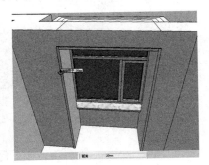

图 11-248

11）使用材质工具 ✏，打开"材料"面板，为前面创建的门框赋予一种木纹材质，如图 11-249 所示。

12）使用矩形工具■及推拉工具◆，创建出主卧室的踢脚线造型，如图 11-250 所示。

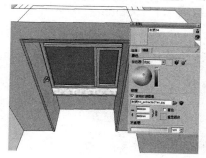

图 11-249

图 11-250

实战训练——创建主卧电视柜及床头软包造型

本例主要讲解创建主卧室的电视柜及床头背景的软包造型，其操作步骤如下。

1）使用卷尺工具🖉，在主卧室电视背景墙的墙面右侧分别绘制一条水平及垂直的辅助参考线，如图 11-251 所示。

2）使用矩形工具■，以上一步绘制两条辅助参考线的交点为起点，绘制一个 2040mm× 290mm 的矩形面，如图 11-252 所示。

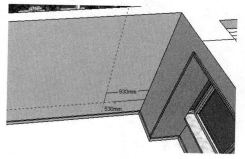

图 11-251

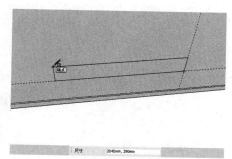

图 11-252

3）使用推拉工具◆，将上一步绘制的矩形面向外推拉 10mm 的厚度，如图 11-253 所示。

4）使用偏移工具🖘，将上一步推拉模型的外侧面向内偏移 20mm 的距离，如图 11-254 所示。

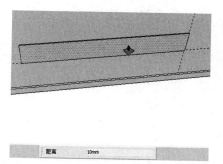

图 11-253

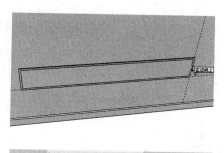

图 11-254

5）使用推拉工具 ，将图中相应的面向内推拉 110mm 的距离，如图 11-255 所示。

6）使用矩形工具 ，捕捉图中相应的端点，绘制一个 2000mm×190mm 的矩形面，如图 11-256 所示。

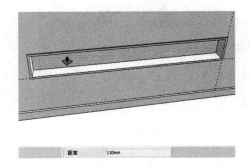
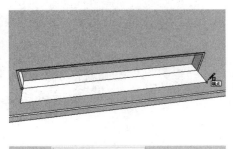

图 11-255 | 图 11-256

7）使用矩形工具 ，捕捉图中相应的端点，绘制一个 100mm×100mm 的矩形面，如图 11-257 所示。

8）使用圆工具 ，以上一步绘制矩形的右上角端点为圆心绘制一个半径为 100mm 的圆，如图 11-258 所示。

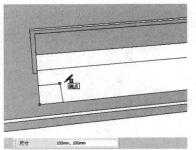
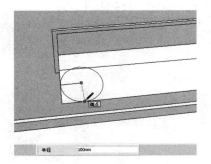

图 11-257 | 图 11-258

9）使用橡皮擦工具 ，删除图中多余的边线及面域，如图 11-259 所示。

10）使用相同的方法，创建出矩形右侧角上的圆弧造型效果，如图 11-260 所示。

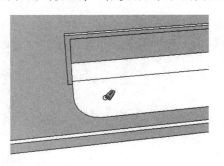
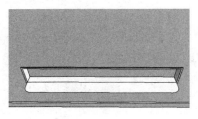

图 11-259 | 图 11-260

11）使用推拉工具 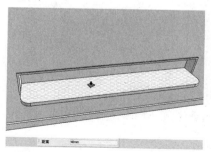，将图中相应的面域向上推拉 40mm 的厚度，以形成电视柜台面的效果，如图 11-261 所示。

12）使用材质工具 ，打开"材料"面板，为创建的主卧电视柜造型赋予一种木纹材质，如图 11-262 所示。

图 11-261

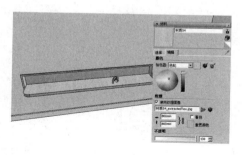

图 11-262

13）使用矩形工具 ，在主卧的床头背景墙面上绘制一个 2000mm×2200mm 的矩形面，并将其创建为群组，如图 11-263 所示。

14）双击上一步绘制的矩形面，进入组的内部编辑状态，然后使用推拉工具 ，将矩形面向外推拉 30mm 的厚度，图 11-264 所示。

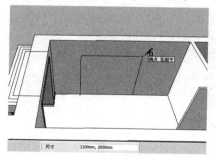

图 11-263

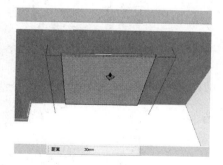

图 11-264

15）使用矩形工具 ，在上一步推拉立方体的左上角绘制一个 1000mm×440mm 的矩形面，并将该矩形面创建为群组，如图 11-265 所示。

16）双击上一步绘制的矩形面，进入组的内部编辑状态，然后使用推拉工具 ，将矩形面向外推拉 20mm 的厚度，图 11-266 所示。

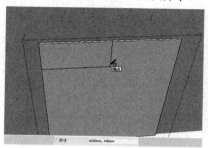

图 11-265

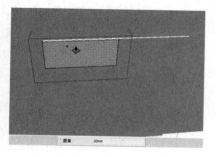

图 11-266

17）使用选择工具 ，选择上一步推拉立方体外侧面上的边线，单击"倒圆角"（RoundCorer）插件工具栏中的倒圆角按钮 ，将偏移参数设置为 20mm，段数设为 6，单击"确定"按钮，然后按回车键，完成模型边线的倒圆角操作，如图 11-267 所示。

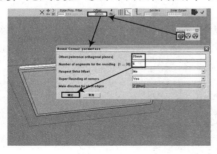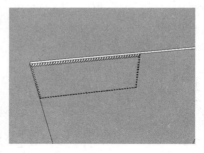

图 11-267

18）使用移动工具 ，并配合 Ctrl 键，将上一步倒圆角后的立方体进行复制，以形成床头软包的造型效果，如图 11-268 所示。

19）使用材质工具 ，打开"材料"面板，为创建的床头软包赋予一种布纹材质，如图 11-269 所示。

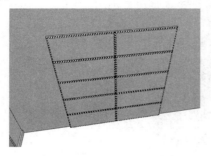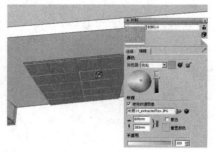

图 11-268   图 11-269

实战训练——创建主卧大衣柜

本例主要讲解创建主卧室的三开门大衣柜模型，其操作步骤如下。

1）使用矩形工具 ，在主卧室的相应墙面位置绘制一个 2300mm×1695mm 的矩形面，如图 11-270 所示。

2）使用推拉工具 ，将上一步绘制的矩形面向外推拉 410mm 的厚度，图 11-271 所示。

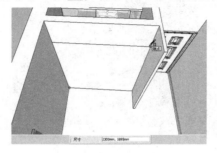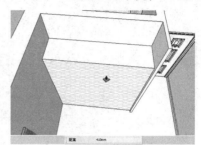

图 11-270   图 11-271

3）使用矩形工具▨，在上一步推拉立方体的外侧表面的右下角位置绘制一个 1130mm×300mm 的矩形面，如图 11-272 所示。

4）使用推拉工具♣，将上一步绘制的矩形面向内推拉 410mm 的距离，如图 11-273 所示。

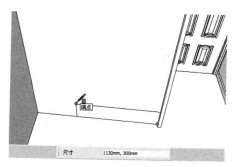

图 11-272　　　　　　　　　　　图 11-273

5）使用选择工具▸，选择衣柜上侧的相应边线，然后右键选择"拆分"选项，并在数值输入框中输入数字 3，将其拆分为 3 段等长的线条，如图 11-274 所示。

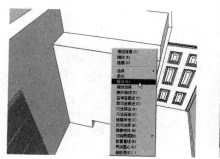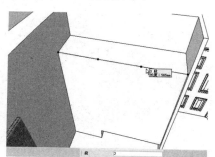

图 11-274

6）使用直线工具✐，捕捉上一步拆分线条上的等分点，向下绘制两条垂线段，如图 11-275 所示。

7）使用矩形工具▨，在绘制的垂线段上绘制两个适当大小的矩形面作为衣柜拉手的位置，如图 11-276 所示。

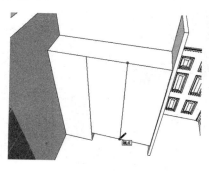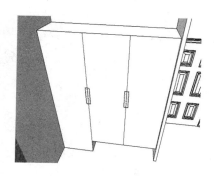

图 11-275　　　　　　　　　　　图 11-276

8）使用推拉工具 ，将上一步绘制的矩形面向内推拉 40mm 的距离，图 11-277 所示。

9）使用材质工具 ，打开"材料"面板，为创建的衣柜模型赋予一种木纹材质，如图 11-278 所示。

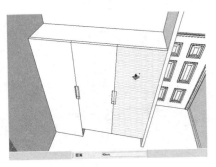
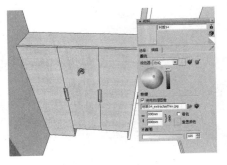

图 11-277   图 11-278

10）继续使用材质工具 ，为主卧室的地面赋予一种地板材质，如图 11-279 所示。

11）继续使用材质工具 ，为主卧室的床头背景赋予一种深灰色的乳胶漆材质，如图 11-280 所示。

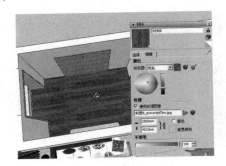

图 11-279   图 11-280

12）继续使用材质工具 ，为主卧室的其他墙面赋予一种墙纸材质，如图 11-281 所示。

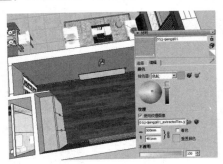

图 11-281

13）执行"文件|导入"菜单命令，将本书相关章节中配套资源的模型导入到主卧室中，从而完成主卧室的创建，如图 11-282 所示。最后完成整个模型的创建，效果如图 11-283 所示。

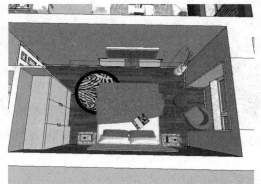

图 11-282

图 11-283

第 12 章　创建景观广场的模型

本章导读 ---------------------------------- ─┼┼O

　　利用 SketchUp 软件制作景观广场效果图比较方便，可事先构思好分区并制作总体平面，制作建筑模型，然后创建各景观小品的模型；创建好模型后，赋予模型不同对象的材质，以及进行组件导入操作等；最后将其模型输出为图像文件并进行后期处理即可。

主要内容 ---------------------------------- ─┼┼O

　　📖 在 SketchUp 中创建景观初步模型
　　📖 在 SketchUp 中绘制景观小品和细节
　　📖 在 SketchUp 中为景观模型赋予材质
　　📖 在 SketchUp 中输出图像
　　📖 在 Photoshop 中进行后期处理

效果预览 ---------------------------------- ─┼┼O

12.1　实例概述及效果预览

　　本章所创建的是一个景观广场模型，在该广场的环境设计上，充分体现本广场的观景、休闲功能，利用植物在环境与观赏上的主要功能，改变由大面积铺地形成的硬质大空间（主空间），创造由植物构成的软质小空间（次空间），将两者有机结合，构成一系列亲切的、富有生命力的、和谐的绿化空间，使在此地游玩、休闲的人们真正能感受到亲切、自然、赏心悦目。如图12-1 所示是其绘制完成的景观效果图。

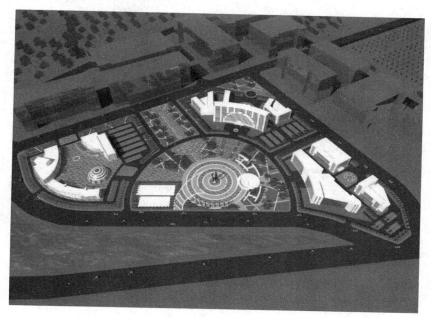

图 12-1

12.2　在 SketchUp 中创建景观初步模型

视频\12\创建景观初步模型.avi
案例\12\最终效果\景观广场.skp

　　本节开始讲解怎样在 SketchUp 2018 中创建景观广场的初步模型，其中包括创建地面、道路、主要建筑物等。

实战训练——创建景观广场初步模型

　　首先创建景观广场的主要模型，包括地面、道路、建筑等，其操作步骤如下。
　　1）运行 SketchUp 2018，在视图工具栏选择俯视图工具，结合使用直线工具、手绘线工具、圆工具、圆弧工具，绘制主道路轮廓，如图12-2 所示。
　　2）然后使用直线工具和圆弧工具，将道路中的地面绘制出来，如图12-3 所示。

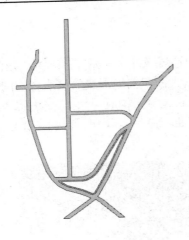

图 12-2

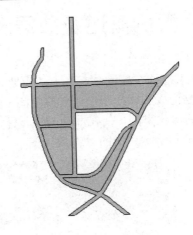

图 12-3

3）接下来使用直线工具 和圆弧工具 ，绘制广场道路轮廓，如图 12-4 所示。

4）然后使用多种绘图工具进一步绘制广场内部轮廓线，如图 12-5 所示。

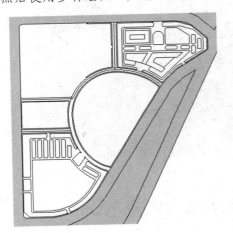

图 12-4

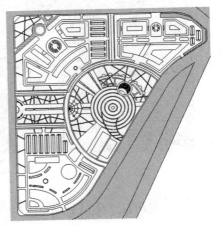

图 12-5

5）使用推拉工具 ，推拉广场中南侧的一栋建筑轮廓到一定厚度，如图 12-6 所示。

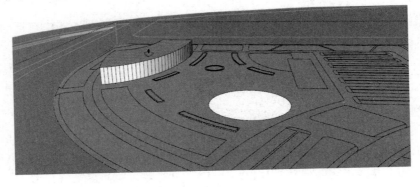

图 12-6

6）按照同样的方法，继续使用推拉工具 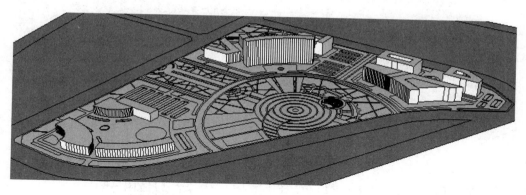，推拉广场上的所有建筑轮廓到指定高度，如图 12-7 所示。

图 12-7

7）下面绘制广场南侧半球形建筑。使用圆工具 ，绘制半球建筑的截面与路径，如图 12-8 所示。

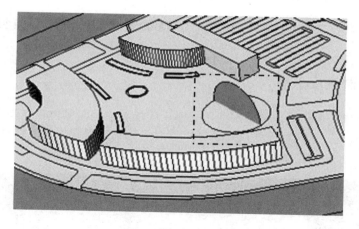

图 12-8

8）使用路径跟随工具 ，绘制出半球形建筑，如图 12-9 所示。

图 12-9

9）综合使用直线工具  和推拉工具 ，简单绘制出各建筑物的窗户，如图 12-10 所示。

图 12-10

12.3　在 SketchUp 中绘制景观小品和细节

视频\12\绘制景观小品和细节.avi
案例\12\最终效果\景观广场.skp

本节主要讲解景观广场中的水池、雕塑、广场看台等景观小品的绘制方法，以及广场周边建筑的绘制。

实战训练——绘制景观小品

接下来开始创建景观小品，包括水池、雕塑、广场看台等，具体操作步骤如下。

1）首先绘制水池，选择前面在广场图案中绘制好的水池形状，使用推拉工具 ，推拉高度为 450mm，推拉出水池，如图 12-11 所示。

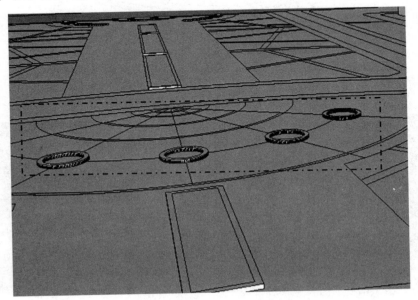

图 12-11

2）接下来在广场图案中绘制好围墙形状，使用推拉工具 ，推拉高度为 3000mm，推拉出围墙，如图 12-12 所示。

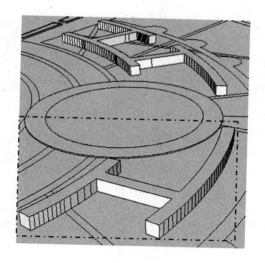

图 12-12

3）在看台图案中，运用圆弧工具 和推拉工具 ，绘制出广场看台部分，如图 12-13 所示。

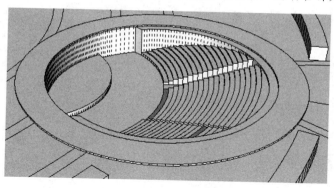

图 12-13

4）综合使用圆工具 和推拉工具 ，绘制出广场柱子，如图 12-14 所示。

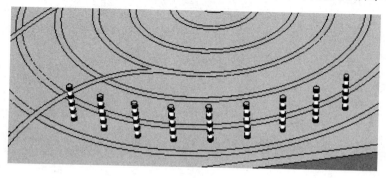

图 12-14

5）下面绘制广场中间的雕塑。使用直线工具 ✏️，绘制广场雕塑轮廓，如图 12-15 所示。

6）使用推拉工具 ♦️，推拉广场雕塑轮廓，推拉厚度为 2000mm，如图 12-16 所示。然后使用旋转工具，按住 Ctrl 键，旋转复制出两个模型，得到雕塑效果，如图 12-17 所示。

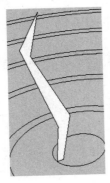
图 12-15

图 12-16

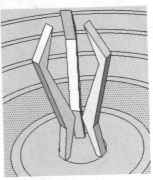
图 12-17

7）综合使用直线工具 ✏️ 和圆弧工具 ◫，在广场中绘制篮球场的轮廓形状，如图 12-18 所示。

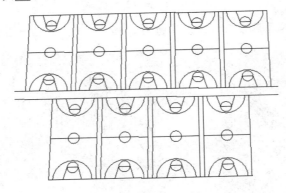
图 12-18

实战训练——绘制广场周边细节

接下来创建广场周边的细节，主要为一些建筑物等，具体操作步骤如下。

1）转到俯视图视角，使用矩形工具 ▢，在广场的周边绘制矩形，如图 12-19 所示。

图 12-19

2）使用推拉工具 ，推拉这些矩形到一定厚度，得到周边建筑的基本形状，如图 12-20 所示。

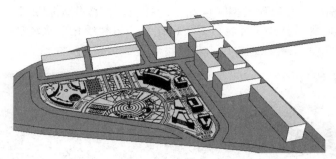

图 12-20

3）下面完善建筑形状，使用直线工具 ，绘制建筑轮廓线，如图 12-21 所示。

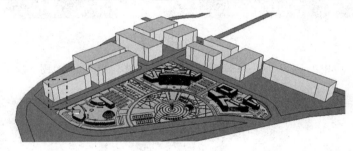

图 12-21

4）使用推拉工具 ，推拉建筑轮廓线，完成周边建筑造型，如图 12-22 所示。

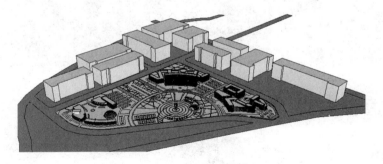

图 12-22

12.4　在 SketchUp 中为景观模型赋予材质

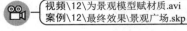

视频\12\为景观模型赋材质.avi
案例\12\最终效果\景观广场.skp

在创建完景观广场模型之后，需要对景观模型赋予相应的材质，达到好的效果。

实战训练——为景观模型赋材质

本实战主要讲解怎样为景观模型赋予相应的材质，其操作步骤如下。

1）使用材质工具 🅐，打开"材料"面板，选择"园林绿化、地被层和植被"中的"人造草被"材质，为广场中的主要绿地赋予人造草被材质，如图 12-23 所示。

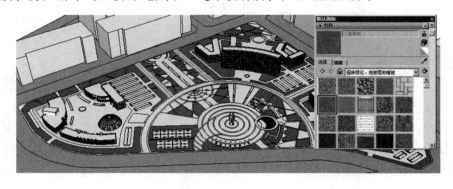

图 12-23

2）接下来为广场中的部分小块绿地赋予"人造草被"材质，如图 12-24 所示。

图 12-24

3）给广场的铺地赋予"多色石灰石砖"材质，如图 12-25 所示。

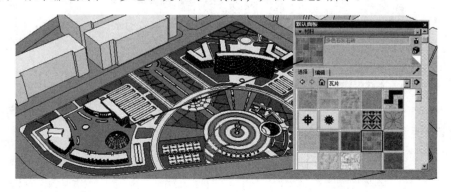

图 12-25

4）接着使用材质工具 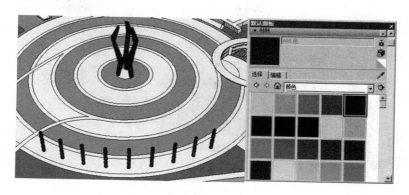，打开"材料"面板，为广场中的柱子和雕塑赋予"A05 色"颜色材质，如图 12-26 所示。

图 12-26

5）为雕塑旁的广场地面赋予"2 英寸石灰华瓦片"材质，如图 12-27 所示。

图 12-27

6）给广场周边的路面赋予"新沥青"材质，如图 12-28 所示。

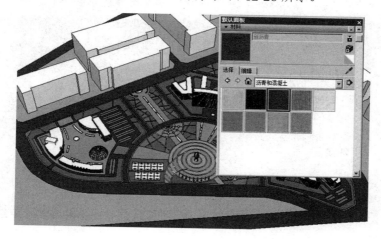

图 12-28

7）为广场边的水池赋予"浅蓝色水池"材质，如图 12-29 所示。

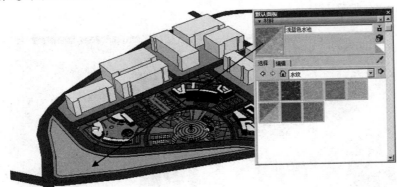

图 12-29

8）最后为广场周边建筑赋予"灰色半透明玻璃"材质，如图 12-30 所示。

图 12-30

9）使用相机中的工具调整场景的视角，得到模型材质和视角效果如图 12-31 所示。

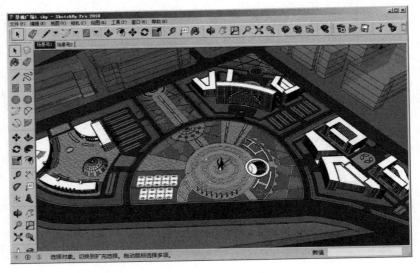

图 12-31

12.5 在 SketchUp 中输出图像

视频\12\输出图像.avi
案例\12\最终效果\景观广场.skp

在创建完模型之后，需要导入其他一些组件，然后将场景输出为相应的图像文件，以便进行后期处理。

实战训练——导入组件

本实战主要讲解怎样为景观模型导入相应的组件，其操作步骤如下。

1）执行"窗口｜默认面板｜组件"菜单命令，如图 12-32（a）所示。打开"组件"面板，如图 12-32（b）所示。

（a）   （b）

图 12-32

2）导入树木组件，并放置在合适的位置，如图 12-33 所示。

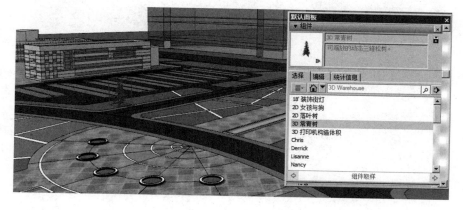

图 12-33

3）复制刚刚导入的树木组件，放置在广场模型的多个位置，如图 12-34 所示。

图 12-34

4）继续导入并复制汽车组件，放置在广场边的道路上，如图 12-35 所示。

图 12-35

5）导入人物模型，如图 12-36 所示。

图 12-36

6）至此景观模型基本创建完成，效果如图 12-37 所示。

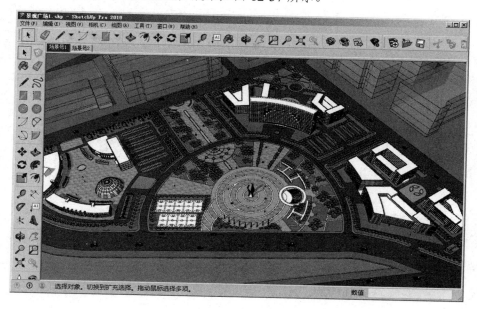

图 12-37

实战训练——输出图像

本实战主要讲解怎样在 SketchUp 软件中输出相应的图像文件，其操作步骤如下。

1）执行"文件|导出|二维图形"菜单命令，如图 12-38 所示。

2）在弹出的"输出二维图形"对话框中，输入文件名"广场中间"，文件格式选择为"JPEG 图像（*.jpg）"，接着单击"选项"按钮，弹出"导出 JPG 选项"对话框，在其中输入输出图像的大小，再单击下侧的"确定"按钮，返回"输出二维图形"对话框，然后单击"导出"按钮，将文件输出到相应的存储位置，如图 12-39 所示。

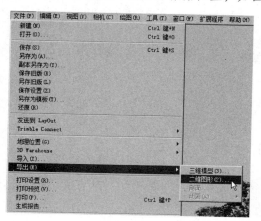

图 12-38

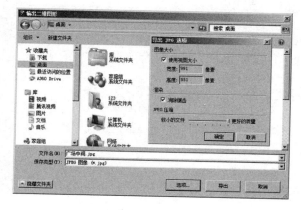

图 12-39

3）输出完文件后，可在刚刚储存的文件夹中找到此 jpg 文件，并用看图软件打开，如图 12-40 所示。

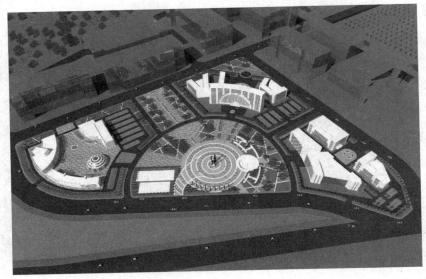

图 12-40

要导出不同视角的 jpg 图形，可调整不同的视角并分别导出，或创建场景再进行导出。

12.6 在 Photoshop 中进行后期处理

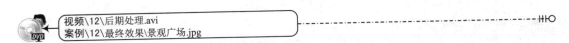

视频\12\后期处理.avi
案例\12\最终效果\景观广场.jpg

在上一节已经将文件导出了相应的图像文件，接下来需要在 Photoshop 软件中对导出的图像进行后期处理，使其符合效果图要求。

实战训练——后期处理景观图像

本实战讲解怎样在 Photoshop 软件中对导出的图像进行后期处理，使其符合效果图要求，其操作步骤如下。

1）启动 Photoshop 软件，接着执行"文件|打开"菜单命令，打开本书配套的"案例\12\最终效果\广场中间.jpg"文件，如图 12-41 所示。

2）执行"图像 | 调整 | 曲线"菜单命令，打开"曲线"对话框，设置参数并调整曲线，如图 12-42 所示。

图 12-41

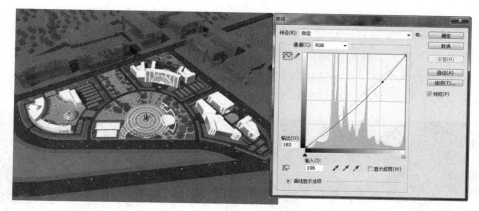

图 12-42

3）选择"图像 | 调整 | 色相／饱和度"菜单命令，打开"色相／饱和度"对话框，设置参数并调整色相及饱和度，如图 12-43 所示。

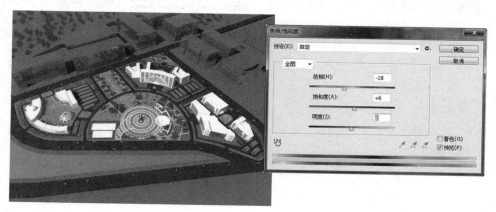

图 12-43

4）选择"图像｜调整｜自然饱和度"菜单命令，打开"自然饱和度"对话框，设置参数并调整自然饱和度，如图 12-44 所示。

图 12-44

5）用鼠标双击图层面板中的"背景"图层并将其解锁，然后使用绘图工具面板中的魔棒工具，选择水面部分，然后按键盘上的 Delete 键进行删除，如图 12-45 所示。

6）打开配套资源中的"案例\12\素材文件\水面.jpg"图像文件，将水面图片导入，调整图片位置，完成图片的处理，如图 12-46 所示。至此，景观广场效果图制作完成。

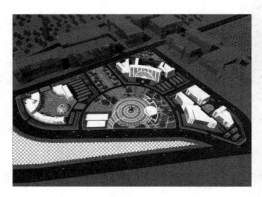

图 12-45

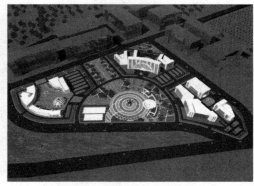

图 12-46

第 13 章　V-Ray 模型的渲染

本章导读

　　以往处理效果图的方法通常是将 SketchUp 模型导入 3DS Max 中调整模型的材质，然后借助当前的主流渲染器 V-Ray for Max 获得商业效果图，但是这一环节制约了设计师对细节的掌控和完善，因此一款能够和 SketchUp 完美兼容的渲染器成为设计人员的渴望。在这种背景下，V-Ray for SketchUp 诞生了。

　　本章讲述 V-Ray for SketchUp 渲染器的发展及特征，对 V-Ray 渲染器安装及渲染工具进行讲述，并对一套室内客厅渲染案例进行分析，讲述渲染出一套效果图的基本步骤。

主要内容

　　📖 V-Ray for SketchUp 的发展与特征
　　📖 V-Ray for SketchUp 渲染器的介绍
　　📖 V-Ray for SketchUp 材质面板介绍
　　📖 V-Ray for SketchUp 灯光系统介绍
　　📖 V-Ray for SketchUp 渲染面板介绍
　　📖 实战训练——室内客厅渲染实例

效果预览

13.1　V-Ray for SketchUp 的特征

V-Ray for SketchUp 渲染器能和 SketchUp 完美结合，渲染输出高质量的效果图，其自身具有优秀的全局照明（GI）、超强的渲染引擎、支持高动态贴图（HDRI）、强大的材质系统、便捷的布光方法、超快的渲染速度、简单易学等特征，下面就针对该渲染器的这些特征进行详细讲解。

（1）优秀的全局照明（GI）

传统的渲染器在应付复杂的场景时，必须花费大量时间来调整不同位置的多个灯光，以得到均匀的照明效果。而全局照明则不同，它用一个类似于球状的发光体包围整个场景，让场景的每一个角落都能受到光线的照射。V-Ray 支持全局照明，而且与同类渲染程序相比效果更好，速度更快。不放置任何灯光的场景，V-Ray 利用 GI 就可以计算出比较自然的光照效果。

（2）超强的渲染引擎

V-Ray for SketchUp 提供了 4 种渲染引擎，即发光贴图、光子贴图、准蒙特卡罗和灯光缓冲，每个渲染引擎都有各自的特性，计算方法不一样，渲染效果也不一样。用户可以根据场景的大小、类型和出图像素要求，以及出图品质要求来选择合适的渲染引擎。

（3）支持高动态贴图（HDRI）

一般的 24bit 图片从最暗到最亮的 256 阶无法完整表现真实世界中的真正亮度，例如户外的太阳强光就比白色要亮上百万倍。而高动态贴图 HDRI 是一种 32bit 的图片，它记录了某个场景环境的真实光线，因此，HDRI 对亮度数值的真实描述能力就可以成为渲染程序用来模拟环境光源的依据。

（4）强大的材质系统

V-Ray for SketchUp 的材质功能系统强大且设置灵活。除了常见的漫射、反射和折射，还增加有自发光的灯光材质，另外还支持透明贴图、双面材质、纹理贴图以及凹凸贴图，每个主要材质层后面还可以增加第二层、第三层，以得到真实的效果。利用光泽度和控制也能计算如磨砂玻璃、磨砂金属及其他磨砂材质的效果，更可以透过"光线分散"计算如玉石、蜡和皮肤等表面稍微透光的材质。默认的多个程序控制的纹理贴图可以用来设置特殊的材质效果。

（5）便捷的布光方法

灯光照明在渲染出图中扮演着最重要角色，没有好的照明条件便得不到好的渲染品质。光线的来源分为直接光源和间接光源。V-Ray for SketchUp 的全方向灯（点光）、矩形灯、自发光物体都是直接光源；环境选项里的 GI 天光（环境光）、间接照明选项里的一二次反弹等都是间接光源。利用这些，V-Ray for SketchUp 可以完美地模拟出现实世界的光照效果。

（6）超快的渲染速度

比起 Brazil 和 Maxwell 等渲染程序，V-Ray 的渲染速度非常快。关闭默认灯光、打开 GI，其他都使用 V-Ray 默认的参数设置，就可以得到逼真的透明玻璃的折射、物体反射以及非常高品质的阴影。值得一提的是，几个常用的渲染引擎所计算出来的光照资料都可以单独存储起来，调整材质或者渲染大尺寸图片时可以直接导出而无须再次重新计算，可以节省很多计算时间，从而提高作图效率。

（7）简单易学

V-Ray for SketchUp 参数较少、材质调节灵活、灯光简单而强大。只要掌握了正确的学习方法，多思考、多练习、借助 V-Ray for SketchUp 就能很容易做出照明级别的效果图。

13.2　V-Ray for SketchUp 渲染器介绍

V-Ray 作为一款功能强大的全局光渲染器，其应用在 SketchUp 中的时间并不长，2007 年推出了它的第 1 个正式版本 V-Ray 1.0 for SketchUp。作为一个完整内置的正式渲染插件，在工程、建筑设计和动画等多个领域，都可以利用 V-Ray 提供的强大的全局光照明和光线追踪等功能渲染出非常真实的图像。由于 V-Ray 1.0 for SketchUp 是第 1 个正式版本，还存在着各种各样的 bug（漏洞），给用户带来了一些不变，因此，ASGVIS 公司根据用户的反馈意见不断完善 V-Ray，现在已经升级到 4.0 版本。如图 13-1 所示是 V-Ray for SketchUp 渲染的一些作品。

图 13-1

13.2.1　主界面结构

V-Ray for SketchUp 的操作界面很简洁，安装好 V-Ray 后，SketchUp 的界面上会出现四个工具栏，包括渲染（V-Ray for SketchUp）工具栏、灯光（V-Ray Lights）工具栏、通用（V-Ray Utilities）工具栏和对象（V-Ray Objects）工具栏，对 V-Ray for SketchUp 的所有操作都可以通过这四个工具栏完成。

如果界面中没有这四个工具栏，可以执行"视图 | 工具栏"菜单命令，接着在打开的"工具栏"面板中进行勾选，从而打开 V-Ray for SketchUp 的四个工具栏，如图 13-2 所示。

另外，在 SketchUp 2018 的扩展程序中还有 V-Ray 菜单，用于运行 V-Ray 的各个工具，其中 Asset Editor（参数编辑器）命令用于打开编辑各工具的参数面板，如图 13-3 所示。

 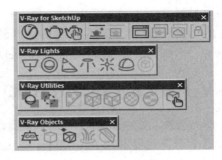

图 13-2

图 13-3

13.2.2　V-Ray 4.0 for SketchUp 功能特点

下面针对 V-Ray 4.0 for SketchUp 的主要特点进行如下大致介绍。

1）拥有环境吸收（AO）功能，使用户渲染细节的品质得到质的飞跃。

2）支持 IES 光域网功能，不再是以前的贴图模拟，而是采用直接使用 IES 文件模拟真实灯光效果。

3）支持 PNG 透明贴图，不再是以前需要两张带通道的黑白图叠加而产生透明效果的繁杂设置。

4）具有材质编辑人机交互界面以及众多的材质类型。

5）渲染材质属性多样，包括动态渲染，可以渲染出更逼真的照片级图像。

6）可以对灯光的应用和属性进行任意编辑。

7）针对模型的材质可以更好地分层。

8）更快速的渲染速度。

9）全面支持 SketchUp 透明贴图和 Alpha 通道材质。

10）提供真正的反射和折射效果。

11）支持高光反射和真实物理折射效果。

12）全球照明设置中允许更为逼真的光感设置。

13）全面支持软阴影。

14）支持真正的 HDR 动态贴图。

15）完全支持多线程的光线跟踪引擎。

16）全面支持 SketchUp 内置的材质属性并与 VR 材质整合使用。

17）材质编辑器与预览更方便和人性化。

18）支持真实物理太阳和天空系统。

19）更为逼真和强大的物理相机。

20）更好的景色设置和渲染效果。

21）更好地支持联网渲染。

实战训练——安装 VRay4.0 for SketchUp 2018

视频\13\安装 VRay 4.0 for SketchUp 2018.avi
案例\无

下面讲解如何在 SketchUp 软件中安装 V-Ray4.0 for SketchUp 2018 渲染插件，其操作步骤如下。

1）在附加资源的 vray 文件夹下有一个 VRay 安装程序，此时需要双击"vray_adv_40002_sketchup_win.exe"安装图标 ，如图 13-4 所示。

2）在弹出的安装对话框中，单击 I Agree（我同意）按钮，如图 13-5 所示。

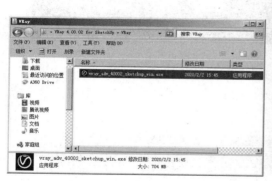

图 13-4

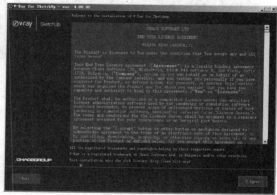

图 13-5

3）接着依次单击对话框中的 Next（下一步）按钮，包括安装其他附属程序的 Next（下一步）按钮，最后单击 Finish（完成）按钮，从而完成 V-Ray for SketchUp 2018 渲染器的安装，如图 13-6 所示。

图 13-6

图 13-6（续）

4）运行 SketchUp 2018 软件后，V-Ray for SketchUp 工具栏和菜单会在界面中显示出来，如图 13-7 所示。

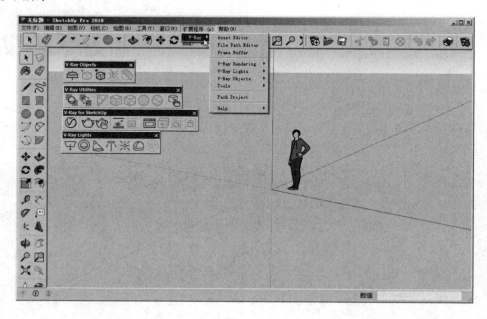

图 13-7

由于官方给出的 VRay 4.0 for SketchUp 2018 正式版本为英文版，读者可以自行进行汉化，或者购买汉化后的产品，本书中使用的为英文正式版本。

13.3　V-Ray for SketchUp 材质面板

通过材质面板完成添加、删除以及调整材质的相关属性参数。

13.3.1　材质编辑面板的结构

V-Ray 的材质编辑面板可以通过执行"扩展程序|V-Ray|Asset Editor"菜单命令打开"V-Ray Asset Editor"（参数编辑器）对话框后，单击材质按钮█进行打开，V-Ray 材质编辑面板分为 3 个区域，如图 13-8 所示。

图 13-8

各区域功能介绍如下。

- A 区为材质效果预览区：在这里可以粗略地观看到材质效果。修改材质参数后可以单击"点击更新预览"按钮更新材质效果。
- B 区为材质工作区：在这里可以重命名、复制、保存和删除材质，也可应用材质到场景中。

- C区为材质的参数区：可以在其中各层的卷展栏设置材质的各类参数，也可以增加层参数，增加后参数中会出现相应的卷展栏。

13.3.2 材质的编辑

（1）重命名材质

若要为新建的材质重命名，可在该材质的右键菜单中选择"更名"（Rename）选项，然后输入新的材质名称即可，如图13-9所示。

（2）复制材质

如果要让新建的材质与现在的材质参数近似，可以通过对已有材质进行复制并修改相应参数来完成，这样可以提高工作效率，其方法是在已有材质的右键菜单中选择"复制"（Duplicate）选项，如图13-10所示。

图13-9

图13-10

（3）保存材质

若要保存设置好的材质，可在材质的右键菜单中选择"保存"（Save As）选项，如图13-11所示。这样就可以打开"保存材质参数文件"（Save V-Ray Asset File As）对话框，如图13-12所示，单击"保存"按钮即可保存材质。

图13-11

图13-12

（4）删除材质

若要删除已有的材质，可在材质的右键菜单中选择"删除"（Delete）选项。如果该材质已赋予场景中的物体，则会提示该材质已被使用，是否确定删除它，单击"是"按钮可执行删除材质，删除后,物体的材质会被 SketchUp 的默认材质所替换，如图 13-13 所示。

（5）应用材质

若要将 V-Ray 材质分配给物体，首先要在场景中选择物体，然后在材质列表中要分配的材质上单击右键，在弹出的菜单中选择"将材质应用到所选物体"（Apply To Selection）选项即可，如图 13-14 所示。

图 13-13　　　　　　　　　　　　　　　　图 13-14

实战训练——在 VR 中调整客厅模型的材质

视频\13\在 VR 中调整材质.avi
案例\13\素材文件\客厅模型.skp

下面讲解如何在 SketchUp 2018 中使用 V-Ray 4.0 for SketchUp 2018 渲染插件调整客厅模型中的材质。该场景中的材质比较多，需要注重室内家具、地面、墙面、挂饰等材质调节，接下来在 V-Ray 材质编辑器中对材质进行一一编辑。

1）运行 SketchUp 2018，打开本案例素材文件"客厅模型.skp"，该场景已经为模型赋予了材质，并建立了场景页面等，如图 13-15 所示。

2）执行"扩展程序|V-Ray|Asset Editor"菜单命令，打开 V-Ray Asset Editor（参数编辑器）对话框后,单击材质按钮，打开 V-Ray 材质编辑面板。

3）设置茶几的材质。用 SketchUp 材质编辑器中的样本颜料工具吸取茶几面材质，V-Ray 材质面板会自动跳到该材质的属性上，表明 SketchUp 场景中的所有材质都映射到了 V-Ray 材质器上，如图 13-16 所示。由于该材质具有一定的反射属性，创建 "反射"层和"漫反射"层，在"反射"层上设置高光泽度为 0.9，反射光泽度为 0.95，其他值不变，可以预览调整好参数的材质球，如图 13-17 所示。

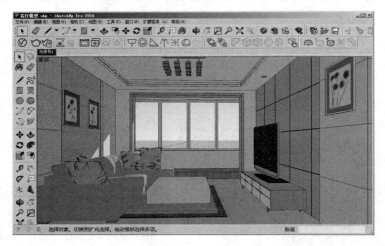

图 13-15

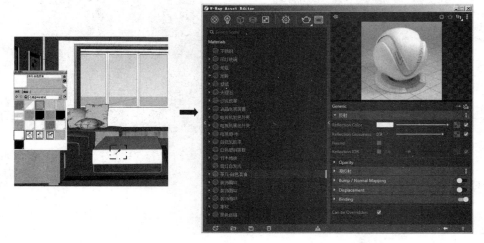

图 13-16

图 13-17

4）设置不锈钢材质。由于 V-Ray 中的材质与模型中材质是相对应的，下面直接在 V-Ray 中调整这些标准材质。在"不锈钢"材质上右击，并按照如图 13-18 所示设置无贴图、光泽度，其他保持默认值。

图 13-18

5）设置电视柜木材质。在"电视柜-木"材质上创建一个"反射"层，按照如图 13-19 所示设置相应反射参数。然后在"贴图"（Bump/Normal Mapping）层，选择"凹凸贴图"（Bump Map）选项，设置参数为 0.01，然后单击■按钮，打开"位图"（Bitmap）面板，并将"案例\13\素材文件\木纹理.jpg"文件添加为位图，如图 13-20 所示。

图 13-19

6）设置黑色嵌缝材质。在黑色嵌缝材质的"漫反射"层，设置颜色为"全黑色"（RGB

均为 0）、无贴图，如图 13-21 所示。

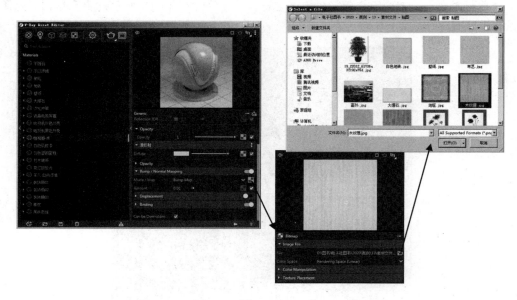

图 13-20

图 13-21

■图标点亮表示有贴图，■图标没有点亮表示无贴图。

7）设置液晶电视屏幕材质。首先设置材质"反射"层中的反射值，然后在该材质的"漫反射"层设置其 RGB 颜色，如图 13-22 所示。

图 13-22

8）设置电视机黑色外壳材质。为电视机黑色外壳材质设置反射强度，并调整高光和反射的光泽度，其他参数不变，如图 13-23 所示。

图 13-23

9）设置电视柜灰色外壳材质。电视柜灰色外壳 V-Ray 材质设置与前面黑色电视机外壳的参数设置完全一样，这里不做详述。

10）大理石材质设置。为大理石材质设置反射参数，并设置相应的光泽度，并设置漫反射贴图为"大理石.jpg"，其他保持默认值，如图 13-24 所示。

11）设置壁纸材质。为壁纸材质设置反射参数，取消对"追踪反射"（Reflection IOR）的勾选，如图 13-25 所示。然后在"贴图"（Bump/Normal Mapping）层，选择"凹凸贴图"（Bump Map），设置凹凸值为 0.2，为其添加一个位图"壁纸.jpg"，如图 13-26 所示。

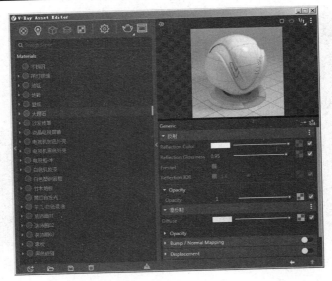

图 13-24

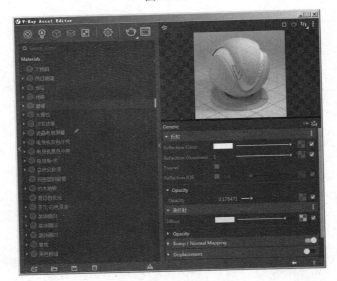

图 13-25

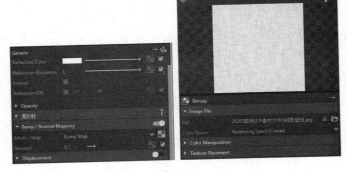

图 13-26

12）设置装饰画材质。在装饰画 01 材质上创建一个反射层，并设置其高光光泽度为 0.9，其他值保持默认，如图 13-27 所示。根据这样的方法对装饰画 02、03 进行设置。

图 13-27

13）设置沙发皮革材质。为沙发皮革材质设置一个"反射"层，设置反射光泽度为 0.8，在"贴图"（Bump/Normal Mapping）层，选择"凹凸贴图"（Bump Map），设置凹凸值为 0.1，为其添加一个位图"皮革.jpg"，如图 13-28 所示。

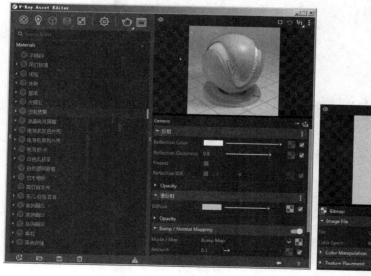

图 13-28

14）设置筒灯自发光材质。在筒灯自发光材质上创建一个"自发光"层，并设置参数，其他层参数默认，如图 13-29 所示。

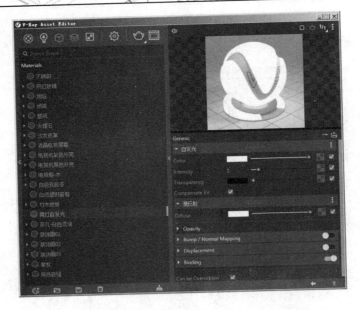

图 13-29

15）设置吊灯玻璃材质。为吊灯玻璃材质创建一个"反射"层，设置高光光泽度为 1，再为该材质创建一个折射层，参数保持默认，如图 13-30 所示。

图 13-30

16）设置白色乳胶漆材质。为该材质添加一个反射层，设置参数值，并取消勾选"追踪反射"（Reflection IOR）复选框，如图 13-31 所示。

17）根据前面设置材质的方法，将其他材质进行相应设置，这里不做详述。

图 13-31

13.4　V-Ray for SketchUp 灯光系统介绍

V-Ray for SketchUp 的灯光包括：点光源(Omni Light)、面光源(Rectangle Light)、聚光灯(Spot Light)、半球光(Dome Light)、球光(Sphere Light)、光域网光源(IES Light)，如图 13-32 所示。

图 13-32

13.4.1　V-Ray 的点光源

V-Ray for SketchUp 提供了点光源，在 V-Ray 工具栏上有灯光创建按钮，单击"点光源"（Omni Light）按钮※，然后在需要创建的位置单击，就可以创建出点光源，这是 V-Ray for SketchUp 最直观也是使用频率最高的光源之一。

点光源像 SketchUp 物体一样，以实体形式存在，如图 13-33 所示。可以对它进行移动、旋转、缩放和复制等操作。点光源的实体大小与灯光的强弱和阴影无关，也就是说任意改变点光源实体的大小和形状都不会影响它对场景的照明效果。

若要调整灯光的参数，可执行"扩展程序|V-Ray|Asset Editor"菜单命令，打开 V-Ray Asset Editor（参数编辑器）对话框后单击灯光按钮 ，再打开 V-Ray 光源编辑面板，编辑点光源参数，如图 13-34 所示。

13.4.2　V-Ray 的面光源

V-Ray for SketchUp 提供了面光源，在 V-Ray 工具栏上单击"面光源"(Rectangle Light)

按钮，通过单击两对角点就可以创建出面光源，这也是 V-Ray for SketchUp 最直观、使用频率最高的光源之一。

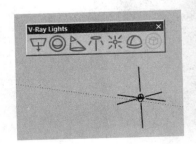

图 13-33

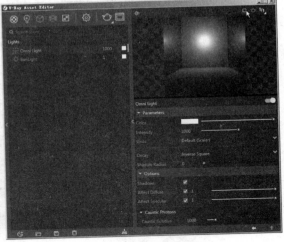

图 13-34

在 SketchUP 中，面光源以面的方式存在。面光源的大小对灯光的强度和阴影都没有影响。

若要调整灯光参数，同样按前面的方法打开 V-Ray 光源编辑面板进行参数编辑，如图 13-35 所示。

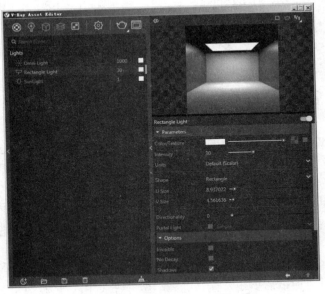

图 13-35

13.4.3　V-Ray 的聚光灯

V-Ray for SketchUp 提供了聚光灯，在 V-Ray 工具栏上有灯光创建按钮，单击"聚光灯" (Spot Light)按钮 ，在相应位置单击就可以创建聚光灯，这也是 V-Ray for SketchUp 最直观、使用频率最高的光源之一。

聚光灯像 SketchUp 物体一样，以实体形式存在，可以对它进行移动、旋转、缩放和复制等操作。

若要调整灯光的参数，可打开 V-Ray 光源编辑面板进行参数编辑，如图 13-36 所示。

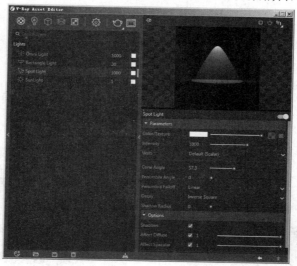

图 13-36

13.4.4　V-Ray 的光域网光源

V-Ray for SketchUp 提供了光域网光源，在 V-Ray 工具栏上单击"光域网光源"(IES Light)按钮，就可以创建出光域网光源，这也是 V-Ray for SketchUp 使用频率最高的光源之一。

光域网光源像 SketchUp 物体一样，以实体形式存在，可以对它进行移动、旋转、缩放和复制等操作。若要调整灯光的参数，可打开 V-Ray 光源编辑面板进行参数编辑，如图 13-37 所示。

图 13-37

提 示　注 意　技 巧　专业技能　**软件知识**

　　光域网是一种关于光源亮度分布的三维表现形式，存储于 IES 文件中。这种文件通常可以从灯光的制造厂商那里获得，格式主要有 IES、LTLI 或 CIBSE。

　　其实，光域网大家都见过，只是不知道而已，光域网是灯光的一种物理性质，确定光在空气中发散的方式，不同的灯在空气中的发散方式是不一样的。比如手电筒，它会发一个光束，还有一些壁灯、台灯，它们发出的光又是另外一种形状，这些形状不同的光，就是由于灯自身特性的不同所呈现出来的，那些不同形状图案就是光域网造成的。之所以会有不同的图案，是因每个灯在出厂时，厂家对每个灯都指定了不同的光域网。在三维软件里，如果给灯光指定一个特殊的文件，就可以产生与现实生活相同的发散效果，这种特殊的文件，标准格式是 IES，很多地方都有下载。

　　光域网通过指定光域网文件来描述灯光亮度的分布状况。

　　光域网是室内灯光设计的专业名词，表示光线在一定的空间范围内所形成的特殊效果，如图 13-38 所示。

图 13-38

13.4.5　V-Ray 的太阳光

　　V-Ray 的 SunLight（太阳光）可以模拟真实世界中的太阳光，受大气环境、阳光强度和色调的影响，参数设置如图 13-39 所示。渲染出的 V-Ray 太阳光效果，如图 13-40 所示。

图 13-39

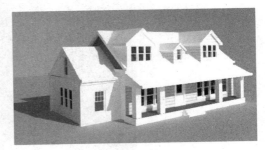

图 13-40

实战训练——客厅场景中 V-Ray 灯光的建立

视频\13\VR 灯光的建立.avi
案例\13\素材文件\客厅模型.skp

通过渲染测试出来的效果图，由于室内光源不足，会导致室内比较暗的情况，下面为场景建立一些灯光。

1）在前面案例模型的基础上，在 V-Ray 的灯光工具栏上单击面光源按钮 ，结合移动（M）、缩放（S）等命令，在吊灯下面相应位置创建一个同等长宽的面光源，如图 13-41 所示。

2）打开光源编辑面板，设置强度为 150、双面、不可见，如图 13-42 所示。

图 13-41　　　　　　　　　　　　　　　　　图 13-42

提示：“双面”表示该面光源上下两面都可发光；“不可见”控制该面光源物体在渲染时的显示与否。

3）根据这样的方法，在顶棚凹槽内建立相应长宽的面光源作为灯带，并调整该面光源的正面方向在上方，如图 13-43 所示。

4）然后右击编辑光源，打开光源编辑器，设置颜色为黄色，强度为 50，如图 13-44 所示。

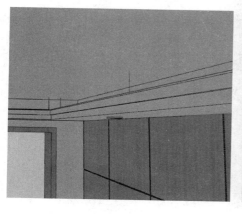

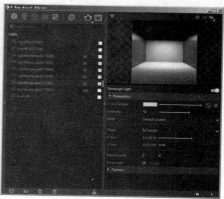

图 13-43　　　　　　　　　　　　　　　图 13-44

5）根据相同的方法建立顶棚其他三边的面光源。

6）接着在沙发背景装饰画上方的凹槽内再建立一个面光源，并通过光源编辑面板，设置颜色为白色，强度为 50，如图 13-45 所示。

7）单击"光域网光源"按钮 $\bar{\top}$，结合移动和缩放命令，在筒灯处建立一个光域网光源；然后右击选择相应命令，如图 13-46 所示。

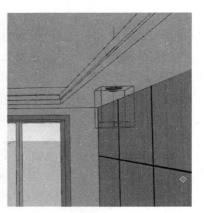

图 13-45   图 13-46   8）在打开的光源编辑器中，设置强度

为 100，然后单击"IES 光域网文件"（IES Light File）后面的 按钮，在本书配套的"案例\13\素材文件"下找到 IES 文件并打开，然后单击"打开"按钮完成光源设置，如图 13-47 所示。

图 13-47   9）把调整好的光域网光源再复制一份到另一筒灯处，如图 13-48 所示。这样就调整好了灯光。

图 13-48

13.5　V-Ray for SketchUp 渲染参数面板介绍

V-Ray for SketchUp 大部分渲染参数都在渲染设置面板中完成，执行"扩展程序|V-Ray|Asset Editor"菜单命令，打开 V-Ray Asset Editor（参数编辑器）对话框，然后单击设置按钮 ⚙️，可以打开渲染设置面板，渲染设置面板中有多个卷展栏，分别是渲染、相机、输出、动画、环境、材质覆盖、渲染参数、全局照明、高级镜头、体环境、去噪器、调整等，如图 13-49 所示。由于各卷展栏的参数比较多，结合实例起来讲解更为适合，在这里不做详述。

图 13-49

实战训练——客厅场景最终渲染设置

视频\13\效果图最终渲染.avi
案例\13\素材文件\客厅模型.skp

下面设置相应的渲染参数，以参数渲染大图。

1）在前面案例模型的基础上，执行"扩展程序|V-Ray|Asset Editor"菜单命令，打开 V-Ray Asset Editor 对话框，然后单击设置按钮，打开渲染设置面板，如图 13-50 所示。

图 13-50

2）在 Render Parameters（渲染参数）卷展栏里，对质量、采样、抗锯齿参数进行设置，以取得细腻的效果，并对发光贴图进行设置，如图 13-51 所示。

3）在 Render Output（输出）卷展栏，根据需要修改输出尺寸，并在 Render（渲染）卷展栏中设置好参数，如图 13-52 所示。

图 13-51

图 13-52

4）在 Global Illumination（全局照明）卷展栏，将照明光的细分参数设置为 1200，其他为默认参数，同时设置 Environment（环境）卷展栏中的参数，如图 13-53 所示，完成后关闭渲染设置面板。

图 13-53

5）最终渲染的参数设置好后，可单击 Render（渲染）按钮 ，进行长时间的等待即可渲染出 RGB 效果图，如图 13-54 所示。效果图出来以后，在效果图窗口单击"保存"按钮 ，将其保存到相应的路径下即可。

图 13-54

　　由于 jpg 格式的文件为有损压缩格式，会失真。因此保存效果图可选 tga 和 tif 格式。这里保存到本案例的素材文件夹下。

6）然后在渲染窗口中选择 Alpha 项，同样单击"保存"按钮 ，将渲染出 Alpha 通道图，保存到同一文件夹下，如图 13-55 所示。

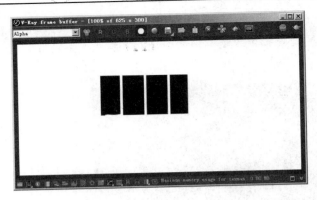

图 13-55

在对模型渲染时，会同时渲染得到 RGB 颜色效果图和 Alpha 通道图，需要分别进行保存，以方便后面在图像编辑软件中使用。

实战训练——客厅效果图后期处理

视频\13\效果图后期处理.avi
案例\13\最终效果\客厅效果图.tif

完成效果图后，还需要对图片进行亮度、对比度、窗外背景、室内装饰品的完善操作，而这些操作都是在 Photoshop 中进行的。

1）启动 Photoshop 软件，执行"文件|打开"命令，在"案例\13\素材文件"文件夹下，打开前面完成的"客厅效果.tif"和"通道图.tif"两个图形文件，如图 13-56 所示。

2）双击客厅效果图的背景，以将其创建为"图层 0"，如图 13-57 所示。

图 13-56

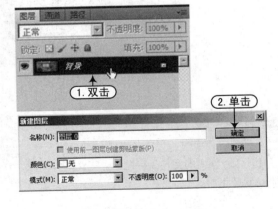

图 13-57

3）使用移动工具，结合 Shift 键，将通道图移动到效果图上，两个图像零缝完美结合，则通道图创建为"图层 1"的当前图层，如图 13-58 所示。

4）使用魔棒工具 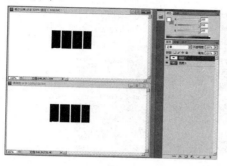，取消"连续"项的勾选，在黑色区域内单击，以选择黑色区域，如图 13-59 所示。

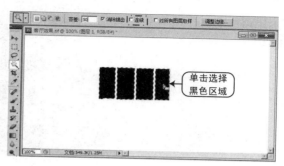

图 13-58

图 13-59

5）单击图层 1 前面的可见性按钮，将通道图层隐藏；来到图层 0 上，通道选区仍然存在，按 Delete 键，将该区域内的图像全部删除，则背景变成了透明，如图 13-60 所示。

图 13-60

6）按 Ctrl+D 键取消选区，执行"图像｜调整｜曲线"命令，弹出"曲线"窗口，在网格内拖动曲线到相应位置，以调整图像的亮度，如图 13-61 所示。

图 13-61

7）再执行"图像｜调整｜亮度/对比度"命令，在弹出的对话框中，调整对比度如图 13-62 所示。

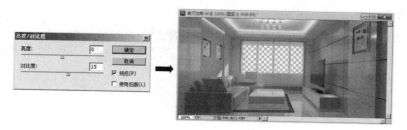

图 13-62

8）下面添加窗户外的背景。执行"文件｜打开"命令，打开本案例素材文件"窗外.jpg"，使用移动工具，将窗外图片拖至客厅图像上，且自动创建图层2。

9）将图层2置于图层0的下方，结合 Ctrl+T（自由变换）命令，调节图片的大小和位置，如图 13-63 所示。

图 13-63

10）由于窗外与室内的光照相反，在"自由变换"选项中，单击鼠标右键，在弹出的菜单选择"水平翻转"选项，改变光照方向并进行相应的移动调整，按 Enter 键完成变换操作，如图 13-64 所示。

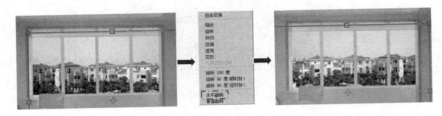

图 13-64

11）执行"图像｜调整｜曝光度"命令，在弹出的对话框中，拖动滑块调节曝光度和位移，如图 13-65 所示。

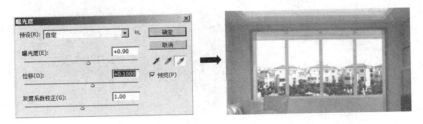

图 13-65

12）窗外背景调节好后，按 Ctrl+Shift+E 键，合并可见的图层。

13）执行"选择｜色彩范围"菜单命令，弹出"色彩范围"对话框，将容差值调整到 100，使用"吸管"在图形亮光部分吸取，单击"确定"后，图形中亮光部分被选择，如图 13-66 所示。

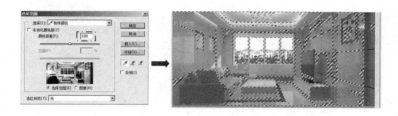

图 13-66

14）此时按 Ctrl+J 键，将选区创建图层（图层 3），在图层 3 基础上，执行"图像 | 调整 | 曲线"菜单命令，在弹出的对话框中调整曲线来改变亮度，如图 13-67 所示。

图 13-67

15）单击图层窗口的"创建图层"按钮 ，创建一个新图层，并将前景颜色调成"白色"。

16）单击画笔工具按钮 ，在画笔工具栏上单击 按钮，弹出"画笔"窗口，单击"详细信息"按钮 ，在快捷菜单中选择"载入画笔"命令，载入本案例素材文件夹下的"闪光灯笔刷.ABR"文件，如图 13-68 所示。

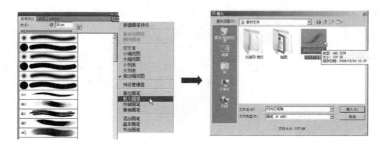

图 13-68

17）选择载入的画笔样式，将画笔的不透明度和流量均设为"100%"，结合键盘上的"[ ]"键调整到与筒灯同样大小，在筒灯位置处单击，形成闪光效果，如图 13-69 所示。

18）同样，在吊灯处制作发光效果，如图 13-70 所示。

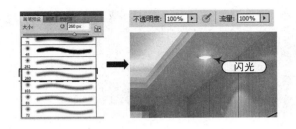

图 13-69　　　　　　　　　　　　　　　　　图 13-70

在使用"画笔"时，可结合键盘上的 Ctrl+"+"和 Ctrl+"-"对视图进行放大和缩小，以便放大观察。

19）经过上面的调整，客厅的效果图基本调整好了，为了丰富场景，可添加一些装饰配景，完成的最终效果图如图 13-71 所示。

图 13-71